“一起学办公”

Excel 函数与公式一本通

博蓄诚品　编著

化学工业出版社

·北京·

内 容 简 介

在 Excel 中进行数据统计和分析时，函数与公式的应用是必不可少的。利用函数与公式可以轻松完成各种复杂的计算，进行查询、判断、提取、替换等操作。

本书用通俗易懂的语言介绍函数的作用及参数的设置原则，通过大量实际工作中的典型案例，讲解 Excel 常用函数的应用技巧，以图文并茂的方式分解剖析公式计算原理。所讲解的函数涉及逻辑运算、汇总与统计运算、数值舍入、数值排列、数据查询、日期与时间值的处理、文本的提取和转换、资产及投资计算等。此外，书中还介绍了公式和其他数据分析工具的组合应用，拓展了 Excel 数据处理与分析的知识。

本书适合 Excel 初学者、想提高工作效率的职场人士、从事数据统计与分析相关工作的人员阅读，也可用作职业院校及培训学校相关专业的教材及参考书。

图书在版编目（CIP）数据

Excel函数与公式一本通 / 博蓄诚品编著. — 北京：化学工业出版社，2022.9

ISBN 978-7-122-41596-7

Ⅰ. ①E… Ⅱ. ①博… Ⅲ. ①表处理软件 Ⅳ. ①TP391.13

中国版本图书馆 CIP 数据核字（2022）第 097731 号

责任编辑：耍利娜　　文字编辑：吴开亮
责任校对：边　涛　　装帧设计：水长流文化

出版发行：化学工业出版社（北京市东城区青年湖南街 13 号　邮政编码 100011）
印　　装：北京瑞禾彩色印刷有限公司
710mm × 1000mm　1/16　印张 16¾　字数 372 千字　2022 年 10 月北京第 1 版第 1 次印刷

购书咨询：010-64518888　　售后服务：010-64518899
网　　址：http://www.cip.com.cn
凡购买本书，如有缺损质量问题，本社销售中心负责调换。

定　　价：89.00 元

前言

首先，感谢您选择并阅读本书！

本书侧重于教授学习方法，内容从实用性的角度出发，将函数代入工作常用案例中，深入浅出地介绍其应用技巧，并且把每一个函数和公式都掰开揉碎了讲解其计算原理，避免“囫囵吞枣”式的学习。

本书使用图文并茂的形式对典型函数的应用进行了全面讲解，为了降低理解难度，图中加入了大量标注和文字进行辅助说明，特别是对于公式计算原理的诠释，让原本抽象难以理解的内容瞬间变得直观明了。书中设计了丰富的学习形式，如“公式解析”“经验之谈”“注意事项”“现学现用”等，旨在向读者传达更多的函数应用细节。另外，为了巩固所学知识，提高学习效率，本书在每章的末尾安排了“拓展练习”和“知识总结”。

本书不是函数大全，追求的不是函数数量的多少，而是想让读者真正看得懂、学得会，并能根据学到的知识总结出经验，最终应用到实际工作中。

本书内容概要

章	主讲	重点内容概述
第1章	Excel公式学前准备	介绍Excel公式，了解学习Excel公式与函数的目的、重要性，以及公式的组成元素、公式不能运算的原因、规范数据源的重要性等
第2章	公式与函数入门课	介绍公式的输入与编辑方法、函数的插入方法，以及不同单元格引用方式对计算结果的影响等
第3章	逻辑函数断是非	介绍逻辑运算的常用案例，主要内容包括IF函数的工作原理、IF函数循环嵌套、IF函数与其他函数嵌套应用，以及IF函数与常用搭档AND、OR、NOT函数的嵌套应用等
第4章	自动完成汇总与统计	介绍求和与统计运算的常用案例，主要函数类型有求和、计数、求平均值、最大值、最小值、排名等，应用到的函数包括SUM、COUNT、AVERAGE、MIX、MIN、RANK等
第5章	处理数值取舍和排列问题	介绍数值取舍和排序类的常用案例，主要函数类型有四舍五入、数值取舍、除余、随机等，应用到的函数包括ROUND、TRUNC、ROUNDDOWN、MOD、RAND等

续表

章	主讲	重点内容概述
第6章	轻松实现数据查询	介绍数据查询和引用的常用案例，主要函数类型有查找、引用等，应用到的函数包括VLOOKUP、HLOOKUP、CHOOSE、INDEX、OFFSET等
第7章	用函数分析日期和时间	介绍处理日期和时间值的常用案例，主要函数类型有年、月、日、时间、星期等，应用到的函数包括NOW、TODAY、YEAR、MONTH、DAY、HOUR、WEEKDAY等
第8章	文本处理的关键函数	介绍文本处理的常用案例，主要函数类型有文本长度、字符提取、字符查找替换、格式转换等，应用到的函数包括LEN、LEFT、MID、RIGHT、FIND、SEARCH、TEXT等
第9章	理清资产折旧及投资理财难题	介绍资产折旧及投资计算的常用案例，主要函数类型包括固定资产折旧、贷款与利息计算等，应用到的函数包括DB、DDB、VDB、SYD、RATE、NPER、FV、PV、CUMPRINC等
第10章	公式在条件格式与数据验证中的应用	介绍公式在条件格式与数据验证这两种数据分析工具中的应用案例，掌握其应用技巧

学习本书的方法

（1）找到学习的“快速通道”

学习没有捷径可走，只有掌握了正确的学习方法，让效率更高，才能更快地完成学习目标。对于Excel函数的学习也是一样，只有了解了函数的运算原理，才能熟练使用它来解决问题。虽然函数的类型非常多，但是万变不离其宗，即使不认识这个函数，只要知道怎么查看函数的作用，了解其参数的设置原则，就仿佛打开了一条“快速通道”，稍加尝试也许就能应用这个函数了。

（2）多看不如多实践

俗话说“纸上得来终觉浅”。在学习的过程中，千万不能只学不练。看书时好像觉得学会了，但是距离真正会应用还存在一定距离，很多问题只有在上手操作时才会浮现出来。因此，建议学完某个函数后，要立即实践，发现问题随时寻找解决办法，这样才能加深印象，保证学以致用。

（3）扩展思路，寻找最佳方案

应用函数解决工作实际问题时，要学会变换思路，能够解决问题的方法往往不止一种，从中寻找出最佳解决方法，你会有意想不到的收获。因此，建议多角度思考问题，锻炼自己的思考能力，将问题化繁为简，这样可以牢固地掌握所学知识。

（4）不断学习并养成良好的习惯

Excel公式与函数入门并不难，要想掌握其精髓，在使用时游刃有余，只有在不断学习中积累经验才能达到。因此，建议养成不断学习的好习惯，当你坚持把一本书看完后，会有一种特殊的成就感，这也会成为你继续学习的动力。

本书的读者对象

- Excel公式与函数初学者；
- 财务人员；
- 市场营销人员；
- 人事及行政管理人员；
- 想提高工作效率的职场人士；
- 从事数据统计与分析相关工作的人员；
- 职业院校及培训学校相关专业师生。

本书在编写过程中力求严谨细致，但由于时间与精力有限，疏漏之处在所难免，望广大读者批评指正。

编著者

目录

Excel函数与公式学前准备

第2章

公式与函数入门课

第3章 逻辑函数断是非

自动完成汇总与统计

处理数值取舍和排列问题

第6章

轻松实现数据查询

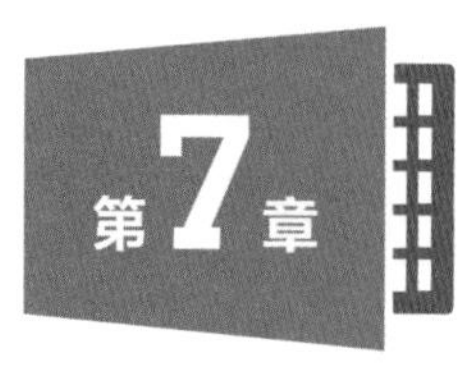

第7章 用函数分析日期和时间函数

第8章 文本处理的关键函数

理清资产折旧及投资理财难题

公式在条件格式与数据验证中的应用

附录

第1章

Excel函数与公式学前准备

数据计算是Excel的常用功能，也是Excel的核心，而函数与公式则是Excel实现数据计算的重要方式，用户可以通过公式获得想要的计算结果，实现数据分析，让工作变得更高效。本章先介绍Excel中的公式。

1.1 为什么要学习Excel函数与公式

职场人士在工作中不仅要寻求精准快速的工作方法，还要用简单的方式解决复杂的问题，而在Excel中，一个公式往往可以快速解决很多复杂的数据问题，这是我们学习Excel函数与公式的最初动力。

1.1.1 使用公式实现精准计算

Excel公式主要作用之一便是对数据进行准确的计算。如图1-1所示的销售报表，若要汇总某个客户的所有订单金额，你会使用什么方法来操作？

	A	B	C	D	E	F	G	H	I
1	销售日期	客户名称	商品名称	订单数量	产品单价	订单金额		客户名称	订单总金额
2	2019/1/1	华远数码科技有限公司	保险柜	3	¥3,200.00	¥9,600.00		华远数码科技有限公司	
3	2019/1/2	IT科技发展有限责任公司	SK05装订机	2	¥260.00	¥520.00			
4	2019/1/2	觅云计算机工程有限公司	SK05装订机	2	¥260.00	¥520.00			
5	2019/1/3	华远数码科技有限公司	SK05装订机	4	¥260.00	¥1,040.00			
6	2019/1/3	觅云计算机工程有限公司	名片扫描仪	4	¥600.00	¥2,400.00			
7	2019/1/4	常青藤办公设备有限公司	SK05装订机	2	¥260.00	¥520.00			
8	2019/1/4	华远数码科技有限公司	静音050碎纸机	2	¥2,300.00	¥4,600.00			
9	2019/1/6	大中办公设备有限公司	支票打印机	2	¥550.00	¥1,100.00			
10	2019/1/6	海宝二手办公家具公司	保险柜	2	¥3,200.00	¥6,400.00			
11	2019/1/8	七色阳光科技有限公司	指纹识别考勤机	1	¥230.00	¥230.00			
12	2019/1/9	常青藤办公设备有限公司	咖啡机	3	¥450.00	¥1,350.00			

?

图1-1

事实上，这个问题的解决方案并不止公式一种，利用分类汇总、数据透视表等都能够完成相应的统计，但是，相比较而言，用公式来统计无疑要简单很多，如果大家足够了解SUMIF函数[1]的用法，那么编写出这个计算公式不过是分分钟的事，如图1-2所示。

	A	B	C	D	E	F	G	H	I
1	销售日期	客户名称	商品名称	订单数量	产品单价	订单金额		客户名称	订单总金额
2	2019/1/1	华远数码科技有限公司	保险柜	3	¥3,200.00	¥9,600.00		华远数码科技有限公司	¥58,650.00
3	2019/1/2	IT科技发展有限责任公司	SK05装订机	2	¥260.00	¥520.00			
4	2019/1/2	觅云计算机工程有限公司	SK05装订机	2	¥260.00	¥520.00			
5	2019/1/3	华远数码科技有限公司	SK05装订机	4	¥260.00	¥1,040.00			
6	2019/1/3	觅云计算机工程有限公司	名片扫描仪	4	¥600.00	¥2,400.00			
7	2019/1/4	常青藤办公设备有限公司	SK05装订机	2	¥260.00	¥520.00			
8	2019/1/4	华远数码科技有限公司	静音050碎纸机	2	¥2,300.00	¥4,600.00			
9	2019/1/6	大中办公设备有限公司	支票打印机	2	¥550.00	¥1,100.00			
10	2019/1/6	海宝二手办公家具公司	保险柜	2	¥3,200.00	¥6,400.00			
11	2019/1/8	七色阳光科技有限公司	指纹识别考勤机	1	¥230.00	¥230.00			
12	2019/1/9	常青藤办公设备有限公司	咖啡机	3	¥450.00	¥1,350.00			

=SUMIF(B:B,H2,F:F)

图1-2

1.1.2 计算结果联动轻松自动更新

如果是手动计算后填入计算结果，当计算条件或者参与计算的某个值发生了变化，那么之前费尽辛苦计算出的结果就全部报废了，然而公式却可以完美解决这个问题。不管如

[1] SUMIF 函数的用法可查看本书 4.1.3 节。

何修改参与计算的数据，公式都会自动更新计算结果，如图1-3所示。

I2 =SUMIF(B:B,H2,F:F)

销售日期	客户名称	商品名称	订单数量	产品单价	订单金额
2019/1/1	华远数码科技有限公司	保险柜	3	¥3,200.00	¥9,600.00
2019/1/2	IT科技发展有限责任公司	SK05装订机	2	¥260.00	¥520.00
2019/1/2	觅云计算机工程有限公司	SK05装订机	2	¥260.00	¥520.00
2019/1/3	华远数码科技有限公司	SK05装订机	4	¥260.00	¥1,040.00
2019/1/3	觅云计算机工程有限公司	名片扫描仪	4	¥600.00	¥2,400.00
2019/1/4	常青藤办公设备有限公司	SK05装订机	2	¥260.00	¥520.00
2019/1/4	华远数码科技有限公司	静音050碎纸机	2	¥2,300.00	¥4,600.00

客户名称	订单总金额
觅云计算机工程有限公司	¥65,700.00

客户名称	订单总金额
华远数码科技有限公司	¥58,650.00

修改客户名称

I2 =SUMIF(B:B,H2,F:F)

销售日期	客户名称	商品名称	订单数量	产品单价	订单金额
2019/1/1	华远数码科技有限公司	保险柜	3	¥3,200.00	¥9,600.00
2019/1/2	IT科技发展有限责任公司	SK05装订机	2	¥260.00	¥520.00
2019/1/2	觅云计算机工程有限公司	SK05装订机	5	¥260.00	¥1,300.00
2019/1/3	华远数码科技有限公司	SK05装订机	4	¥260.00	¥1,040.00
2019/1/3	觅云计算机工程有限公司	名片扫描仪	4	¥600.00	¥2,400.00
2019/1/4	常青藤办公设备有限公司	SK05装订机	2	¥260.00	¥520.00
2019/1/4	华远数码科技有限公司	静音050碎纸机	2	¥2,300.00	¥4,600.00

客户名称	订单总金额
觅云计算机工程有限公司	¥66,480.00

修改订单金额

图1-3

即使需要同时统计多个客户的总订单金额，也可以使用一个公式完成。用户要做的只是向下填充公式❶，如图1-4所示。

销售日期	客户名称	商品名称	订单数量	产品单价	订单金额
2019/1/1	华远数码科技有限公司	保险柜	3	¥3,200.00	¥9,600.00
2019/1/2	IT科技发展有限责任公司	SK05装订机	2	¥260.00	¥520.00
2019/1/2	觅云计算机工程有限公司	SK05装订机	2	¥260.00	¥520.00
2019/1/3	华远数码科技有限公司	SK05装订机	4	¥260.00	¥1,040.00
2019/1/3	觅云计算机工程有限公司	名片扫描仪	4	¥600.00	¥2,400.00
2019/1/4	常青藤办公设备有限公司	SK05装订机	2	¥260.00	¥520.00
2019/1/4	华远数码科技有限公司	静音050碎纸机	2	¥2,300.00	¥4,600.00
2019/1/6	大中办公设备有限公司	支票打印机	2	¥550.00	¥1,100.00
2019/1/6	海宝二手办公家具公司	保险柜	2	¥3,200.00	¥6,400.00
2019/1/8	七色阳光科技有限公司	指纹识别考勤机	1	¥230.00	¥230.00
2019/1/9	常青藤办公设备有限公司	咖啡机	3	¥450.00	¥1,350.00

客户名称	订单总金额
华远数码科技有限公司	¥58,650.00
IT科技发展有限责任公司	¥43,400.00
觅云计算机工程有限公司	¥65,700.00
常青藤办公设备有限公司	¥41,620.00
大中办公设备有限公司	¥53,850.00
七色阳光科技有限公司	¥49,390.00

图1-4

1.1.3 直观展示数据分析结果

在Excel中使用公式不仅能够进行数据分析，甚至还可以直观地展示数据分析结果，让数据分析变得更简便、灵活，如图1-5所示。

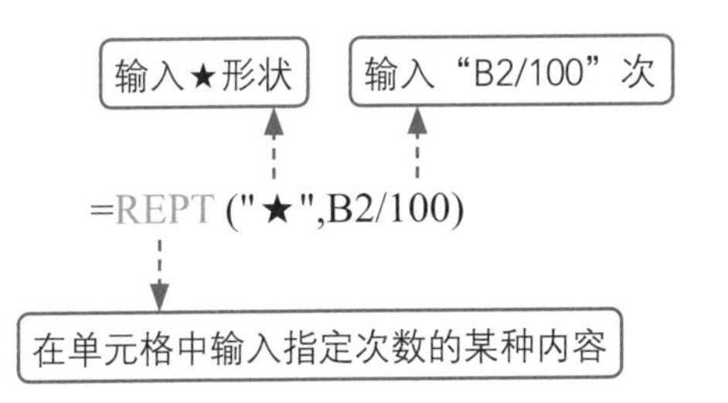

C2 =REPT("★",B2/100)

菜品	好评次数	星级评定
宁远酿豆腐	552	★★★★★
永州血鸭	360	★★★
栖凤渡鱼粉	890	★★★★★★★★
腊味合蒸	580	★★★★★
东安鸡	773	★★★★★★★
辣椒炒肉	125	★
衡阳鱼粉	653	★★★★★★
金鱼戏莲	310	★★★
九嶷山兔	615	★★★★★★
湘西外婆菜	298	★★

图1-5

❶ 想了解如何填充公式可查看2.1.3节。

1.2 Excel公式其实并不难

Excel公式并不是数学概念中的方程式，而是Excel专属的超级计算器。一个函数公式就能解决成百上千次机械重复的人工计算，因此很多人觉得Excel公式很难，还没有接触过就被它吓退了。事实上，Excel公式并没有想象中那么难学。下面先对Excel公式做一个简单的介绍。

1.2.1 Excel 公式和人们常说的公式有何区别

人们通常所说的公式一般是指数学公式，Excel公式和数学公式有共通的地方，它们都是为了解决某个计算问题而设定的计算式，只是在书写形式上有所不同。例如，计算1~3月平均销售额，如图1-6所示。

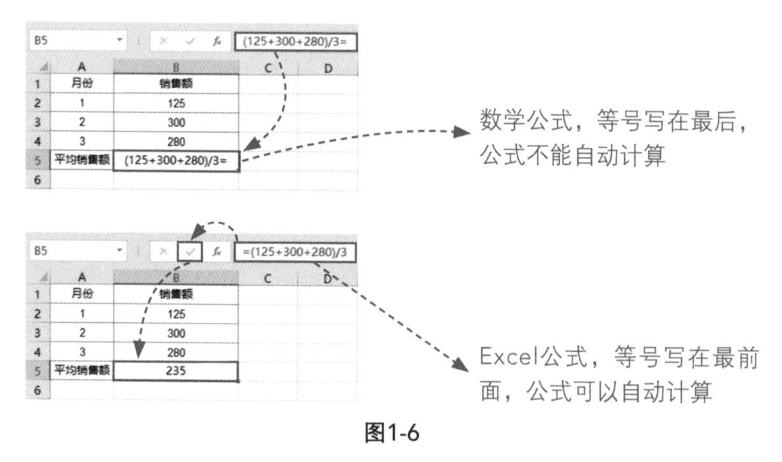

图1-6

当然，一般情况下不会用图1-6中的Excel公式来计算数据，因为这种公式是一次性的，一个公式只能实现一次计算，如果修改了销售额，那么公式中也必须做出相应的修改。所以，在实际应用中需要在Excel公式中引用单元格而不是手动输入单元格中的数字，如图1-7所示。

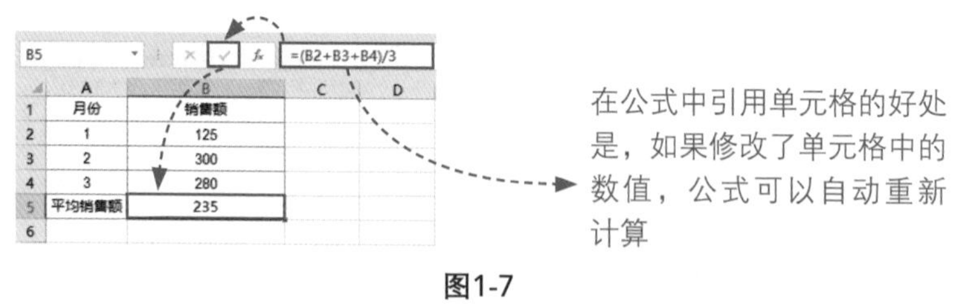

图1-7

知识点拨

Excel公式输入完以后并不能直接进行自动计算，用户可以通过以下三种方法让公式执行计算：方法1，按Enter键；方法2，在编辑栏中单击“输入”按钮（图1-7）；方法3，按Ctrl+Enter键。

1.2.2 公式的组成

公式一般由等号、函数、括号、单元格引用、常量、分隔符、运算符等组成。表1-1中详细描述了每种元素在公式中起到的作用。

表1-1

主要组成	说明
等号	必须输入在公式开头处，是公式中必不可少的部分
函数	是预先编写的公式，按照给定的参数进行计算，一个函数完成一个特定的计算
括号	每个函数后面都有括号，用于设置函数参数，有时也用于需要优先计算的值
单元格引用	是单元格的名称。可以引用单个单元格，也可以引用单元格区域
常量	可以是数字、文本、日期或其他字符。除了数字，其他常量必须加英文双引号
分隔符	用来分隔函数的各个参数
运算符	用来执行公式内的运算，共有4种类型

下面以图1-8中使用的公式为例，简单介绍该公式由哪几部分组成。

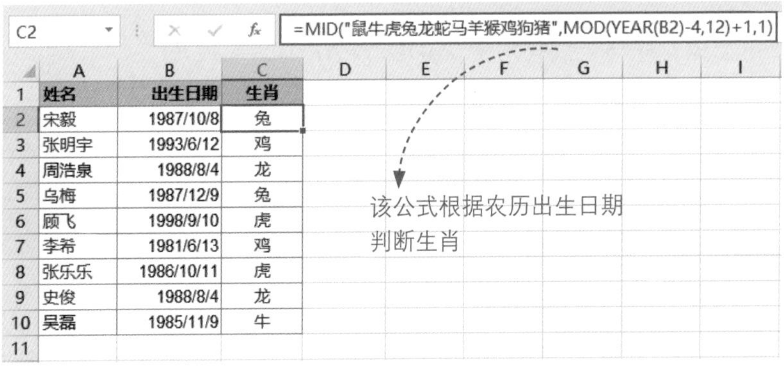

C2 =MID("鼠牛虎兔龙蛇马羊猴鸡狗猪",MOD(YEAR(B2)-4,12)+1,1)

	A	B	C
1	姓名	出生日期	生肖
2	宋毅	1987/10/8	兔
3	张明宇	1993/6/12	鸡
4	周浩泉	1988/8/4	龙
5	乌梅	1987/12/9	兔
6	顾飞	1998/9/10	虎
7	李希	1981/6/13	鸡
8	张乐乐	1986/10/11	虎
9	史俊	1988/8/4	龙
10	吴磊	1985/11/9	牛
11			

该公式根据农历出生日期判断生肖

图1-8

=MID("鼠牛虎兔龙蛇马羊猴鸡狗猪",MOD(YEAR(B2)–4,12)+1,1)

等号，公式必不可少的部分，必须写在公式的最前面

=MID("鼠牛虎兔龙蛇马羊猴鸡狗猪",MOD(YEAR(B2)–4,12)+1,1)

MID、MOD、YEAR都是函数，一个函数完成一个特定的计算

=MID("鼠牛虎兔龙蛇马羊猴鸡狗猪",MOD(YEAR(B2)–4,12)+1,1)

这是单元格引用，除此之外公式中也可以引用单元格区域

=MID("鼠牛虎兔龙蛇马羊猴鸡狗猪",MOD(YEAR(B2)–4,12)+1,1)

这些都是常量，"鼠牛虎兔龙蛇马羊猴鸡狗猪"是文本常量，文本常量必须写在英文的双引号中；4、12、1是数字常量

=MID("鼠牛虎兔龙蛇马羊猴鸡狗猪",MOD(YEAR(B2)–4,12)+1,1)

它们是运算符，–和+都是算术运算符

=MID("鼠牛虎兔龙蛇马羊猴鸡狗猪",MOD(YEAR(B2)–4,12)+1,1)

所有逗号都是函数参数的分隔符

=MID("鼠牛虎兔龙蛇马羊猴鸡狗猪",MOD(YEAR(B2)–4,12)+1,1)

这些是括号，一个公式中左括号和右括号的数量应该是相等的。函数的参数或者需要优先计算的数据应该写在括号内

知识点拨

很多人都认为生肖是根据农历来算的，其实这么说并不准确。十二生肖是根据我国的传统文化（从天干地支对应二十四节气）来计算的，因此准确地说，十二生肖是根据农历二十四节气中的立春来算的，立春的到来，才是新一年生肖属相的起始。本例的公式也只是对生肖进行大致的判断。

1.2.3 Excel 公式中运算符的类型

运算符是Excel公式中非常重要的组成部分，根据运算类型可分为4大类，分别是算术运算符、比较运算符、文本运算符及引用运算符。下面分别对这4种类型的运算符进行介绍。

（1）算术运算符

算术运算符是公式中最常用的运算符之一，用于执行最基本的算术运算，包括加、减、乘、除、百分比、乘幂等，如表1-2所示。

表1-2

算数运算符	名称	含义	示例
+	加号	进行加法运算	=A1+B1
-	减号	进行减法运算	=A1-B1
	负号	求相反数	=-(A1+B1)
*	乘号	进行乘法运算	=A1*10
/	除号	进行除法运算	=A1/2
%	百分号	将值缩小至原来的百分之一	=A1*10%
^	乘幂	进行乘方和开方运算	=A1^B1

（2）比较运算符

比较运算符用于比较两个数据的大小，包括=、>、<、>=、<=、<>等，比较运算的返回结果为逻辑值TRUE或FALSE，通常和IF函数配合使用返回具体数值，如表1-3所示。

表1-3

比较运算符	名称	含义	示例
=	等号	判断左右两边的数据是否相等	=IF(A1=100,”是”,”否”)
>	大于号	判断左边的数据是否大于右边的数据	=IF(A1>100,”是”,”否”)
<	小于号	判断左边的数据是否小于右边的数据	=IF(A1<100,”是”,”否”)
>=	大于等于号	判断左边的数据是否大于或等于右边的数据	=IF(A1>=100,”是”,”否”)
<=	小于等于号	判断左边的数据是否小于或等于右边的数据	=IF(A1<=100,”是”,”否”)
<>	不等于	判断左右两边的数据是否相等	=IF(A1<>B1,”是”,”否”)

（3）文本运算符

文本运算符只有一个，即“&”。它可以将一个或多个字符组合到一起形成一个新的字符串，如表1-4所示。

表1-4

文本运算符	名称	含义	示例
&	连接符号	将两个文本连接在一起形成一个连续的文本	=A1&B1

（4）引用运算符

引用运算符主要用于单元格区域间的引用，包括冒号、逗号、单个空格。它可以将单元格组合成一个区域，如表1-5所示。

表1-5

引用运算符	名称	含义	示例
:	冒号	对两个引用之间，包括两个引用在内的所有单元格进行引用	=SUM(A1:B10)
空格	单个空格	对两个引用相交叉的区域进行引用	=SUM(A1:C5 B1:D5)
,	逗号	将多个引用合并为一个引用	=SUM(A1:C5,D3:E7)

当公式中包含多种类型的运算符时，Excel将按优先级由高到低的顺序进行运算，相同优先级的运算符，将从左到右进行计算。若是记不清或想指定运算顺序，可用小括号括起相应部分。

优先级别由高到低依次为：引用运算符；负号；百分号；乘幂；乘除；加减；文本运算符；比较运算符。

1.2.4 公式不能运算的原因及解决方法

在使用公式的过程中经常会发生一些意想不到的情况，例如公式明明是正确的却不能正常运算。我们不应该盲目地把公式无法运算归结为某一种原因，而是要根据实际情况做出判断。

第一种情况 单元格格式造成的公式不能计算

大多数情况下，公式不能计算是因为单元格的格式被设置成了“文本”格式。在“文本”格式的单元格中输入任何内容Excel都会认为输入的是文本，如图1-9所示。

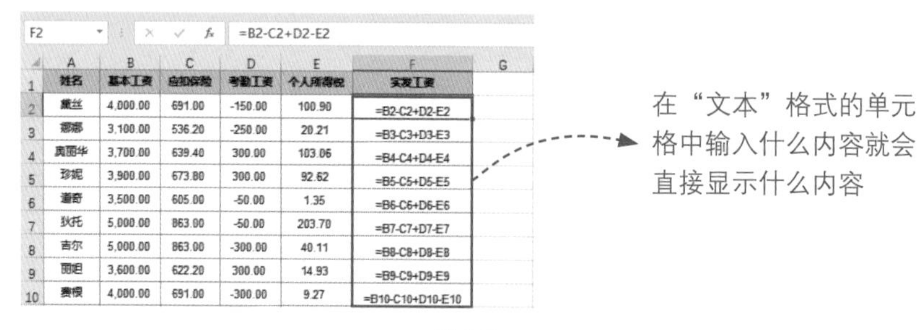

F2 =B2-C2+D2-E2

姓名	基本工资	应扣保险	考勤工资	个人所得税	实发工资
黛丝	4,000.00	691.00	-150.00	100.90	=B2-C2+D2-E2
娜娜	3,100.00	536.20	-250.00	20.21	=B3-C3+D3-E3
奥丽华	3,700.00	639.40	300.00	103.06	=B4-C4+D4-E4
珍妮	3,900.00	673.80	300.00	92.62	=B5-C5+D5-E5
潘奇	3,500.00	605.00	-50.00	1.35	=B6-C6+D6-E6
狄托	5,000.00	863.00	-50.00	203.70	=B7-C7+D7-E7
吉尔	5,000.00	863.00	-300.00	40.11	=B8-C8+D8-E8
丽姮	3,600.00	622.20	300.00	14.93	=B9-C9+D9-E9
赛根	4,000.00	691.00	-300.00	9.27	=B10-C10+D10-E10

图1-9

由“文本”格式造成的公式不能计算，只需要将单元格的格式恢复成默认的“常规”格式即可。操作方法如下：选中不能计算的公式所在的单元格区域，打开“开始”选项卡，在“数字”组中单击“数字格式”下拉按钮，从下拉列表中选择“常规”选项，如图1-10所示。

将单元格格式转换成“常规”格式后，公式并不能马上自动计算，用户需要用鼠标双击，使单元格进入编辑状态，然后按Enter键确认，公式才能自动计算，如图1-11所示。

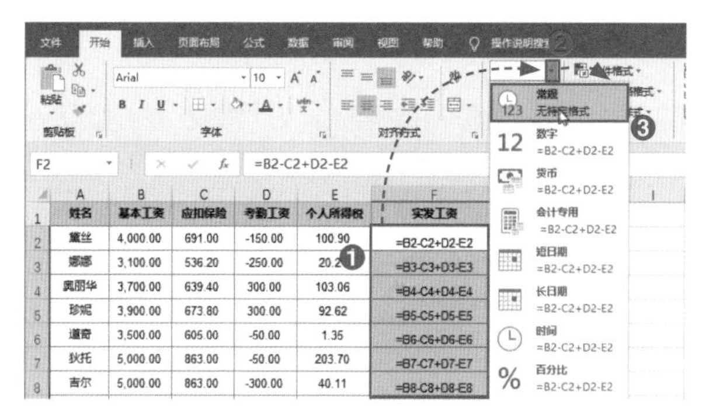

图1-10

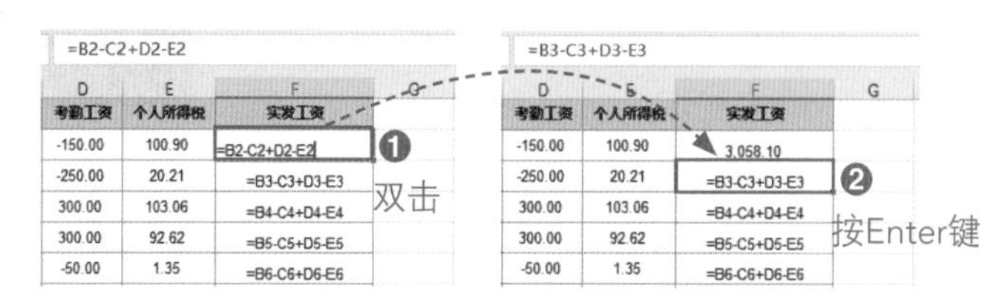

图1-11

当公式的数量较多时，每一个公式都要双击才能重新计算未免太麻烦，如果这些单元格中使用的是相同的公式，只要让最顶端单元格中的公式自动计算以后，再使用“填充”功能将公式及单元格格式填充到其他单元格，即可使所有公式恢复计算，如图1-12所示。

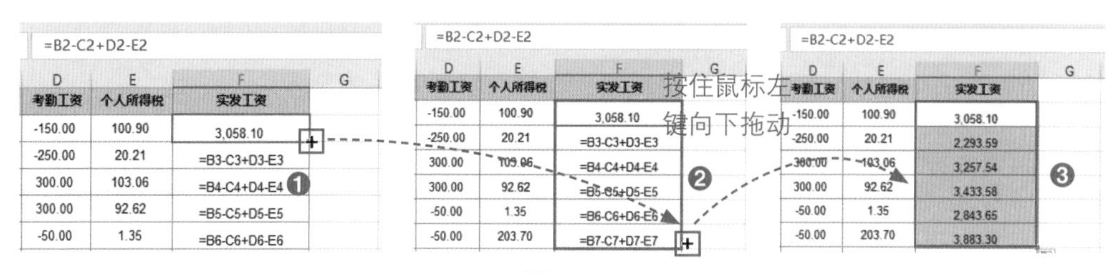

图1-12

若单元格中这些不能自动计算的公式并不相同，那么可以使用“分列”功能使这些公式恢复自动计算。操作方法如下。

Step 01 选中不能计算的公式所在的单元格区域（这个区域必须是在同一列中），打开“数据”选项卡，在“数据工具”组中单击“分列”按钮，如图1-13所示。

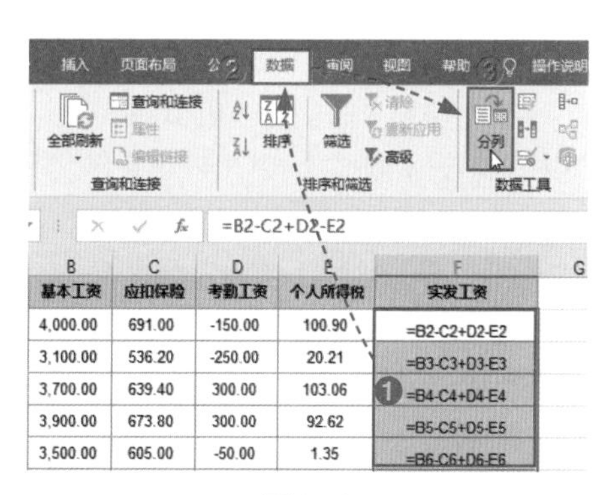

图1-13

Step 02 弹出“文本分列向导-第1步，共3步”对话框，不做任何设置，直接单击“下一步”

按钮，如图1-14所示。

Step 03 进入第2步对话框，依然不做任何设置，再次单击“下一步”按钮，如图1-15所示。

Step 04 进入第3步对话框，确保列数据格式为“常规”。若默认选中的是“常规”，则不做任何设置，直接单击“完成”按钮，如图1-16所示。

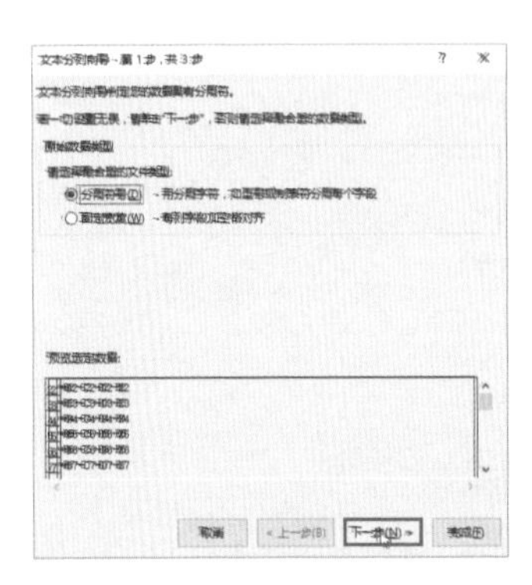

图1-14

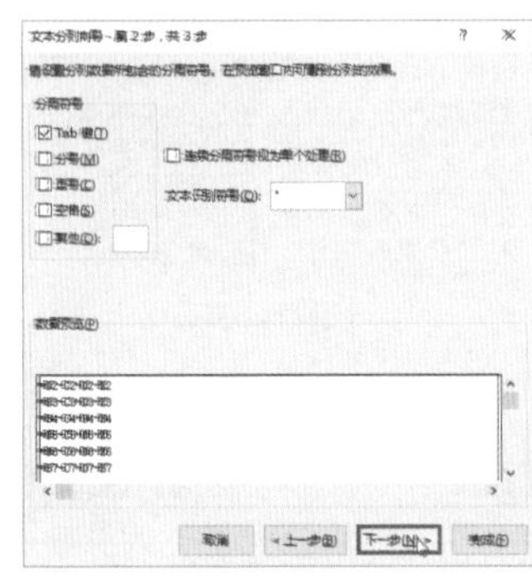

图1-15

图1-16

Step 05 此时，所选区域中的公式已经全部自动计算出了结果，如图1-17所示。

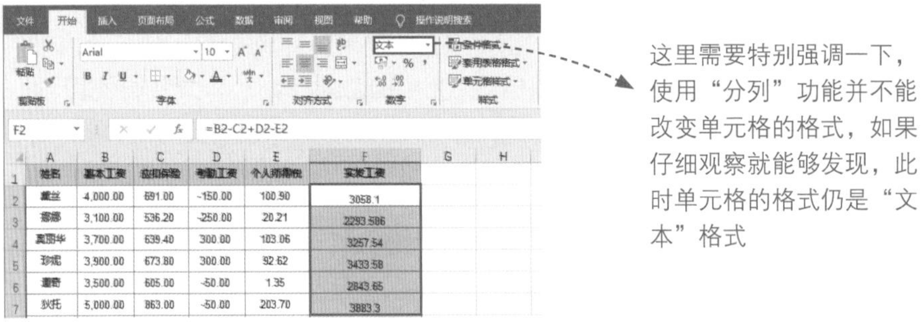

F2 =B2-C2+D2-E2

姓名	基本工资	应扣保险	考勤工资	个人所得税	实发工资
黛兰	4,000.00	691.00	-150.00	100.90	3058.1
娜娜	3,100.00	536.20	-250.00	20.21	2293.586
莫丽华	3,700.00	639.40	300.00	103.06	3257.54
珍妮	3,900.00	673.80	300.00	92.62	3433.58
董奇	3,500.00	605.00	-50.00	1.35	2843.65
狄托	5,000.00	863.00	-50.00	203.70	3883.3

这里需要特别强调一下，使用“分列”功能并不能改变单元格的格式，如果仔细观察就能够发现，此时单元格的格式仍是“文本”格式

图1-17

除了更改单元格格式和使用“分列”功能以外，还有一种方法能够快速解决公式不能自动计算的问题，那就是“查找和替换”。“查找和替换”可以突破列的限制，使整个工作表中所有文本单元格中的公式全部自动计算。

操作方法：选中包含公式的单元格区域，在键盘上按Ctrl+H组合键。打开“查找和替换”对话框，在“查找内容”和“替换为”文本框中都输入“=”，最后单击“全部替换”按钮，即可使公式正常计算，如图1-18所示。

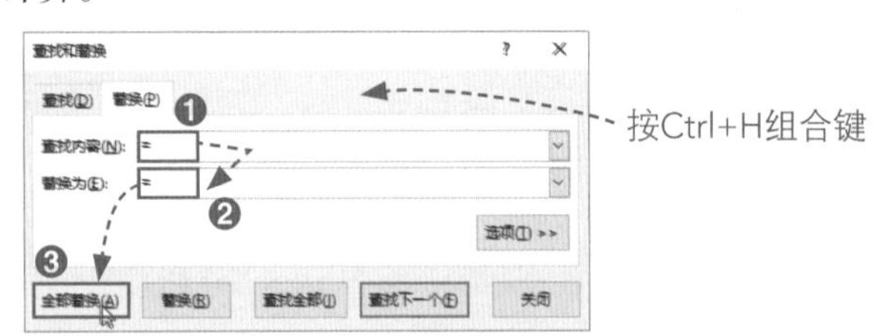

图1-18

第二种情况 开启了“显示公式”模式

有时单元格不是“文本”格式，但公式仍然不能计算，这时就应该考虑是不是开启了“显示公式”模式，这种情况相对第一种情况要更好解决。

首先打开“公式”选项，在“公式审核”组中观察“显示公式”按钮是否呈选中状态，如果是，单击该按钮进行切换，即可还原公式的计算，如图1-19所示。

	A	B	C	D
1	产品名称	产品单价	销售数量	销售总额
2	台式机	5000	5	=B2*C2
3	液晶电视	4500	6	=B3*C3
4	笔记本	6000	8	=B4*C4
5	手机	2880	12	=B5*C5
6	平板电脑	2980	9	=B6*C6
7	台式机	3550	7	=B7*C7
8	笔记本	6400	18	=B8*C8
9	手机	1980	4	=B9*C9

	A	B	C	D
1	产品名称	产品单价	销售数量	销售总额
2	台式机	5000.00	5	25000.00
3	液晶电视	4500.00	6	27000.00
4	笔记本	6000.00	8	48000.00
5	手机	2880.00	12	34560.00
6	平板电脑	2980.00	9	26820.00
7	台式机	3550.00	7	24850.00
8	笔记本	6400.00	18	115200.00
9	手机	1980.00	4	7920.00

图1-19

1.3 函数在公式中的重要性

很多人觉得公式很难，其实是由于对函数缺乏了解。刚接触函数的人会觉得它们就是一个个英文单词，其运算原理完全让人摸不着头脑。熟悉函数以后就会发现，其实函数本身就是预定的公式，它们使用参数按照特定的结构进行计算。

1.3.1 Excel 函数的类型及查看方式

不同版本的Excel所包含的函数种类稍微有些不同，版本越高所包含的函数种类越多。根据运算类别及应用行业的不同，Excel中的函数可分为统计函数、查找与引用函数、逻辑函数、数学与三角函数、日期与时间函数、文本函数、信息函数、财务函数、工程函数、多维数据集函数、兼容函数及Web函数。用户可以通过以下方式找到这些函数。

（1）在“公式”选项卡中查看函数

在“公式”选项卡中的“数据库”组中可以查看不同的函数分类，单击“其他函数”下拉列表，能够看到更多的函数分类，如图1-20所示。

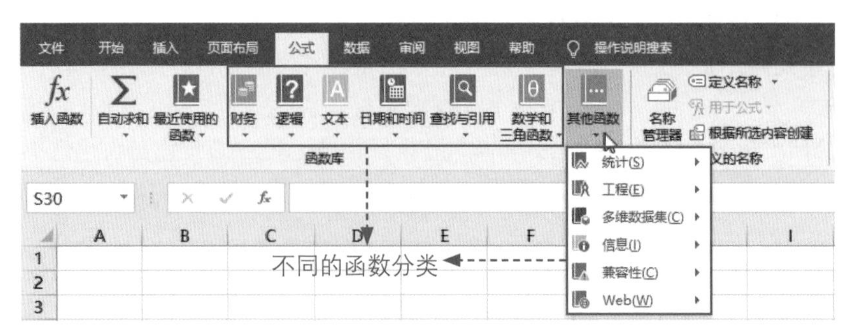

图1-20

单击任意一个函数类别按钮，在其下拉列表中可以查看该类别的所有函数。将光标停留在某个函数上方，会出现该函数的说明，如图1-21所示。

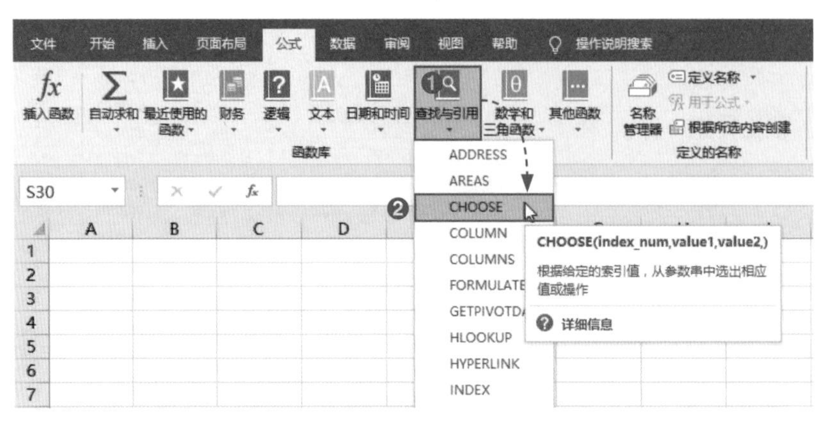

图1-21

刚开始学函数时，可以通过这种方法熟悉Excel中有哪些函数，了解这些函数的作用是什么，这有助于以后在需要使用某种函数时能够快速做出选择。

举一个最简单的例子：假设一列数字中包含一些文本型的数字，找出这些文本数字使用什么方法？你如果之前在浏览函数时看到过T函数，那么就可以快速联想到这个函数能够识别文本数据。用T函数编写一个超级简单的公式，就可以把文本类型的数字找出来，如图1-22所示。

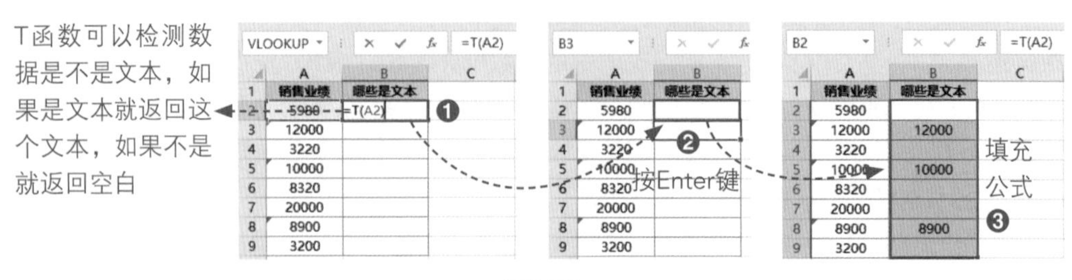

图1-22

（2）在“插入函数”对话框中查看函数

在“插入函数”对话框中也可以查看所有函数类型。按Shift+F3组合键可打开该对话框，如图1-23所示。

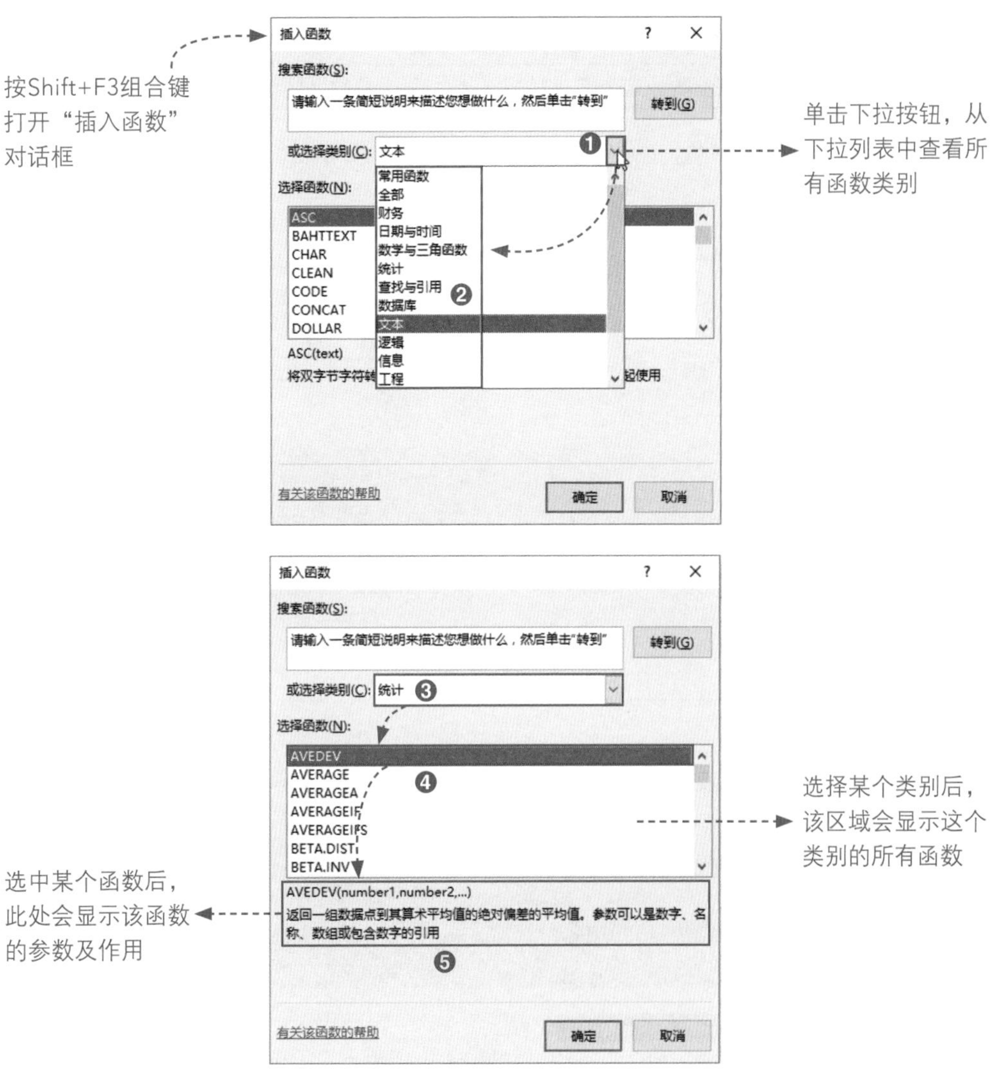

图1-23

1.3.2 函数的组成结构是怎样的

函数由函数名称和函数参数两部分组成，无论一个函数有多少参数，都应写在函数名称后面的括号内，每个参数之间用英文逗号隔开。函数名称的作用是“告诉”Excel将要执行什么计算。函数参数的作用则是“告诉”函数应该对哪些数据进行计算，进行什么样的计算。

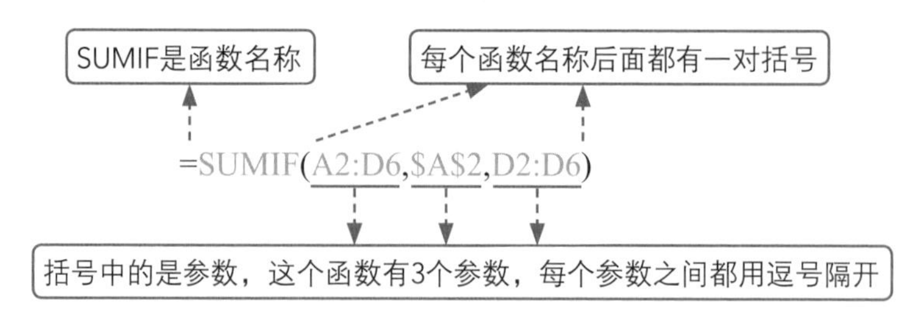

即使有些函数没有参数，也必须在函数名称后面写一对括号，否则会返回错误值，如图1-24所示。

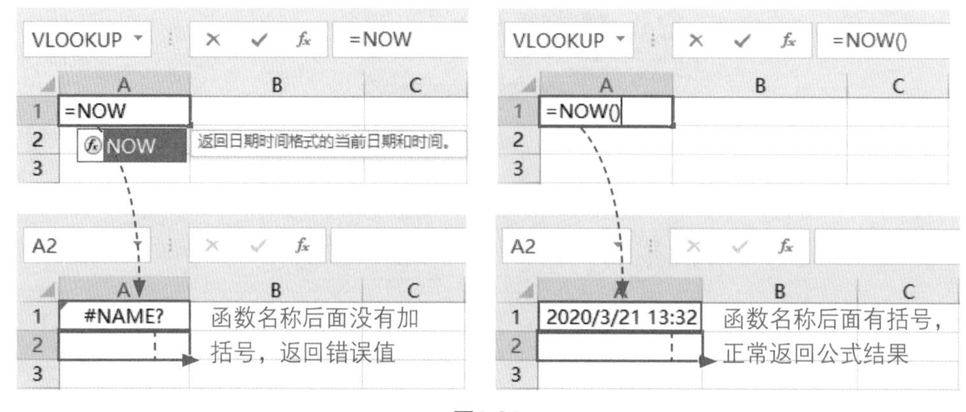

图1-24

经验之谈

NOW是一个时间函数，可以提取当前的日期和时间。它是Excel中少数几个没有参数的函数。

1.3.3 最快捷的计算方式

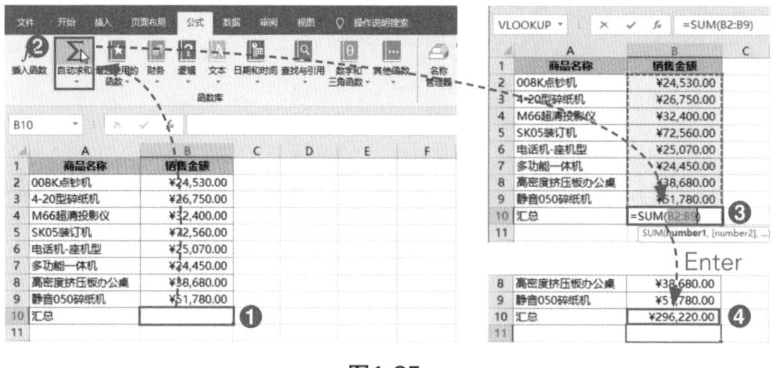

图1-25

经常使用Excel的人肯定知道，Excel有自动求和功能，只需要单击“自动求和”按钮，就可以计算出整行或整列数据的和，如图1-25所示。

这里需要特别强调的是，“自动求和”按钮分为上下两个部分，求和时要单击该按钮的上半部分，也就是 Σ 符号。

当需要对多行或多列中的数据同时进行求和计算时，同样可以使用“自动求和”功能快速完成计算。单击“自动求和”按钮和使用快捷键Alt+=的效果是完全相同的，因此用户也可以用这组快捷键进行求和，操作方法如图1-26所示。

	A	B	C	D	E	F	G	H
1	费用项目	1月	2月	3月	4月	5月	6月	合计
2	资讯费	151.20	442.80	194.40	148.80	432.00	201.60	
3	调研费	816.00	478.80	144.00	141.60	468.00	216.00	
4	创意设计	780.00	428.40	139.20	145.20	396.00	111.60	
5	制作费	970.80	194.40	194.40	139.20	288.00	216.00	
6	媒体发布	223.20	442.80	430.80	194.40	306.00	252.00	
7	促销售点	392.40	399.60	194.40	139.20	180.00	216.00	
8	公关新闻	216.00	442.80	216.00	139.20	442.80	154.80	
9	代理服务费	466.80	432.00	234.00	139.20	226.80	72.00	
10	管理费	481.20	547.20	234.00	145.20	198.00	180.00	
11	合计							
12								

Alt+=

	A	B	C	D	E	F	G	H
1	费用项目	1月	2月	3月	4月	5月	6月	合计
2	资讯费	151.20	442.80	194.40	148.80	432.00	201.60	1570.80
3	调研费	816.00	478.80	144.00	141.60	468.00	216.00	2264.40
4	创意设计	780.00	428.40	139.20	145.20	396.00	111.60	2000.40
5	制作费	970.80	194.40	194.40	139.20	288.00	216.00	2002.80
6	媒体发布	223.20	442.80	430.80	194.40	306.00	252.00	1849.20
7	促销售点	392.40	399.60	194.40	139.20	180.00	216.00	1521.60
8	公关新闻	216.00	442.80	216.00	139.20	442.80	154.80	1611.60
9	代理服务费	466.80	432.00	234.00	139.20	226.80	72.00	1570.80
10	管理费	481.20	547.20	234.00	145.20	198.00	180.00	1785.60
11	合计	4497.60	3808.80	1981.20	1332.00	2937.60	1620.00	16177.20
12								

图1-26

除了自动求和外，Excel还能自动求平均值、计数、求最大和最小值。操作方法：单击“自动求和”按钮的下半部分，从展开的下拉列表中选择需要的计算选项即可，如图1-27所示。

通过Excel窗口最底部的状态栏，可以快速浏览所选数值的平均值、计数、求和等结果，如图1-28所示。用户也可以根据需要使状态中显示其他计算结果，操作方法如图1-29所示。

状态栏中所显示的“计数”结果是由所选区域中非空单元格的数量得来的。

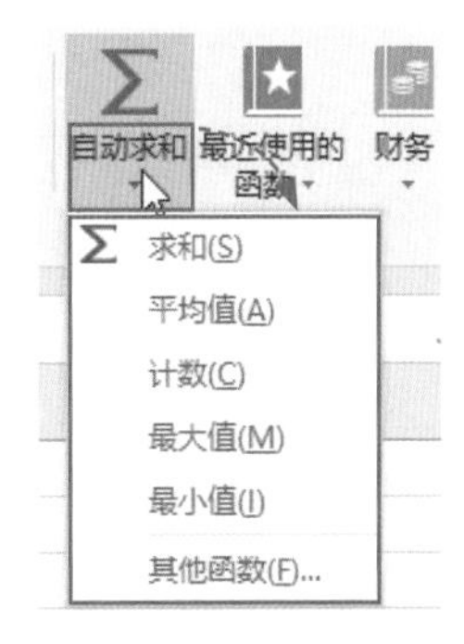

图1-27

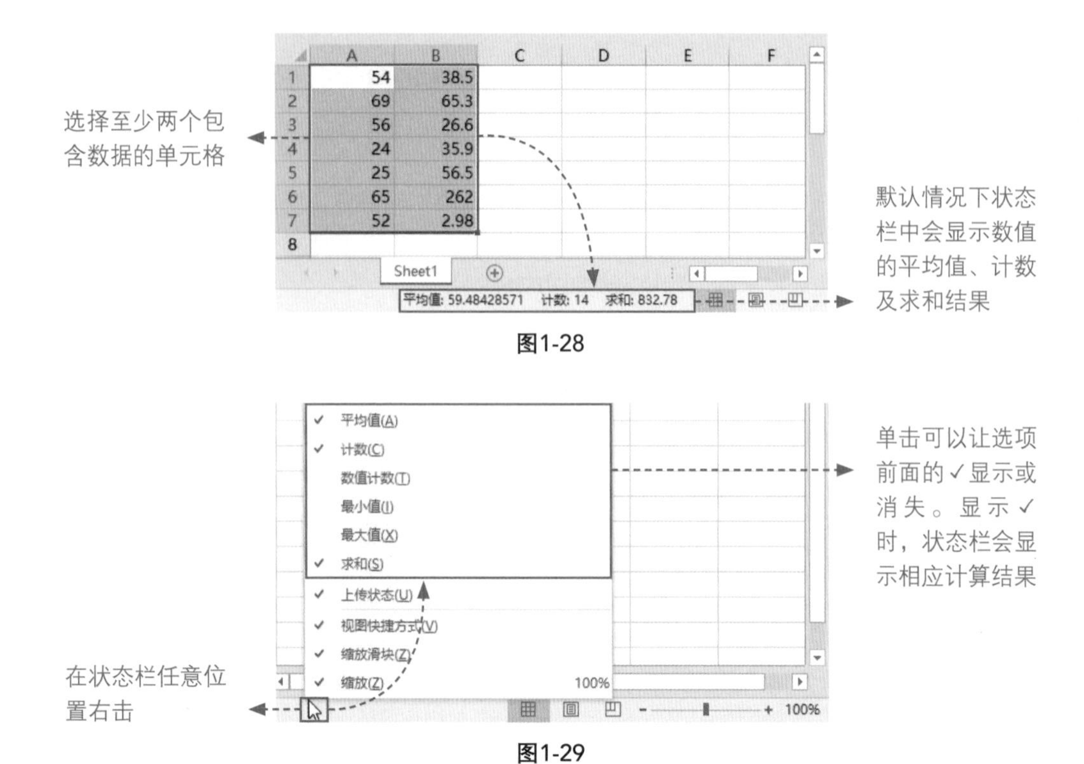

图1-28

图1-29

1.4 无论何时都要使用规范的数据源

使用Excel的主要目的是方便计算和汇总数据。不论是编写公式，还是平时做数据分析，都要求数据源的规范性。

1.4.1 凌乱的数据源对公式计算有什么危害

在表格中随意记录数据最直接的危害是阻碍数据分析及汇总计算，如图1-30所示。

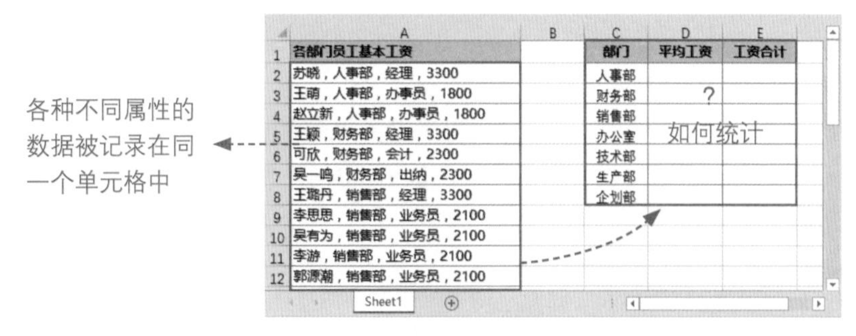

图1-30

像这种不同属性的数据合并记录的数据源，需要按照数据属性将一列中的数据分开在多列中显示。下面来介绍如何使用快速填充功能实现数据分列，如图1-31所示。

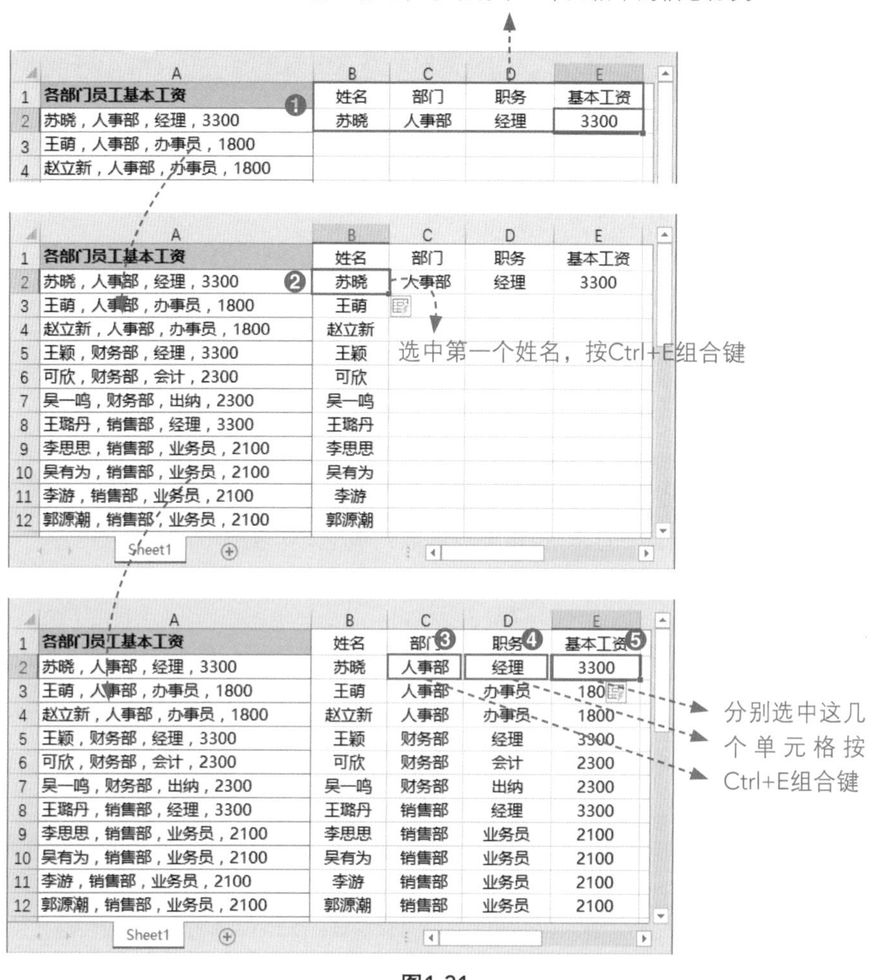

	A	B	C	D	E
1	各部门员工基本工资	姓名	部门	职务	基本工资
2	苏晓，人事部，经理，3300	苏晓	人事部	经理	3300
3	王萌，人事部，办事员，1800	王萌	人事部	办事员	1800
4	赵立新，人事部，办事员，1800	赵立新	人事部	办事员	1800
5	王颖，财务部，经理，3300	王颖	财务部	经理	3300
6	可欣，财务部，会计，2300	可欣	财务部	会计	2300
7	吴一鸣，财务部，出纳，2300	吴一鸣	财务部	出纳	2300
8	王璐丹，销售部，经理，3300	王璐丹	销售部	经理	3300
9	李思思，销售部，业务员，2100	李思思	销售部	业务员	2100
10	吴有为，销售部，业务员，2100	吴有为	销售部	业务员	2100
11	李游，销售部，业务员，2100	李游	销售部	业务员	2100
12	郭源潮，销售部，业务员，2100	郭源潮	销售部	业务员	2100

图1-31

数据源整理好后再统计各部门的平均基本工资和合计工资就简单多了，只需要两个简单的公式即可完成统计[1]，如图1-32所示。

G2 =AVERAGEIF(B:B,F2,D:D)

	A	B	C	D	E	F	G	H
1	姓名	部门	职务	基本工资		部门	平均工资	工资合计
2	苏晓	人事部	经理	3300		人事部	2300	6900
3	王萌	人事部	办事员	1800		财务部	2633.33333	7900
4	赵立新	人事部	办事员	1800		销售部	2340	11700
5	王颖	财务部	经理	3300		办公室	2133.33333	6400
6	可欣	财务部	会计	2300		技术部	3200	12800
7	吴一鸣	财务部	出纳	2300		生产部	1790	17900
8	王璐丹	销售部	经理	3300		企划部	2766.66667	8300
9	李思思	销售部	业务员	2100				
10	吴有为	销售部	业务员	2100				
11	李游	销售部	业务员	2100				
12	郭源潮	销售部	业务员	2100				

图1-32

[1] 想了解AVERAGEIF函数的用法，可查看本书4.3节中的内容。

平均工资=AVERAGEIF(B:B,F2,D:D)

合计工资=SUMIF(B:B,F2,D:D)

1.4.2　规范的数据源要具备的 10 个条件

一份规范的符合数据分析需求的数据源通常具备以下10个条件。

① 不要使用多层表头，或者在数据记录中间插表头。

② 数据记录中不要有空行和空列。

③ 原始记录不能和汇总计算混杂。

④ 用于计算的数字不要设置成文本型。

⑤ 数据源中不能包含重复记录。

⑥ 使用规范的日期格式。

⑦ 不要包含合并单元格。

⑧ 数值和单位不能同时放在一个单元格。

⑨ 列字段不要重复，字段名称要唯一。

⑩ 能放在一个工作表中的数据，不要分散放到多个工作表中。

拓展练习　用公式排查重复的兑奖记录

超市促销活动规定购物满99元可兑换礼品，为了避免一张小票重复兑换礼品，可将兑奖记录输入Excel表格中，并用公式排查重复的兑奖记录。

Step 01　在这份Excel表格中已经输入了部分兑奖信息，接下来将使用公式排查重复的兑奖记录，如图1-33所示。

Step 02　选中E2单元格，输入公式“=IF(COUNTIF(A$2:A2,A2)>1,"重复兑奖","")”，如图1-34所示。

D22

	A	B	C	D	E
1	小票号	会员卡号	实收款	兑换礼品	重复兑奖提示
2	04001706588	13598661522	102.80	洗衣液	
3	04001708556	15666589600	360.50	毛毯	
4	04001569874	15952265755	166.50	洗衣液	
5	04001666582	18756787888	549.00	保温杯	
6	04001788998	15959685465	432.80	保温杯	
7	04001569874	13725652582	111.30	洗衣液	
8	04001011051	15852278889	198.60	毛毯	
9	04001895554	13645985652	225.50	毛毯	
10	04001695252	18945956562	656.00	茶具	
11	04001565525	13098746987	396.70	保温杯	
12					

Sheet1

图1-33

VLOOKUP　=IF(COUNTIF(A$2:A2,A2)>1,"重复兑奖",

	C	D	E	F	G	H
1	实收款	兑换礼品	重复兑奖提示			
2	102.80	洗衣液	=IF(COUNTIF(A$2:A2,A2)>1,"重复兑奖","")			
3	360.50	毛毯				
4	166.50	洗衣液				
5	549.00	保温杯				
6	432.80	保温杯				
7	111.30	洗衣液				
8	198.60	毛毯				
9	225.50	毛毯				
10	656.00	茶具				
11	396.70	保温杯				
12						

Sheet1

图1-34

Step 03 将公式向下填充，还没有输入兑奖信息的部分也先填充公式，填充完成后，重复的兑奖记录就会被标记出来，如图1-35所示。

E2 =IF(COUNTIF(A$2:A2,A2)>1,"重复兑奖","")

	A	B	C	D	E
1	小票号	会员卡号	实收款	兑换礼品	重复兑奖提示
2	04001706588	13598661522	102.80	洗衣液	
3	04001708556	15666589600	360.50	毛毯	
4	04001569874	15952265755	166.50	洗衣液	
5	04001666582	18756787888	549.00	保温杯	
6	04001788998	15959685465	432.80	保温杯	
7	04001569874	13725652582	111.30	洗衣液	重复兑奖
8	04001011051	15852278889	198.60	毛毯	
9	04001895554	13645985652	225.50	毛毯	
10	04001695252	18945956562	656.00	茶具	
11	04001565525	13098746987	396.70	保温杯	
12					

Sheet1

图1-35

Step 04 继续向表格中输入新的兑奖记录，当输入重复的小票号时“重复兑奖提示”列中随即会出现“重复兑奖”的提示，如图1-36所示。

A13

	A	B	C	D	E
2	04001706588	13598661522	102.80	洗衣液	
3	04001708556	15666589600	360.50	毛毯	
4	04001569874	15952265755	166.50	洗衣液	
5	04001666582	18756787888	549.00	保温杯	
6	04001788998	15959685465	432.80	保温杯	
7	04001569874	13725652582	111.30	洗衣液	重复兑奖
8	04001011051	15852278889	198.60	毛毯	
9	04001895554	13645985652	225.50	毛毯	
10	04001695252	18945956562	656.00	茶具	
11	04001565525	13098746987	396.70	保温杯	
12	04001565525				重复兑奖
13					

Sheet1

图1-36

本例用到的是一个函数嵌套公式，这个公式中分别用到了IF函数和COUNTIF函数，关于这两个函数的使用方法将在后面章节进行详细讲解。

知识总结

通过本章内容的学习，相信大家对函数和公式已经有了初步的认识，打好基础再学习函数公式的应用才能一步一个脚印走得更稳！下面为大家整理了本章的学习思维导图，为本章学习提供一个参考。最后问大家一个问题：你们学习函数的最初动力是什么？工作需要、提升技能、个人兴趣或是其他什么原因？

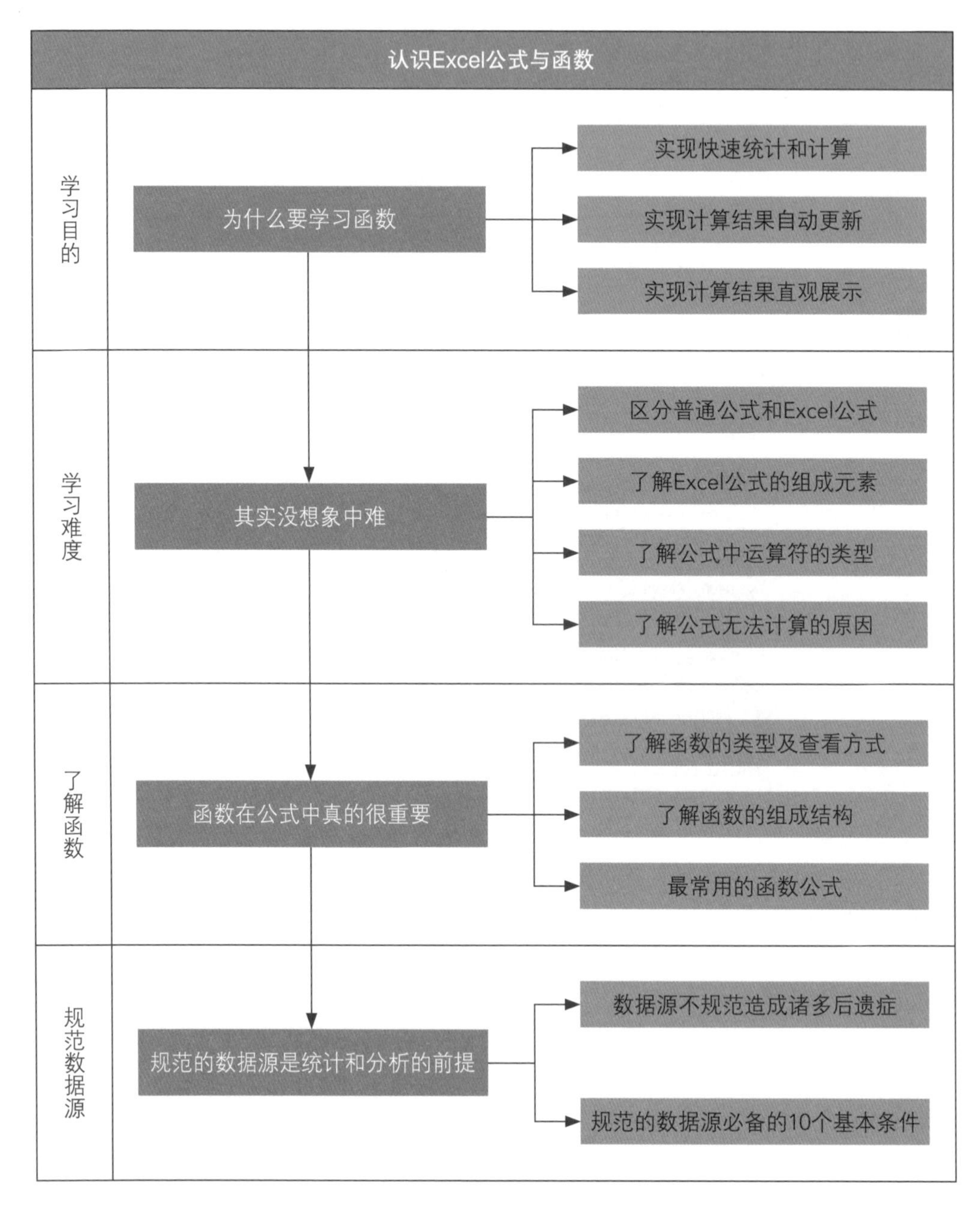

第2章

公式与函数入门课

使用公式可以让复杂计算变得简单化，从而提高数据分析的效率。要想使用公式完成计算，还需要先掌握一些基础知识，例如掌握如何快速输入及编辑公式、如何在公式中使用函数、如何批量填充公式，以及了解单元格引用的形式等。

2.1 公式的输入与编辑

输入公式听起来很简单，但是要想快速地输入公式，不让公式变成“一次性”公式，还需掌握一些技巧。

2.1.1 输入公式计算商品折扣率

在Excel中输入公式尽量不要直接输入单元格中的实际数值，而是要引用需要参与计算的值所在单元格，引用单元格有两种方式：一种是手动输入；另一种是自动引用。

下面以计算商品折扣率为例，分别讲解如何在输入公式时手动输入单元格地址和自动引用单元格地址。本例中商品折扣率=（参考报价－实际售价）/参考报价。

（1）在公式中手动输入单元格地址

Step 01 选中E2单元格，先输入“=”（等号）和“（”（左括号），随后在左括号后面输入第一个要引用的单元格“C2”，如图2-1所示。

Step 02 继续手动输入计算符号和其他需要引用的单元格名称，如图2-2所示。

Step 03 公式输入完成后按Enter键返回计算结果，如图2-3所示。

VLOOKUP　=(C2

	A	B	C	D	E
1	品牌	型号	参考报价	实际售价	折扣率
2	华为	nova 6 5G	¥3,799.00	¥3,495.08	=(C2
3	华为	nova 5 pro	¥2,999.00	¥2,729.09	
4	OPPO	A11	¥1,499.00	¥1,394.07	
5	小米	10Pro	¥5,499.00	¥5,169.06	
6	OPPO	Reno3	¥3,399.00	¥3,127.08	
7	vivo	Y3	¥1,298.00	¥1,181.18	

图2-1

VLOOKUP　=(C2-D2)/C2

	A	B	C	D	E
1	品牌	型号	参考报价	实际售价	折扣率
2	华为	nova 6 5G	¥3,799.00	¥3,495.08	=(C2-D2)/C2
3	华为	nova 5 pro	¥2,999.00	¥2,729.09	
4	OPPO	A11	¥1,499.00	¥1,394.07	
5	小米	10Pro	¥5,499.00	¥5,169.06	
6	OPPO	Reno3	¥3,399.00	¥3,127.08	
7	vivo	Y3	¥1,298.00	¥1,181.18	

图2-2

E3

按Enter键返回计算结果

	A	B	C	D	E
1	品牌	型号			
2	华为	nova 6 5G	¥3,799.00	¥3,495.08	0.08
3	华为	nova 5 pro	¥2,999.00	¥2,729.09	
4	OPPO	A11	¥1,499.00	¥1,394.07	
5	小米	10Pro	¥5,499.00	¥5,169.06	
6	OPPO	Reno3	¥3,399.00	¥3,127.08	
7	vivo	Y3	¥1,298.00	¥1,181.18	

图2-3

（2）在公式中自动引用单元格地址

Step 01 选中E3单元格，先输入“=”（等号）和“(”（左括号），然后单击C3单元格，C3单元格名称随即出现在公式中，如图2-4所示。

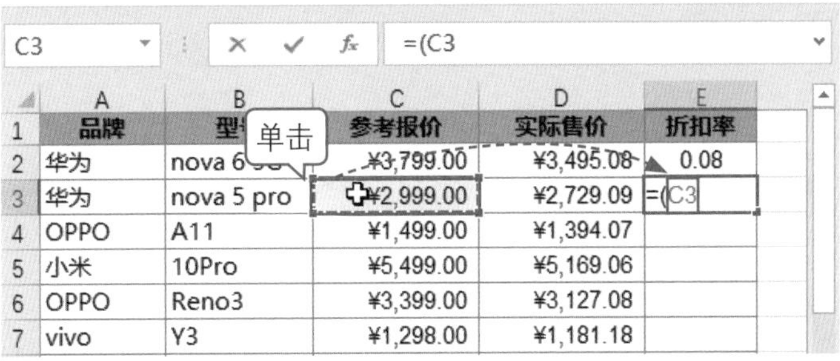

C3 | =(C3

	A	B	C	D	E
1	品牌	型号	参考报价	实际售价	折扣率
2	华为	nova 6 5G	¥3,799.00	¥3,495.08	0.08
3	华为	nova 5 pro	¥2,999.00	¥2,729.09	=(C3
4	OPPO	A11	¥1,499.00	¥1,394.07	
5	小米	10Pro	¥5,499.00	¥5,169.06	
6	OPPO	Reno3	¥3,399.00	¥3,127.08	
7	vivo	Y3	¥1,298.00	¥1,181.18	

图2-4

Step 02 继续输入“-”（减号）运算符，单击D3单元格，将D3单元格引用到公式中，如图2-5所示。

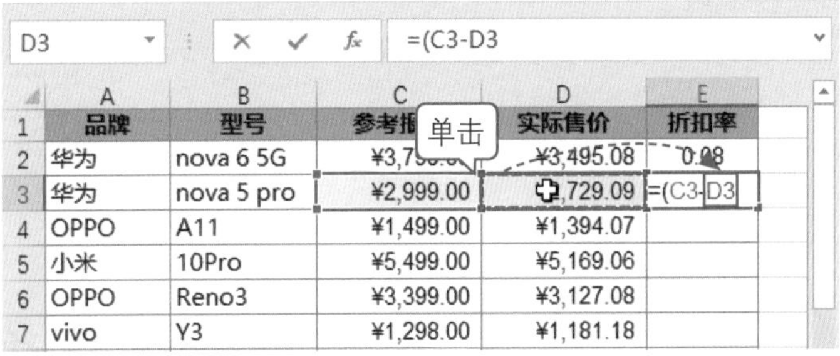

D3 | =(C3-D3

	A	B	C	D	E
1	品牌	型号	参考报价	实际售价	折扣率
2	华为	nova 6 5G	¥3,799.00	¥3,495.08	0.08
3	华为	nova 5 pro	¥2,999.00	¥2,729.09	=(C3-D3
4	OPPO	A11	¥1,499.00	¥1,394.07	
5	小米	10Pro	¥5,499.00	¥5,169.06	
6	OPPO	Reno3	¥3,399.00	¥3,127.08	
7	vivo	Y3	¥1,298.00	¥1,181.18	

图2-5

Step 03 参照以上步骤继续输入其他运算符和单元格引用，如图2-6所示。

Step 04 最后按Enter键返回计算结果，可以看到手动输入和自动引用单元格对公式的计算结果并不会造成任何影响，如图2-7所示。

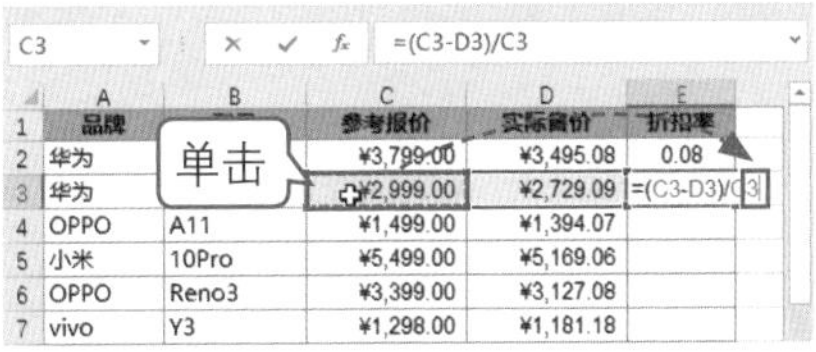

C3 | =(C3-D3)/C3

	A	B	C	D	E
1	品牌	型号	参考报价	实际售价	折扣率
2	华为	nova 6 5G	¥3,799.00	¥3,495.08	0.08
3	华为	nova 5 pro	¥2,999.00	¥2,729.09	=(C3-D3)/C3
4	OPPO	A11	¥1,499.00	¥1,394.07	
5	小米	10Pro	¥5,499.00	¥5,169.06	
6	OPPO	Reno3	¥3,399.00	¥3,127.08	
7	vivo	Y3	¥1,298.00	¥1,181.18	

图2-6

E4

	A	B	C	D	E
1	品牌	型号	参考报价	实际售价	折扣率
2	华为	nova 6 5G	¥3,799.00	¥3,495.08	0.08
3	华为	nova 5 pro	¥2,999.00	¥2,729.09	0.09
4	OPPO	A11	¥1,499.00	¥1,394.07	
5	小米	10Pro	¥5,499.00	¥5,169.06	
6	OPPO	Reno3	¥3,399.00	¥3,127.08	
7	vivo	Y3	¥1,298.00	¥1,181.18	

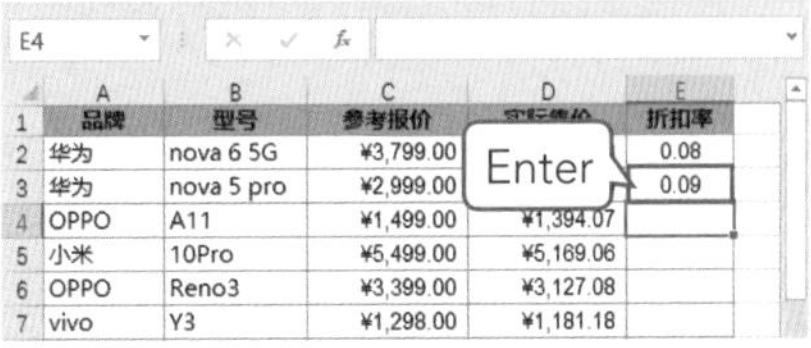

图2-7

2.1.2 重新编辑折扣率公式

如果输入的公式有误则需要及时对其进行修改，修改公式的关键是要让公式所在单元格处于编辑状态。启动公式的编辑状态常用以下三种方法。

（1）双击启动编辑

将光标移动到公式所在单元格上方，双击鼠标即可进入公式编辑状态，接着就可以修改公式了，如图2-8所示。

（2）快捷键启动编辑

选中公式所在单元格后，在键盘上按F2键即可使单元格进入编辑状态，如图2-9所示。

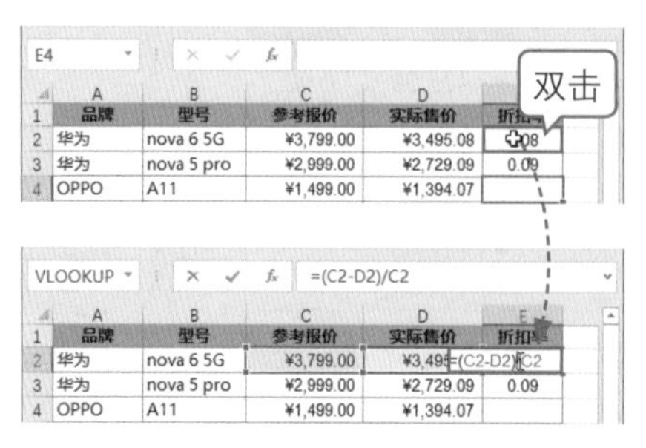

图2-8

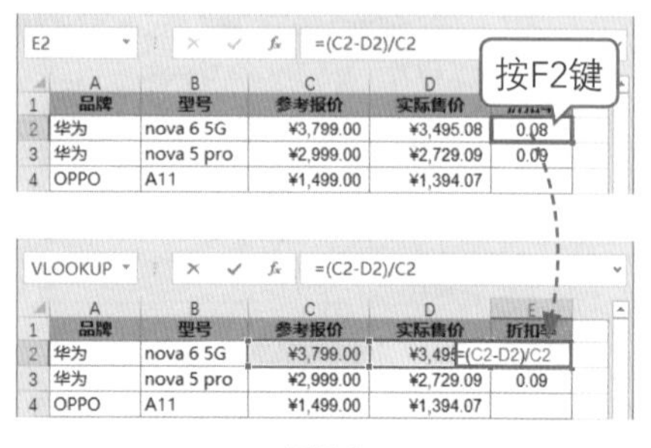

图2-9

（3）编辑栏启动编辑

选中需要重新编辑的公式所在单元格，在编辑栏中单击一下即可进入公式编辑状态，如图2-10所示。

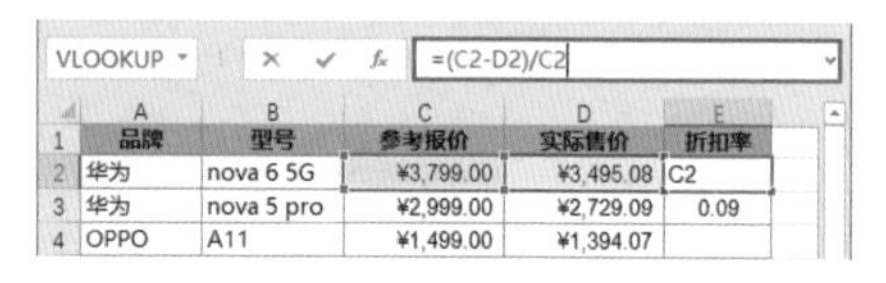

图2-10

公式重新编辑完成以后，要再次按Enter键返回新的计算结果。

2.1.3 填充公式计算所有商品折扣率

当需要将已有的公式运用到其他单元格时，为了避免重复输入的麻烦，防止长公式在输入时出错，可以复制或填充公式。

Step 01 选中E3单元格，将光标移动到单元格右下角，此时光标会变成十字形状，如图2-11所示。

Step 02 按住鼠标左键，向下拖动填充柄，如图2-12所示。

E3　=(C3-D3)/C3

	A	B	C	D	E
1	品牌	型号	参考报价	实际售价	折扣率
2	华为	nova 6 5G	¥3,799.00	¥3,495.08	0.08
3	华为	nova 5 pro	¥2,999.00	¥2,729.09	0.09
4	OPPO	A11	¥1,499.00	¥1,394.07	
5	小米	10Pro	¥5,499.00	¥5,169.06	
6	OPPO	Reno3	¥3,399.00	¥3,127.08	
7	vivo	Y3	¥1,298.00	¥1,181.18	
8	vivo	Z6	¥2,298.00	¥2,091.18	
9	小米	10	¥3,999.00	¥3,679.08	
10	华为	Mate Xs	¥16,999.00	¥15,809.07	
11	OPPO	A8	¥1,199.00	¥1,115.07	
12	荣耀	9X	¥1,399.00	¥1,287.08	

Sheet1

图2-11

=(C3-D3)/C3

C	D	E
参考报价	实际售价	折扣率
¥3,799.00	¥3,495.08	0.08
¥2,999.00	¥2,729.09	0.09
¥1,499.00	¥1,394.07	
¥5,499.00	¥5,169.06	
¥3,399.00	¥3,127.08	
¥1,298.00	¥1,181.18	
¥2,298.00	¥2,091.18	
¥3,999.00	¥3,679.08	
¥16,999.00	¥15,809.07	
¥1,199.00	¥1,115.07	
¥1,399.00	¥1,287.08	

图2-12

Step 03 拖动到E23单元格时松开鼠标，鼠标拖动过的单元格中随即全部被填充了公式，如图2-13所示。

Step 04 选择填充了公式的单元格，在编辑栏中可以发现，随着公式位置的变化，公式中所引用的单元格也会随之发生改变，如图2-14所示。

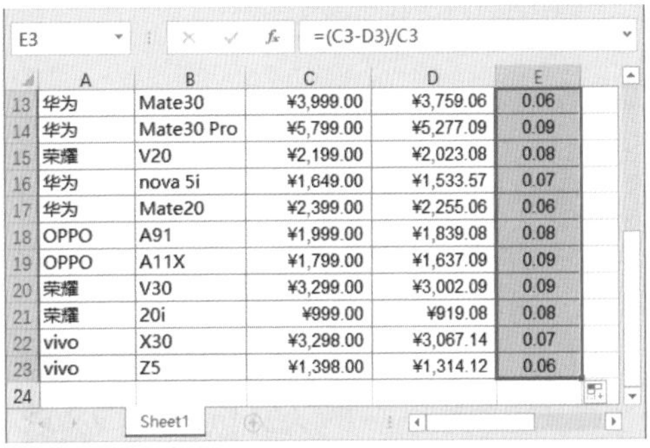

E3 =(C3-D3)/C3

	A	B	C	D	E
13	华为	Mate30	¥3,999.00	¥3,759.06	0.06
14	华为	Mate30 Pro	¥5,799.00	¥5,277.09	0.09
15	荣耀	V20	¥2,199.00	¥2,023.08	0.08
16	华为	nova 5i	¥1,649.00	¥1,533.57	0.07
17	华为	Mate20	¥2,399.00	¥2,255.06	0.06
18	OPPO	A91	¥1,999.00	¥1,839.08	0.08
19	OPPO	A11X	¥1,799.00	¥1,637.09	0.09
20	荣耀	V30	¥3,299.00	¥3,002.09	0.09
21	荣耀	20i	¥999.00	¥919.08	0.08
22	vivo	X30	¥3,298.00	¥3,067.14	0.07
23	vivo	Z5	¥1,398.00	¥1,314.12	0.06
24					

Sheet1

图2-13

E8 =(C8-D8)/C8

	A	B	C	D	E
1	品牌	型号	参考报价	实际售价	折扣率
2	华为	nova 6 5G	¥3,799.00	¥3,495.08	0.08
3	华为	nova 5 pro	¥2,999.00	¥2,729.09	0.09
4	OPPO	A11	¥1,499.00	¥1,394.07	0.07
5	小米	10Pro	¥5,499.00	¥5,169.06	0.06
6	OPPO	Reno3	¥3,399.00	¥3,127.08	0.08
7	vivo	Y3	¥1,298.00	¥1,181.18	0.09
8	vivo	Z6	¥2,298.00	¥2,091.18	0.09
9	小米	10	¥3,999.00	¥3,679.08	0.08
10	华为	Mate Xs	¥16,999.00	¥15,809.07	0.07
11	OPPO	A8	¥1,199.00	¥1,115.07	0.07
12	荣耀	9X	¥1,399.00	¥1,287.08	0.08

Sheet1

图2-14

Step 05 选中E2:E23单元格区域，在选中的区域上方右击，在展开的菜单中单击“百分比样式”按钮，如图2-15所示。

	A	B	C	D	E
5	小米	10Pro	¥5		0.08
6	OPPO	Reno3	¥3,399.00	¥3,127.08	0.08
7	vivo	Y3			0.08
8	vivo	Z6			0.08
9	小米	10			
10	华为	Mate Xs	¥16,999.00	¥15,639.08	0.08
11	OPPO	A8	¥1,199.00	¥1,103.08	0.08
12	荣耀	9X	¥1,399.00	¥1,287.08	0.08

链接(I)
Arial 11
百分比样式 (Ctrl+Shift+%)

Sheet1

图2-15

Step 06 所有折扣率随即被设置成百分比样式显示，如图2-16所示。

	A	B	C	D	E
1	品牌	型号	参考报价	实际售价	折扣率
2	华为	nova 6 5G	¥3,799.00	¥3,495.08	8%
3	华为	nova 5 pro	¥2,999.00	¥2,729.09	9%
4	OPPO	A11	¥1,499.00	¥1,394.07	7%
5	小米	10Pro	¥5,499.00	¥5,169.06	6%
6	OPPO	Reno3	¥3,399.00	¥3,127.08	8%
7	vivo	Y3	¥1,298.00	¥1,181.18	9%
8	vivo	Z6	¥2,298.00	¥2,091.18	9%
9	小米	10	¥3,999.00	¥3,679.08	8%
10	华为	Mate Xs	¥16,999.00	¥15,809.07	7%
11	OPPO	A8	¥1,199.00	¥1,115.07	7%
12	荣耀	9X	¥1,399.00	¥1,287.08	8%

Sheet1

图2-16

如果输入公式的单元格在不连续的区域，便不好再用填充功能填充公式，这时可以复制公式。复制公式的方法和复制其他数据的方法相同，可以使用快捷键Ctrl+C复制，Ctrl+V粘贴。

2.2 插入函数的多种方法

函数在公式中起到至关重要的作用，只有正确地输入函数名称及其参数，公式才能正常运算并返回正确的结果。初学者完全手动输入函数可能比较困难，其实输入函数的方法有很多，下面将在一份销售报表中介绍如何快速向公式中插入函数。

2.2.1 统计销售员全年销售金额

▶扫一扫 看视频◀

Excel功能区包含大多数常用的函数类型按钮，通过这些命令按钮可以快速找到所需的函数。下面以计算销售员全年销售金额为例介绍第一种插入函数的方法。

Step 01 选中K2单元格，打开“公式”选项卡，在“函数库”组中单击“数学和三角函数”按钮，在其下拉列表中选择“SUMIF”选项。随后会弹出“函数参数”对话框，设置好参数，单击“确定”按钮，如图2-17所示。

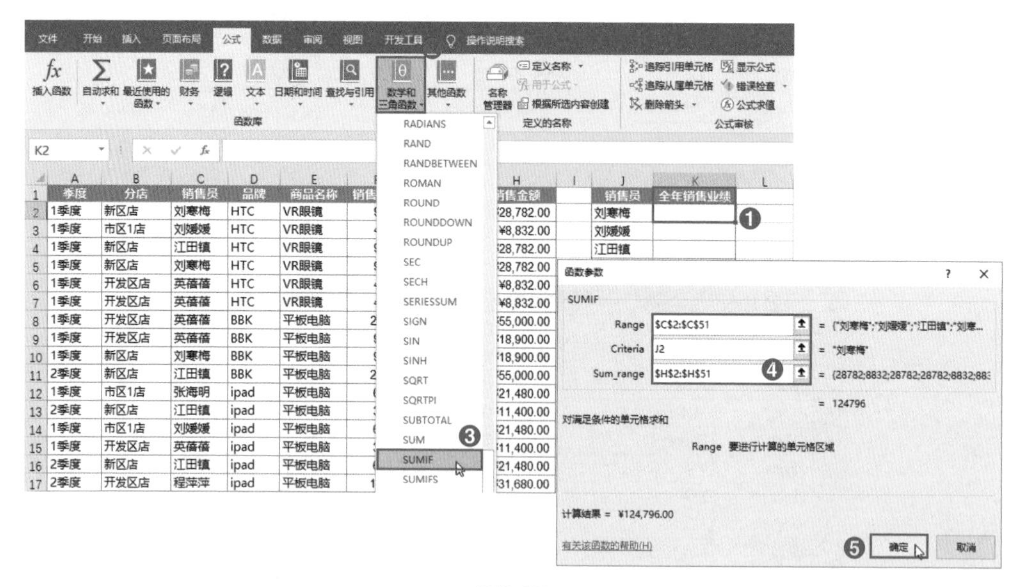

图2-17

Step 02 返回到Excel工作表，此时K2单元格中已经显示出了计算结果，在编辑栏中可以查看公式详情，如图2-18所示。

K2 =SUMIF($C$2:$C$51,J2,$H$2:$H$51)

	季度	分店	销售员	品牌	商品名称	销售数量	销售单价	销售金额
2	1季度	新区店	刘寒梅	HTC	VR眼镜	9	¥3,198.00	¥28,782.00
3	1季度	市区1店	刘媛媛	HTC	VR眼镜	4	¥2,208.00	¥8,832.00
4	1季度	新区店	江田镇	HTC	VR眼镜	9	¥3,198.00	¥28,782.00
5	1季度	新区店	刘寒梅	HTC	VR眼镜	9	¥3,198.00	¥28,782.00
6	1季度	开发区店	英蓓蓓	HTC	VR眼镜	4	¥2,208.00	¥8,832.00
7	1季度	开发区店	英蓓蓓	HTC	VR眼镜	4	¥2,208.00	¥8,832.00
8	1季度	开发区店	英蓓蓓	BBK	平板电脑	22	¥2,500.00	¥55,000.00
9	1季度	开发区店	英蓓蓓	BBK	平板电脑	9	¥2,100.00	¥18,900.00
10	1季度	新区店	刘寒梅	BBK	平板电脑	9	¥2,100.00	¥18,900.00
11	2季度	新区店	江田镇	BBK	平板电脑	22	¥2,500.00	¥55,000.00
12	1季度	市区1店	张海明	ipad	平板电脑	6	¥3,580.00	¥21,480.00
13	2季度	新区店	江田镇	ipad	平板电脑	3	¥3,800.00	¥11,400.00

销售员	全年销售业绩
刘寒梅	¥124,796.00
刘媛媛	
江田镇	
英蓓蓓	
张海明	
程萍萍	

图2-18

经验之谈

如果需要向下方填充公式，并且这些单元格是连续的，那么直接双击填充柄即可瞬间完成填充，如图2-19所示。

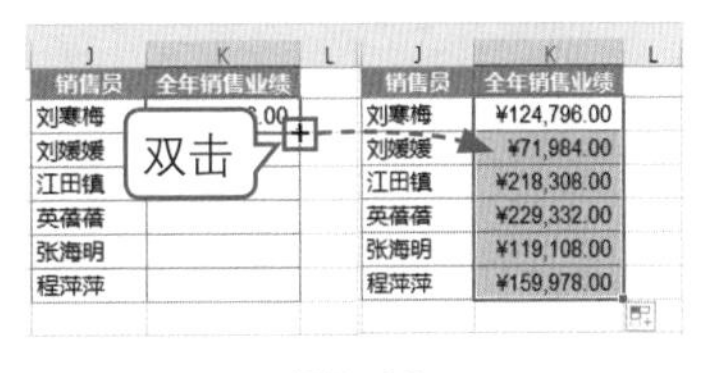

图2-19

2.2.2 统计各季度销售金额

第1章介绍过，可以在功能区及“插入函数”对话框中查看函数，我们已经知道如何通过功能区插入函数了，下面将以统计各季度销售金额为例介绍如何通过“插入函数”对话框插入函数。

Step 01 选中B54单元格，打开“公式”选项卡，在“函数库”组中单击“插入函数”按钮，如图2-20所示。

文件 开始 插入 页面布局 公式 数据 审阅 视图 开发工具 操作说明搜索

插入函数 自动求和 最近使用的函数 财务 逻辑 文本 日期和时间 查找与引用 数学和三角函数 其他函数 函数库 名称管理器 定义名称 用于公式 根据所选内容创建 定义的名称

B54

	季度	分店	销售员	品牌	商品名称	销售数量	销售单价	销售金额
47	4季度	新区店	江田镇	HUAWEI	智能手机	4	¥2,589.00	¥10,356.00
48	4季度	市区1店	张海明	VIVO	智能手机	2	¥3,200.00	¥6,400.00
49	4季度	开发区店	英蓓蓓	VIVO	智能手机	4	¥1,680.00	¥6,720.00
50	4季度	市区1店	刘媛媛	VIVO	智能手机	2	¥3,200.00	¥6,400.00
51	4季度	新区店	江田镇	VIVO	智能手机	4	¥1,680.00	¥6,720.00

	季度	销售金额
54	1季度	
55	2季度	
56	3季度	
57	4季度	

图2-20

Step 02 打开“插入函数”对话框，选择好函数类型和需要使用的函数，单击“确定”按钮，如图2-21所示。

Step 03 打开“函数参数”对话框，在该对话框中设置好参数，单击“确定”按钮关闭对话框，如图2-22所示。

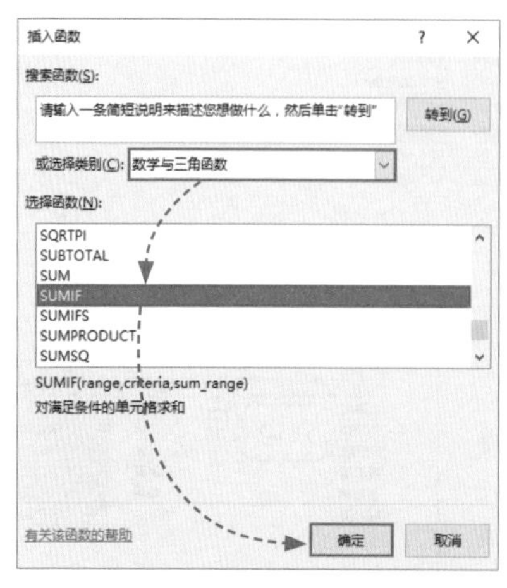

图2-21

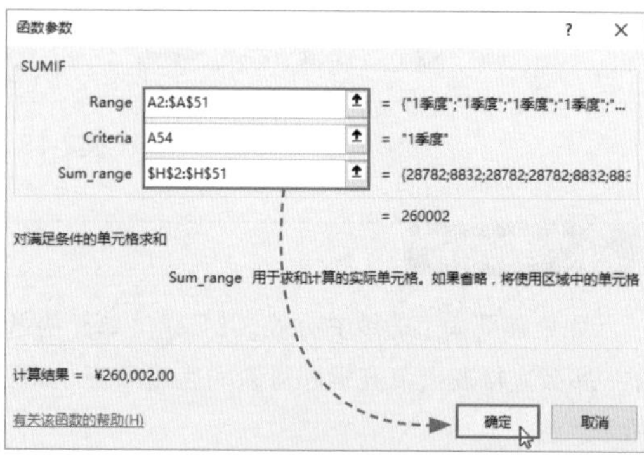

图2-22

Step 04 1季度的销售金额随即被计算出来，将B54单元格中的公式向下填充即可计算出其他季度的销售金额，如图2-23所示。

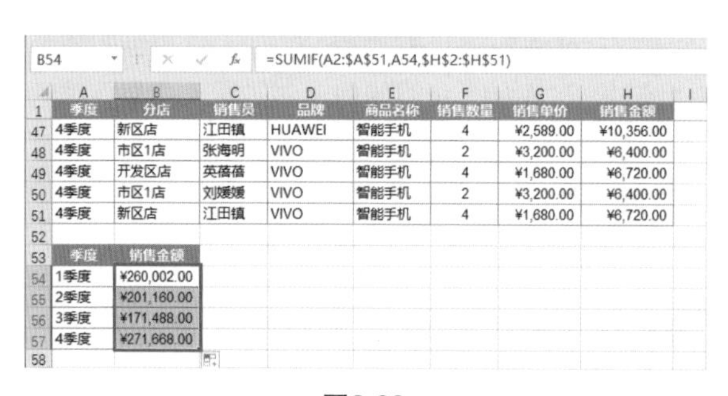

B54 =SUMIF(A2:$A$51,A54,$H$2:$H$51)

	A	B	C	D	E	F	G	H
1	季度	分店	销售员	品牌	商品名称	销售数量	销售单价	销售金额
47	4季度	新区店	江田镇	HUAWEI	智能手机	4	¥2,589.00	¥10,356.00
48	4季度	市区1店	张海明	VIVO	智能手机	2	¥3,200.00	¥6,400.00
49	4季度	开发区店	英蓓蓓	VIVO	智能手机	4	¥1,680.00	¥6,720.00
50	4季度	市区1店	刘媛媛	VIVO	智能手机	2	¥3,200.00	¥6,400.00
51	4季度	新区店	江田镇	VIVO	智能手机	4	¥1,680.00	¥6,720.00
52								
53	季度	销售金额						
54	1季度	¥260,002.00						
55	2季度	¥201,160.00						
56	3季度	¥171,488.00						
57	4季度	¥271,668.00						
58								

图2-23

图2-24

经验之谈

除了单击功能区中的“插入函数”按钮能打开“插入函数”对话框以外，还有多种方法可以打开该对话框。这里简单列举几种比较常用的方法。

① 按Shift+F3组合键。

② 单击编辑栏中的“插入函数”按钮，如图2-24所示。

③ 从“公式”选项卡中的“函数库”组内单击任意一个函数类型按钮，在展开的列表最下方都有“插入函数”选项。单击该选项可打开“函数参数”对话框。

2.2.3 统计1季度指定店铺的销售金额

若用户对将要插入的函数比较熟悉，可以手动输入函数并设置其参数。手动输入函数并不需要用户掌握函数完整的拼写内容，只需要知道这个函数名称的前几个字母即可。下面将手动输入函数计算1季度新区店的销售金额。根据题目要求，公式中将会使用SUMIFS函数。

Step 01 选中C54单元格，先输入等号，随后开始拼写函数，当拼写出第一个字母以后，单元格下方会出现一个下拉列表，列表中包含了以该字母开头的所有函数，如图2-25所示。

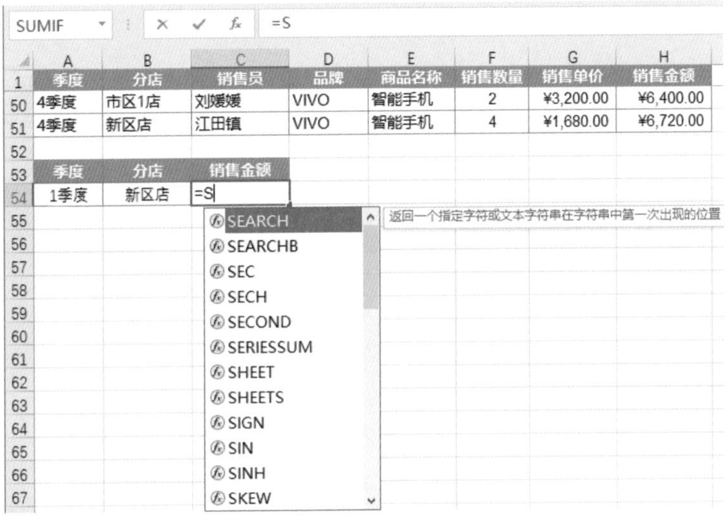

SUMIF =S

	A	B	C	D	E	F	G	H
1	季度	分店	销售员	品牌	商品名称	销售数量	销售单价	销售金额
50	4季度	市区1店	刘媛媛	VIVO	智能手机	2	¥3,200.00	¥6,400.00
51	4季度	新区店	江田镇	VIVO	智能手机	4	¥1,680.00	¥6,720.00
52								
53	季度	分店	销售金额					
54	1季度	新区店	=S					

SEARCH
SEARCHB
SEC
SECH
SECOND
SERIESSUM
SHEET
SHEETS
SIGN
SIN
SINH
SKEW

返回一个指定字符或文本字符串在字符串中第一次出现的位置

图2-25

Step 02 继续输入函数的第二个字母，此时下拉列表中可选择的函数明显减少，用户可以直接在下拉列表中双击需要的函数，将其输入到公式中，如图2-26所示。当然，用户也可以选择继续手动输入完整的函数。

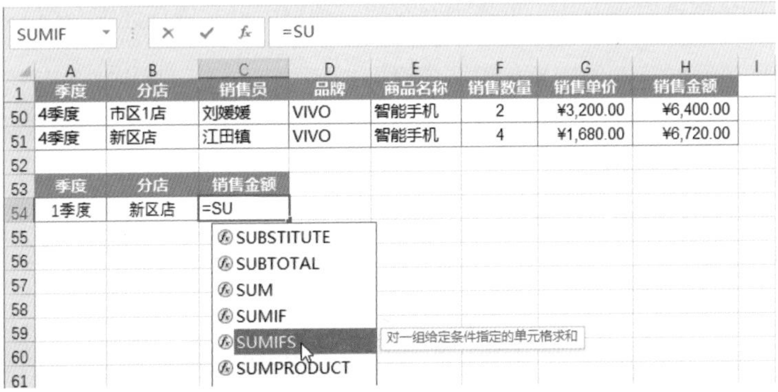

SUMIF =SU

	A	B	C	D	E	F	G	H
1	季度	分店	销售员	品牌	商品名称	销售数量	销售单价	销售金额
50	4季度	市区1店	刘媛媛	VIVO	智能手机	2	¥3,200.00	¥6,400.00
51	4季度	新区店	江田镇	VIVO	智能手机	4	¥1,680.00	¥6,720.00
52								
53	季度	分店	销售金额					
54	1季度	新区店	=SU					

SUBSTITUTE
SUBTOTAL
SUM
SUMIF
SUMIFS
SUMPRODUCT

对一组给定条件指定的单元格求和

图2-26

Step 03 在列表中双击函数选项将该函数名称输入到公式中后，函数名称后面会自动输入左括号，单元格下方会显示该函数的语法格式，如图2-27所示。

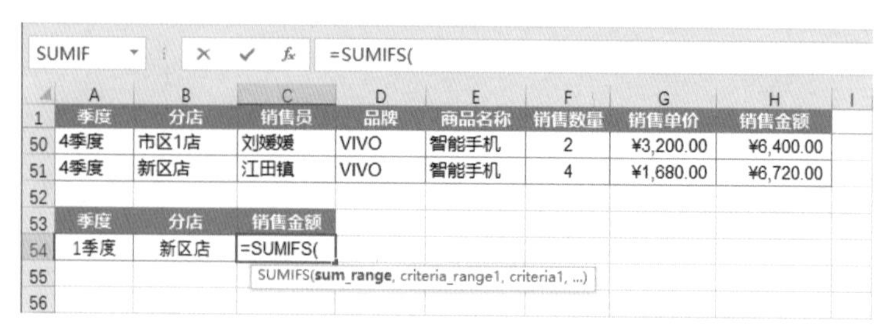

SUMIF | =SUMIFS(

	A	B	C	D	E	F	G	H
1	季度	分店	销售员	品牌	商品名称	销售数量	销售单价	销售金额
50	4季度	市区1店	刘嫒嫒	VIVO	智能手机	2	¥3,200.00	¥6,400.00
51	4季度	新区店	江田镇	VIVO	智能手机	4	¥1,680.00	¥6,720.00
52								
53	季度	分店	销售金额					
54	1季度	新区店	=SUMIFS(					
55			SUMIFS(sum_range, criteria_range1, criteria1, ...)					
56								

图2-27

Step 04 用户可以参照该语法格式设置函数参数，公式输入完成后按Enter键即可返回计算结果，如图2-28所示。

SUMIF | =SUMIFS(H2:H51,A2:A51,"1季度",B2:B51,"新区店")

	A	B	C	D	E	F	G	H
1	季度	分店	销售员	品牌	商品名称	销售数量	销售单价	销售金额
50	4季度	市区1店	刘嫒嫒	VIVO	智能手机	2	¥3,200.00	¥6,400.00
51	4季度	新区店	江田镇	VIVO	智能手机	4	¥1,680.00	¥6,720.00
52								
53	季度	分店	销售金额					
54	1季度	新区店	=SUMIFS(H2:H51,A2:A51,"1季度",B2:B51,"新区店")					
55								
56								

图2-28

2.3 根据折扣计算商品实际销售价格

单元格引用是公式中非常重要的组成部分之一。单元格引用有三种形式，分别是相对引用、绝对引用及混合引用。引用方式的不同在复制或填充公式后会对公式的结果造成很大的影响，下面将以计算商品折后价格为例对这三种引用形式进行详细介绍。

2.3.1 相对引用对计算结果的影响

在本例中折扣价=吊牌价*折扣/10，我们先在公式中使用相对引用单元格，观察能否得到正确的计算结果。

Step 01 选中C2单元格，输入公式“=B2*F2/10”，在该公式中对所有单元格的引用都是相对引用，如图2-29所示。

SUMIF | =B2*F2/10

	A	B	C	D	E	F	G	H
1	商品	吊牌价	8折价	9折价		折扣	折扣	
2	运动袜	29	=B2*F2/10			8	9	
3	棒球帽	20						
4	高跟鞋	260						
5	男款休闲裤	200						
6	男款T恤	120						
7	男款休闲鞋	300						
8	男款运动鞋	500						
9	女款衬衣	40						

图2-29

Step 02 按Enter键计算出公式结果，随后再次选中C2单元格，拖动填充柄将公式填充到下方区域，此时被填充公式的单元格中所显示的计算结果全部为“0”，如图2-30所示。

很显然填充公式后并没有得到理想的计算结果，这是由于本次的公式中对F2单元格的引用为相对引用。相对引用的单元格会随着公式位置的变化自动变化。

C2 =B2*F2/10

	A	B	C	D	E	F	G	H
1	商品	吊牌价	8折价	9折价		折扣	折扣	
2	运动袜	29	23.2			8	9	
3	棒球帽	20	0					
4	高跟鞋	260	0					
5	男款休闲裤	200	0					
6	男款T恤	120	0					
7	男款休闲鞋	300	0					
8	男款运动鞋	500	0					
9	女款衬衣	40	0					

图2-30

公式解析

本例中所有的吊牌价都需要根据固定的折扣(F2单元格)进行计算，但是当公式被向下填充后，公式中所引用的单元格发生了变化，吊牌价只能根据折扣价下方的空白单元格进行计算，因此最终的返回结果都是“0”，如图2-31所示。

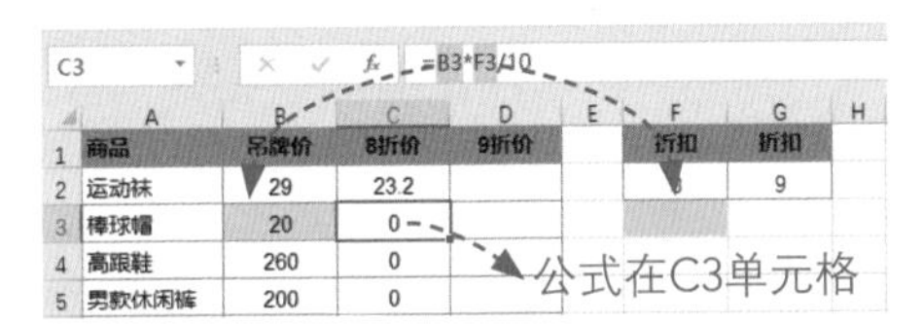

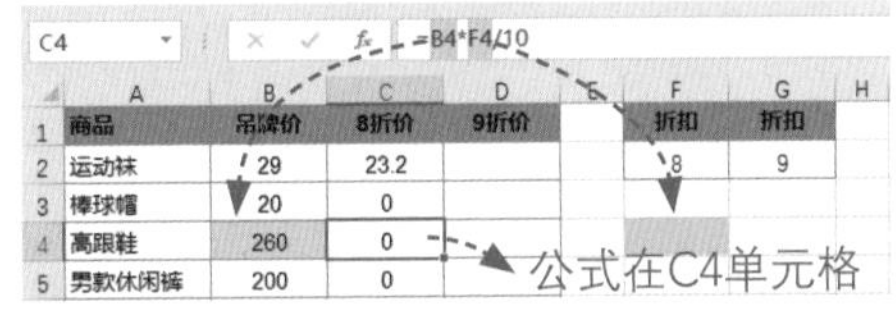

图2-31

2.3.2 绝对引用对计算结果的影响

绝对引用能够将公式中引用的单元格锁定，不论公式被移动到什么位置，所引用的单元格都不会发生变化。

绝对引用的单元格特征非常明显，即单元格名称的行号和列标前有“$”符号。下面将使用绝对引用重新计算商品的折后价格。

Step 01 选中C2单元格，输入公式“=B2*$F$2/10”，在该公式中对F2单元格的引用是绝对引用，如图2-32所示。

Step 02 按Enter键返回计算结果，随后重新选中C2单元格，将公式填充到下方单元格区域，此时公式计算出了所有商品的8折价格，如图2-33所示。

SUMIF =B2*$F$2/10

	A	B	C	D	E	F	G	H
1	商品	吊牌价	8折价	9折价		折扣	折扣	
2	运动袜	29	=B2*$F$2/10			8	9	
3	棒球帽	20						
4	高跟鞋	260						
5	男款休闲裤	200						
6	男款T恤	120						
7	男款休闲鞋	300						
8	男款运动鞋	500						
9	女款衬衣	40						

图2-32

C2 =B2*$F$2/10

	A	B	C	D	E	F	G	H
1	商品	吊牌价	8折价	9折价		折扣	折扣	
2	运动袜	29	23.2			8	9	
3	棒球帽	20	16					
4	高跟鞋	260	208					
5	男款休闲裤	200	160					
6	男款T恤	120	96					
7	男款休闲鞋	300	240					
8	男款运动鞋	500	400					
9	女款衬衣	40	32					

图2-33

公式解析

这次的公式对“折扣”所在单元格(F2 单元格)使用了绝对引用，因此公式虽然被填充到了下方的单元格中，但是对 F2 单元格的引用始终保持不变。每一种商品的吊牌价都进行了相同折扣(8 折)的计算，如图 2-34 所示。

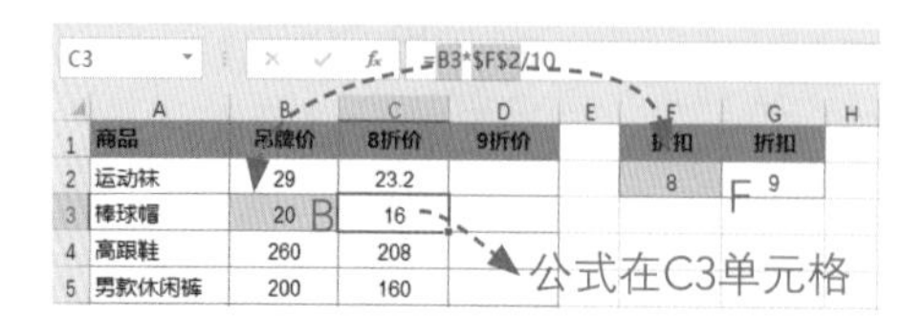

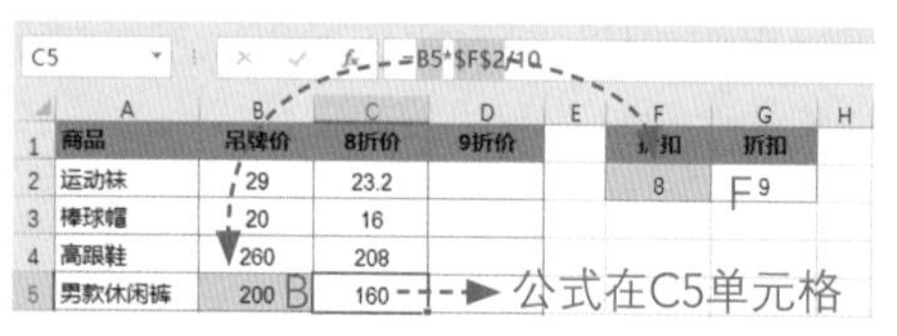

图2-34

2.3.3 混合引用对计算结果的影响

混合引用即相对引用与绝对引用的混合体，可以只对所引用单元格的行或列进行锁定。因此混合引用存在两种情况：一种是绝对行相对列的引用；另一种是相对行绝对列的引用。混合引用的单元格只会在被锁定的部分之前显示“$”符号。

例如使用混合引用计算商品的不同折扣价格。

在C2单元格中输入公式“=$B2*F$2/10”，如图2-35所示。随后分别向右、向下填充公式，计算出8折和9折的价格。

在这个公式中对B2和F2单元格的引用都是混合引用，其中$B2为相对行绝对列的混合引用，而F$2为绝对行相对列的混合引用。

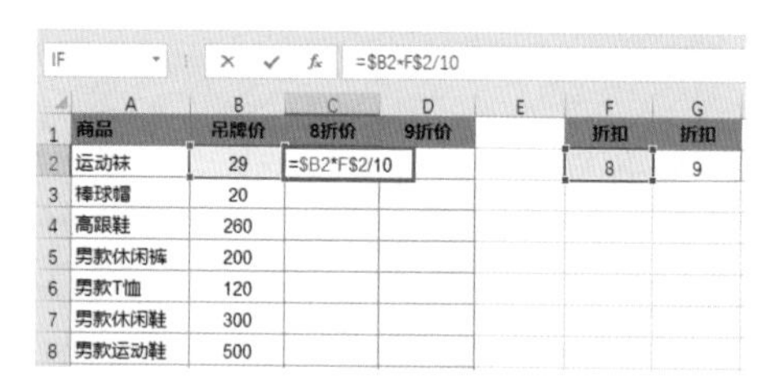

	A	B	C	D	E	F	G
1	商品	吊牌价	8折价	9折价		折扣	折扣
2	运动袜	29	=$B2*F$2/10			8	9
3	棒球帽	20					
4	高跟鞋	260					
5	男款休闲裤	200					
6	男款T恤	120					
7	男款休闲鞋	300					
8	男款运动鞋	500					

图2-35

通过观察不同单元格中的公式发现，不管公式被填充到什么位置，所引用的单元格中前面有$符号的部分始终保持不变，只有不带$符号的部分发生变化，如图2-36、图2-37所示。

C4 =$B4*F$2/10

	A	B	C	D
1	商品	吊牌价	8折价	9折价
2	运动袜	29	23.2	26.1
3	棒球帽	20	16	18
4	高跟鞋	260	208	234
5	男款休闲裤	200	160	180
6	男款T恤	120	96	108

图2-36

D5 =$B5*G$2/10

	A	B	C	D
1	商品	吊牌价	8折价	9折价
2	运动袜	29	23.2	26.1
3	棒球帽	20	16	18
4	高跟鞋	260	208	234
5	男款休闲裤	200	160	180
6	男款T恤	120	96	108

图2-37

经验之谈

在键盘上按F4键可快速更改单元格的引用方式。下面以A5单元格为例，按不同次数的F4键，单元格的引用形式所发生的变化如表2-1所示。

表2-1

初始样式	按键次数	引用形式	最终效果
=A5	按1次F4键	绝对引用	=$A$5
=A5	按2次F4键	混合引用	=A$5
=A5	按3次F4键	混合引用	=$A5
=A5	按4次F4键	相对引用	=A5

拓展练习　计算员工工资

员工的实发工资通常是由基本工资、绩效工资、全勤工资、岗位工资、奖金提成等构成的，最后还需要扣除例如迟到、事假、旷工等产生的扣款。

下面将根据工资表中提供的基础数据，如图2-38所示，计算员工的合计工资、实发工资、指定职位的合计工资及指定职位的平均工资等。

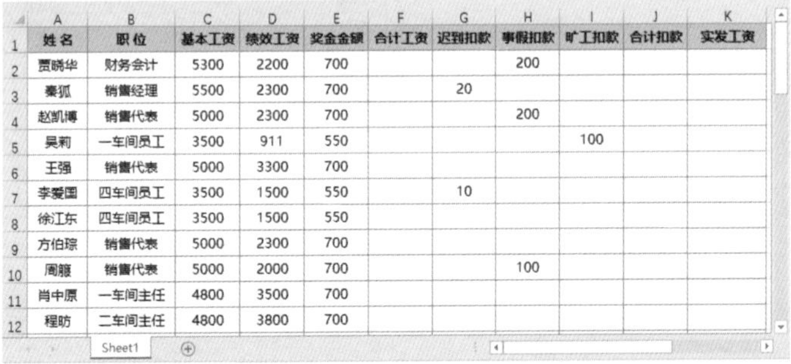

姓名	职位	基本工资	绩效工资	奖金金额	合计工资	迟到扣款	事假扣款	旷工扣款	合计扣款	实发工资
贾晓华	财务会计	5300	2200	700			200			
秦狐	销售经理	5500	2300	700		20				
赵凯博	销售代表	5000	2300	700			200			
吴莉	一车间员工	3500	911	550				100		
王强	销售代表	5000	3300	700						
李爱国	四车间员工	3500	1500	550		10				
徐江东	四车间员工	3500	1500	550						
方伯琮	销售代表	5000	2300	700						
周丽	销售代表	5000	2000	700			100			
肖中原	一车间主任	4800	3500	700						
程昉	二车间主任	4800	3800	700						

图2-38

Step 01 选中F2单元格，输入公式“=C2+D2+E2”,输入完成后按Enter键返回计算结果，计算出第一位员工的合计工资，如图2-39所示。

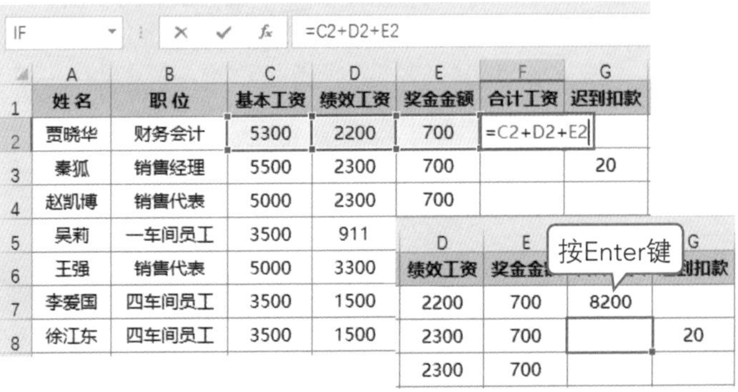

=C2+D2+E2

按Enter键

图2-39

Step 02 再次选中F2单元格，将光标放置在单元格右下角，光标变成黑色十字形状时双击鼠标，如图2-40所示。

Step 03 公式随即被填充到下方的空白单元格中，自动计算出所有员工的合计工资，如图2-41所示。

Step 04 在J2单元格中输入公式“=G2+H2+I2”，随后将公式向下方填充，计算出所有合计扣款金额，如图2-42所示。

Step 05 在K2单元格中输入公式“=F2－J2”，并将公式向下方填充，计算出所有员工的实发工资，如图2-43所示。

=C2+D2+E2

C 基本工资	D 绩效工资	E 奖金金额	F 合计工	G
5300	2200	700	8200	
5500	2300	700		20
5000	2300	700		
3500	911	550		
5000	3300	700		
3500	1500	550		10
3500	1500	550		
5000	2300	700		
5000	2000	700		
4800	3500	700		
4800	3800	700		

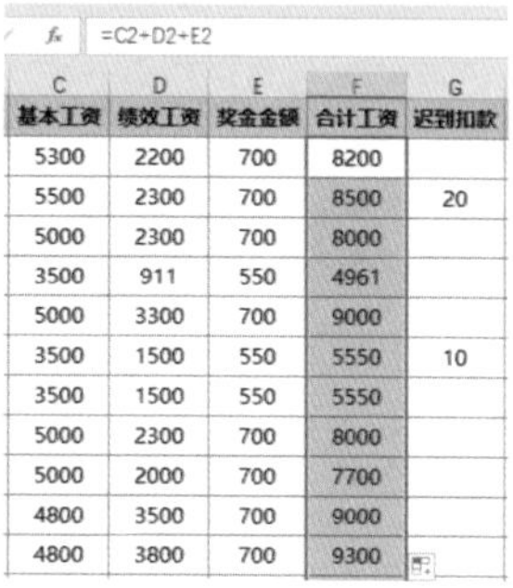

双击

图2-40

=C2+D2+E2

C 基本工资	D 绩效工资	E 奖金金额	F 合计工资	G 迟到扣款
5300	2200	700	8200	
5500	2300	700	8500	20
5000	2300	700	8000	
3500	911	550	4961	
5000	3300	700	9000	
3500	1500	550	5550	10
3500	1500	550	5550	
5000	2300	700	8000	
5000	2000	700	7700	
4800	3500	700	9000	
4800	3800	700	9300	

图2-41

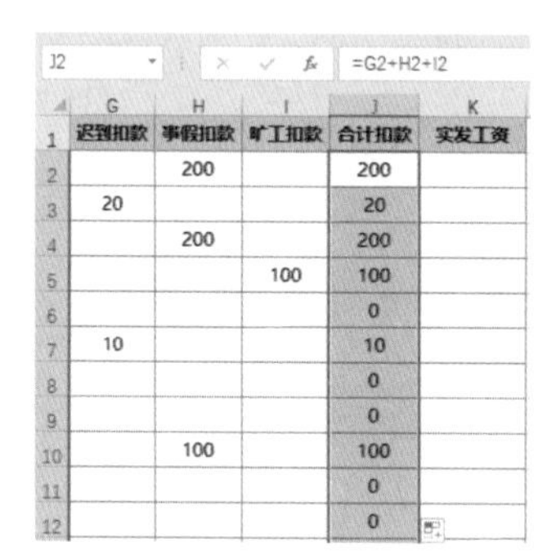

J2 =G2+H2+I2

	G 迟到扣款	H 事假扣款	I 旷工扣款	J 合计扣款	K 实发工资
2		200		200	
3	20			20	
4		200		200	
5			100	100	
6				0	
7	10			10	
8				0	
9				0	
10		100		100	
11				0	
12				0	

图2-42

K2 =F2-J2

	F 合计工资	G 迟到扣款	H 事假扣款	I 旷工扣款	J 合计扣款	K 实发工资
2	8200		200		200	8000
3	8500	20			20	8480
4	8000		200		200	7800
5	4961			100	100	4861
6	9000				0	9000
7	5550	10			10	5540
8	5550				0	5550
9	8000				0	8000
10	7700		100		100	7600
11	9000				0	9000
12	9300				0	9300

图2-43

Step 06 选中N2单元格，打开“公式”选项卡，在“函数库”组中单击“其他函数”下拉按钮，在展开的列表中选择“统计”选项，在其下级列表中选择“AVERAGEIF”选项，如图2-44所示。

图2-44

Step 07 弹出“函数参数”对话框，依次设置好三个参数，单击“确定”按钮，如图2-45所示。

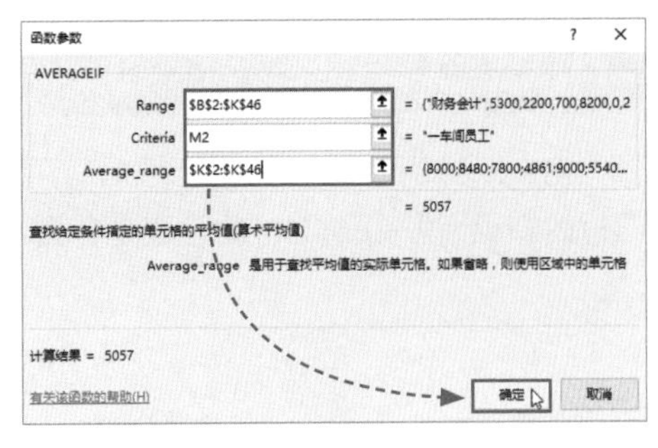

图2-45

Step 08 N2单元格中随即返回计算结果，此时计算出的是所有“一车间员工”的平均工资。接着向下方填充公式，计算出二车间员工、三车间员工及四车间员工的平均工资，如图2-46所示。

Step 09 选中 O2单元格，在编辑栏左侧单击“插入函数”按钮，如图2-47所示。

Step 10 打开“插入函数”对话框，选择函数类型为“数学与三角函数”，随后选中“SUMIF”选项，单击“确定”按钮，如图2-48所示。

图2-46

图2-47

图2-48

Step 11 打开“函数参数”对话框，设置好参数值，单击“确定”按钮，如图2-49所示。

Step 12 O2单元格中随即返回计算结果，将公式向下方填充，计算出表格中列举的所有职位的合计工资，如图2-50所示。

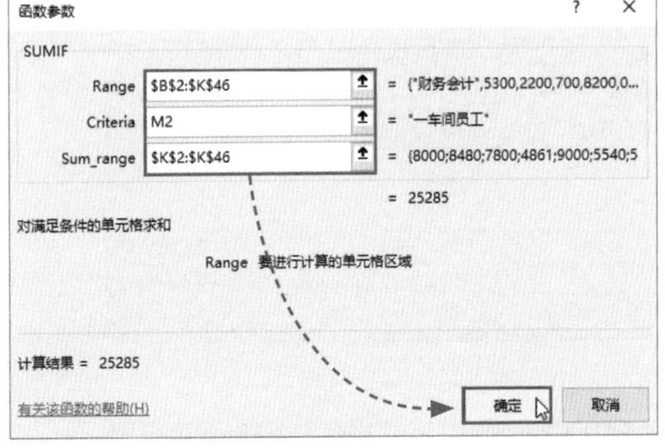

图2-49

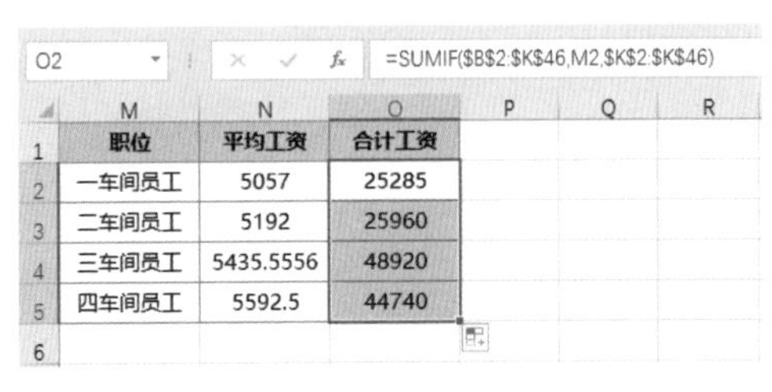

图2-50

知识总结

对Excel新手来说公式与函数的应用秘诀是什么呢？根据下面的思维导图，回顾本章学习过的知识，说一下你自己的答案是什么吧！

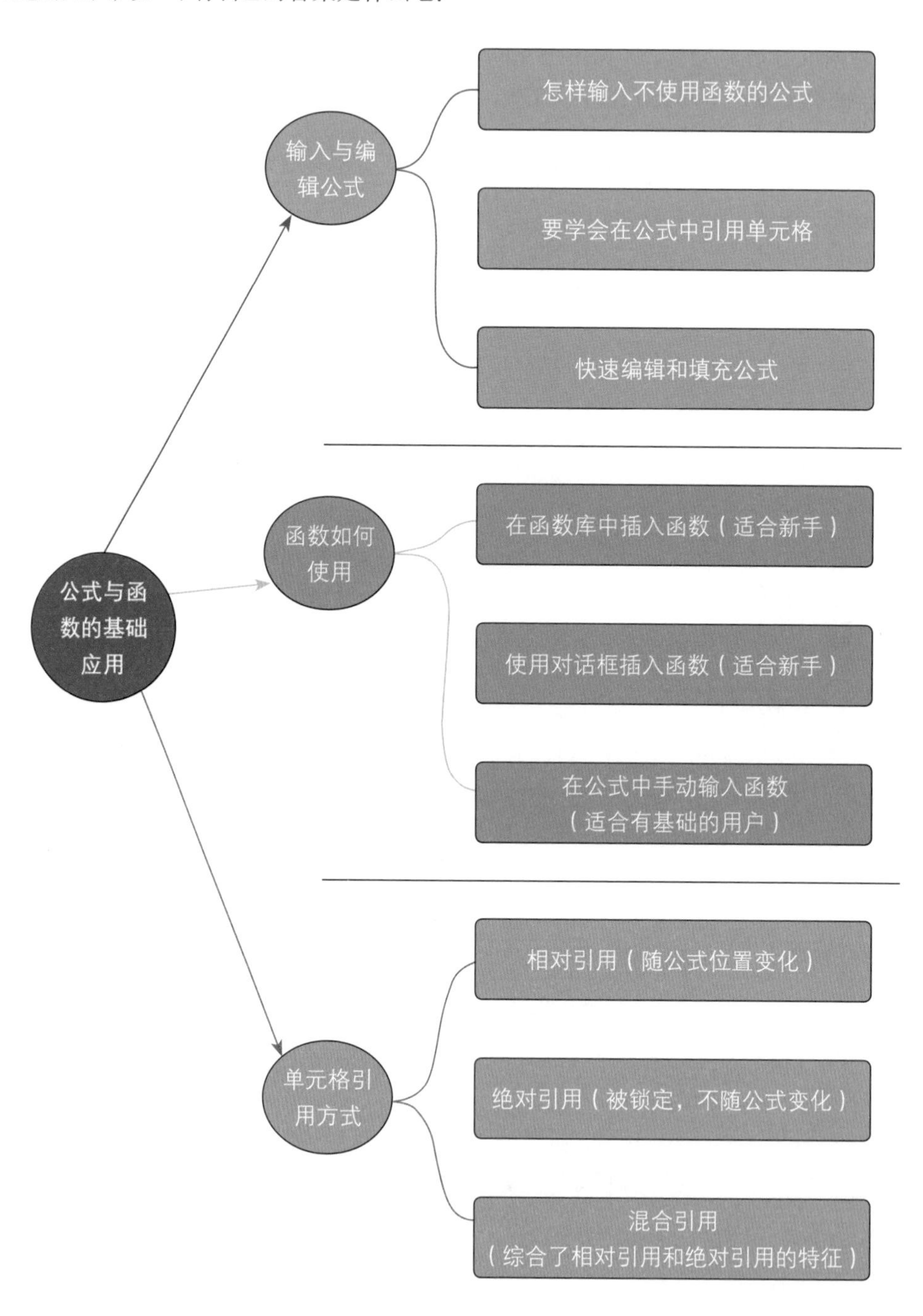

第3章

逻辑函数断是非

“逻辑”这个词可以解释为思维的规律和规则，广义上也可以理解为客观事物的规律性。Excel也是遵循自己的逻辑进行工作的，若想让Excel完成某项任务，就必须要按照它的思维方式和规则来发出指令。

本章内容将从逻辑函数开始，学习Excel是如何用逻辑判断是非的。

3.1 Excel逻辑值的类型及作用

在Excel中经常遇到各种判断、比较，这些判断或比较的结果只有两种，即TRUE或FALSE,它们是Excel中的逻辑值，其中TRUE是逻辑真，表示“是”的意思，而FALSE则是逻辑假，表示“否”的意思。

▶扫一扫 看视频◀

3.1.1 用逻辑值显示比较运算结果

当用公式执行比较运算时，公式通常会返回一个逻辑值，这个逻辑值直观反映了比较运算的结果。当结果为TRUE时，说明这个运算式是成立的，是对的。反之，若公式结果为FALSE，则说明这个运算式是不成立的，也就是错的。

举个最简单的例子：假设目标业绩是100，实际完成业绩是80，在Excel中用公式判断业绩是否达标可以用“80>=100”表示。将这个表达式放在Excel中就是“=80>=100”,其返回值是FALSE，即逻辑假，从而可以判断业绩不达标，如图3-1所示。

在实际工作中，通过比较运算返回的逻辑值结果还可以轻松完成各种数据分析，如图3-2所示。

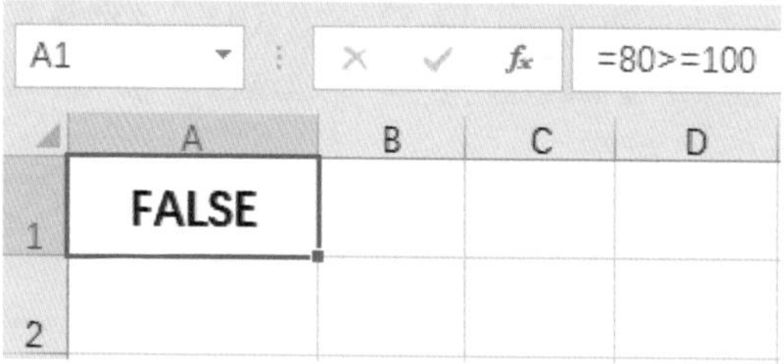

A1 =80>=100

	A	B	C	D
1	FALSE			
2				

图3-1

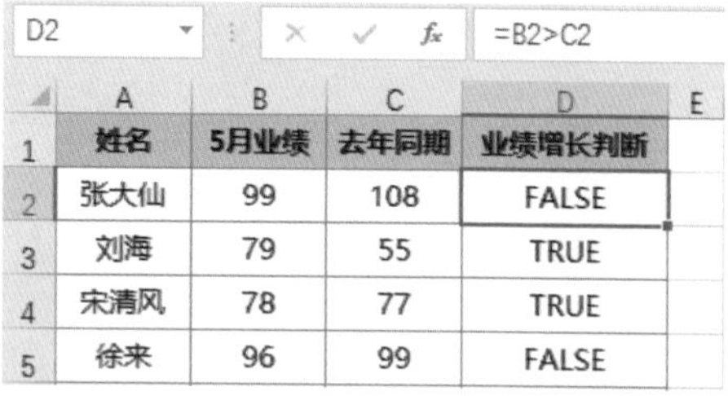

D2 =B2>C2

	A	B	C	D
1	姓名	5月业绩	去年同期	业绩增长判断
2	张大仙	99	108	FALSE
3	刘海	79	55	TRUE
4	宋清风	78	77	TRUE
5	徐来	96	99	FALSE

图3-2

经验之谈

“>=”和“>”都是比较运算符，除此之外Excel还有4种比较运算符，在第1章进行过详细介绍，可参考表1-3中的内容。

3.1.2 信息函数的逻辑判断结果

Excel中包含很多判断数据属性的信息函数，常用信息函数及作用如表3-1所示。这些函数具有一些相同的特质，都是以IS开头，都只有一个参数并且返回结果都是TRUE或FALSE。

表3-1

函数	作用	返回结果
ISEVEN	判断数值是否为偶数	TRUE或FALSE
ISODD	判断数值是否为奇数	TRUE或FALSE
ISTEXT	判断一个值是否为文本	TRUE或FALSE
ISNONTEXT	判断一个值是否不是文本	TRUE或FALSE
ISNUMBER	判断一个值是否为数值	TRUE或FALSE
ISLOGICAL	判断一个值是否为逻辑值	TRUE或FALSE
ISREF	判断参数值是否为引用	TRUE或FALSE
ISFORMULA	判断参数是否引用了包含公式的单元格	TRUE或FALSE
ISBLANK	判断参数是否引用了空单元格	TRUE或FALSE
ISNA	判断一个值是否为#N/A类型的错误值	TRUE或FALSE
ISERR	判断一个值是否为#N/A以外的错误值	TRUE或FALSE
ISERROR	判断一个值是否为错误值	TRUE或FALSE

下面以判断A列的数据区域内哪些是数值为例进行介绍：通过表3-1可以知道ISNUMBER函数能判断数据是否为数值，因此，使用ISNUMBER函数进行判断。在B2单元格中输入公式“=ISNUMBER(A2)”，随后向下方填充公式，得到的结果全部都是逻辑值，其中FALSE表示不是数值，TRUE表示是数值，如图3-3所示。

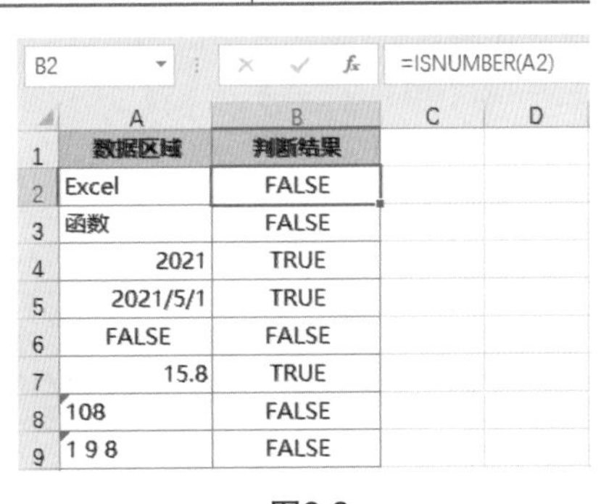

图3-3

可能有些用户会对返回结果有疑问，因为“2021/5/1”是一个日期，但是公式返回结果为TRUE，而“108”和“198”是数值，但是公式返回结果为FALSE,这是为什么呢?

其实，在Excel中日期也是数值型数据，通过格式转换便可将日期转换成数字来显示，同理，数字也可以被转换成日期形式显示，因此公式判定这个日期为数值。而“108”和“198”这两个数据虽然看起来是数字，但是由于“108”是在“文本”格式下输入的，因此它在Excel中并不是数值。用户如果仔细观察会发现“198”这个数据之间有一定的间隙，这些间隙是手动录入的空格，数字中间包含空格也会被Excel判定为文本。另外，文本型的数字还有一个特点，那就是在单元格的左上角会显示一个绿色的小三角。这便是看起来是数字的数据被ISNUMBER函数判断不是数值的原因。

3.1.3 判断实际支出与预算金额是否匹配

搞清楚TRUE和FALSE这两个逻辑值所代表的含义后，便可举一反三，利用简单的比较运算分析两组数据是否存在差异。

一场活动中各项目的预算费用和实际支出金额分别保存在B列和C列中，现在需要分析预算和实际支出是否相等。

具体操作方法：在D2单元格内输入公式“=B2=C2”，随后将公式向下方填充，返回结果为TRUE表示相等，FALSE为不相等，如图3-4所示。

D2 =B2=C2

	A	B	C	D	E
1	费用项目	预算	实际支出	是否存在差异	
2	就餐费用	9900	9900	TRUE	
3	酒水	2500	2500	TRUE	
4	水果	1200	800	FALSE	
5	小吃零食	1000	800	FALSE	
6	烧烤类	800	1000	FALSE	
7	抽奖奖品	4000	4000	TRUE	
8	游戏小礼品	500	500	TRUE	
9					

图3-4

3.2 IF函数自动做出准确判断

IF函数是Excel中最常用的函数之一，它可以对数据进行逻辑比较。IF函数有两种结果：一种是比较结果为TRUE时的返回值；另一种是比较结果为FALSE时的返回值。

IF函数有3个参数，语法如下：

=IF(❶条件，❷条件为真的返回值，❸条件为假的返回值)

参数说明：

- **参数1：**一个返回结果为逻辑值的比较运算式或信息函数。
- **参数2：**当参数1的返回结果为TRUE时，公式返回参数2的值。
- **参数3：**当参数1的返回结果为FALSE时，公式返回参数3的值。

下面以一个简单的例子进行说明：

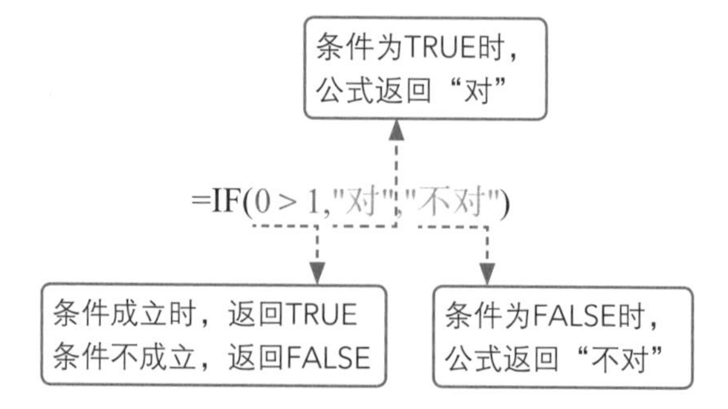

显而易见，“0>1”这个条件是不成立的，因此上面这个公式的结果应该是“不对”。用思维导图来显示该公式的分解过程更容易理解，如图3-5所示。

注意事项 当IF函数的参数是文本时，必须写在英文双引号中间。

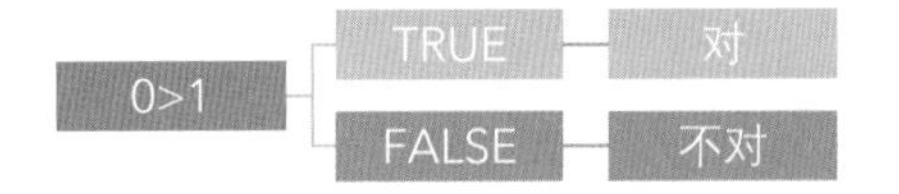

图3-5

3.2.1 自动判断成绩是否合格

在驾驶员理论考试中，成绩满90分为合格，低于90分则为不合格，可利用IF函数自动判断考试成绩是否合格。

在C2单元格中输入公式“=IF(B2>=90,"合格","不合格")”，如图3-6所示。随后将公式向下方填充，即可完成对所有成绩的自动判断，如图3-7所示。

ISERR　=IF(B2>=90,"合格","不合格")

	A	B	C	D	E
1	考生姓名	科目一成绩	是否合格		
2	徐凤年	99	=IF(B2>=90,"合格","不合格")		
3	吴启明	87			
4	徐放	90			
5	陈平安	96			
6	吴莉	100			
7	方伯琮	85			
8	刘江	91			
9	马铭蔚	95			
10	宋启星	89			
11	丁潜	60			
12	秦狐	92			

图3-6

C2　=IF(B2>=90,"合格","不合格")

	A	B	C	D	E
1	考生姓名	科目一成绩	是否合格		
2	徐凤年	99	合格		
3	吴启明	87	不合格		
4	徐放	90	合格		
5	陈平安	96	合格		
6	吴莉	100	合格		
7	方伯琮	85	不合格		
8	刘江	91	合格		
9	马铭蔚	95	合格		
10	宋启星	89	不合格		
11	丁潜	60	不合格		
12	秦狐	92	合格		

图3-7

3.2.2 根据考生成绩自动评定等级

一个IF函数只能执行一次判断，当需要进行两次判断时，则需要两个IF函数进行嵌套，第二个IF函数作为第一个IF函数的参数使用。

将考生的成绩分为优、良、差三个等级，其中大于等于90分为“优”，60~89分为“良”，低于60分为“差”。

首先要知道两个IF函数嵌套的原理。**先用IF函数做第一次判断，若“成绩>=90”成立，则公式直接返回“优”。否则再使用一次IF函数，判断“成绩>=60”是否成立，成立，就返回“良”，否则就返回**“差”，分解过程如图3-8所示。

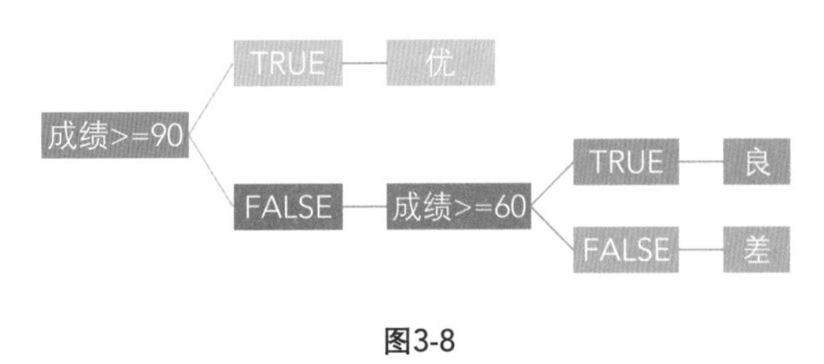

图3-8

了解了IF函数的嵌套原理后便可以手动编写出下列公式：

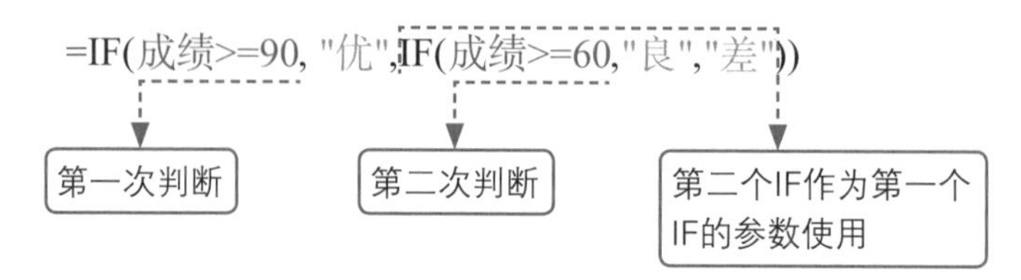

将这个公式应用到实际案例中时只需要将成绩设置成对单元格的引用即可，如图3-9所示。

C2 =IF(B2>=90,"优",IF(B2>=60,"良","差"))

	A	B	C	D	E
1	姓名	成绩	等级		
2	考生1	80	良		
3	考生2	92	优		
4	考生3	98	优		
5	考生4	65	良		
6	考生5	50	差		
7	考生6	43	差		
8	考生7	76	良		

图3-9

3.2.3 将成绩以优秀、良好、及格、不及格的形式表示

当需要进行多次的判断时，只需要继续嵌套更多层的IF函数便能自动返回设定好的判断结果。

这次将成绩分为优秀、良好、及格和不及格四个等级，要求如下：成绩大于等于90分时返回“优秀”、成绩为70~89分时返回“良好”、成绩为60~69分时为“及格”、成绩小于60分时为“不及格”。

编写公式之前如果思路不清晰，可以动手画出IF函数多层嵌套的分支图，分支最好沿着一个方向延伸，这样逻辑关系才会更加明了，也更方便理解，如图3-10所示。

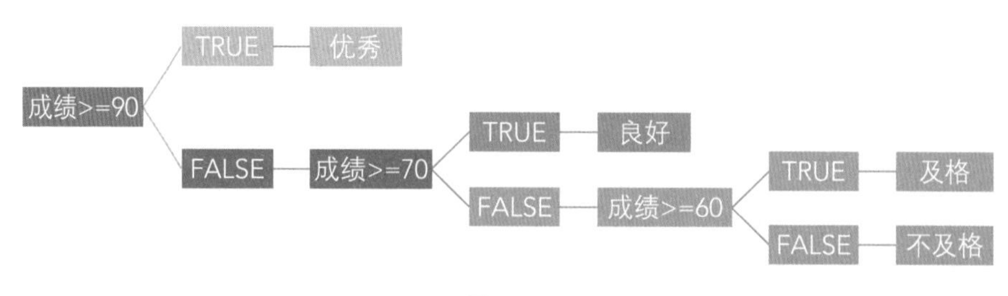

图3-10

根据逻辑清晰的分支图，便能够轻松编写出相应的公式“=IF(B2>=90,"优秀",IF(B2>=70,"良好",IF(B2>=60,"及格","不及格")))”，最后向下填充公式即可自动为所有成绩评定为相应的等级，如图3-11所示。

C2 =IF(B2>=90,"优秀",IF(B2>=70,"良好",IF(B2>=60,"及格","不及格")))

	A	B	C	D	E	F	G
1	姓名	成绩	等级				
2	考生1	80	良好				
3	考生2	92	优秀				
4	考生3	98	优秀				
5	考生4	65	及格				
6	考生5	50	不及格				
7	考生6	43	不及格				
8	考生7	76	良好				
9	考生8	69	及格				
10	考生9	70	良好				
11	考生10	77	良好				

图3-11

现学现用

根据IF函数嵌套的分支规律，用户还可以继续编写公式完成更复杂的判断。

若将考试成绩的等级分为“优秀”“良好”“中等”“及格”和“不及格”五个等级，对应的分数段分别是大于等于90分（优秀）、80~89分（良好）、70~79分（中等）、60~69分（及格）、低于60分（不及格），如果不参照下面给出的答案，自己可以编写出这个公式吗？不妨动手试一下。

答案不止一种，希望用户使用更便于理解的那种。下面列举其中3种公式的编写方法。

公式1：

=IF(B2>=90,"优秀",IF(B2>=80,"良好",IF(B2>=70,"中等",IF(B2>=60,"及格","不及格"))))

公式2：

=IF(B2>=60,IF(B2>=90,"优秀",IF(B2>=80,"良好",IF(B2>=70,"中等","及格"))),"不及格")

公式3：

=IF(B2<60,"不及格",IF(B2>=90,"优秀",IF(B2>=80,"良好",IF(B2>=70,"中等","及格"))))

3.3 IF与其他函数的嵌套应用

IF函数除了可以循环嵌套，还可以和其他函数嵌套解决更加复杂的实际问题。

3.3.1 自动判断员工平均工资是否高于部门平均工资

将IF函数与AVERAGE函数（求平均值函数）嵌套可以判断员工平均工资是否高于所在

部门的平均工资。在I2单元格中输入公式“=IF(AVERAGE(C2：H2)>AVERAGE($C$2：$H$11),"高于","未高于")”，然后向下填充公式即可，如图3-12所示。

I2 =IF(AVERAGE(C2:H2)>AVERAGE($C$2:$H$11),"高于","未高于")

姓名	部门	1月	2月	3月	4月	5月	6月	高于部门平均工资否
赵东阳	生产部	6300	7600	7500	6900	6200	7300	高于
高鹏	生产部	6000	5500	5800	6100	5500	6500	高于
陈满满	生产部	4300	4700	4900	5100	5000	4800	未高于
孔杰	生产部	5200	5000	5200	5300	4700	5100	未高于
陈亮	生产部	3800	3700	4000	3900	4200	4500	未高于
李齐	生产部	4600	4600	4800	5000	5300	5100	未高于
张大明	生产部	7500	8000	7700	8200	9000	8800	高于
任盈	生产部	6300	6500	6200	6700	6500	6900	高于
罗民浩	生产部	3200	4400	4500	4300	4800	4200	未高于
孟磊	生产部	5000	5100	5500	4800	5200	5300	未高于

图3-12

经验之谈

AVERAGE函数用于计算所有参数的平均值，该函数的参数可以是数字、单元格引用、单元格区域引用、数组、逻辑值等。

公式解析

这个公式用 **AVERAGE(C2：H2)** 计算**当前员工的平均工资**，用 **AVERAGE($C$2：$H$11)** 计算**整个部门所有员工的平均工资**，然后对它们进行比较。若当前员工的平均工资大于整个部门所有员工的平均工资，则公式返回“高于”，否则返回“未高于”。

3.3.2 直接对带单位的数值进行计算

在Excel中若直接用数字和文本进行计算将会返回错误值。在本案例中，有些“数量”带有单位“kg”，这种情况下，这些数据就是文本，当用单价和带有单位的数量相乘时，公式便会返回错误值，如图3-13所示。

F2 =D2*E2

领料单号	原物料	生产部门	单价	数量	金额
N0001	铝合金	铸造	15.20	600kg	#VALUE!
N0005	铝合金	机加工2	12.80	620	7936
N0009	铝合金	机加工2	18.26	640kg	#VALUE!
N0016	铝合金	机加工1	15.33	700	10731
N0019	铝合金	机加工2	11.80	665	7847
N0021	铝合金	铸造	19.80	623kg	#VALUE!
N0024	铝合金	机加工2	16.33	630kg	#VALUE!
N0027	铝合金	铸造	10.20	660kg	#VALUE!
N0030	铝合金	机加工1	10.20	650kg	#VALUE!

图3-13

若要在不删除“kg”的情况下，正常计算出所有物料的金额，那么可以使用公式“=IF(ISTEXT(E2),D2*SUBSTITUTE(E2,"kg",""),D2*E2)”，如图3-14所示。

F2 =IF(ISTEXT(E2),D2*SUBSTITUTE(E2,"kg",""),D2*E2)

	A	B	C	D	E	F	G
1	领料单号	原物料	生产部门	单价	数量	金额	
2	N0001	铝合金	铸造	15.20	600kg	9120	
3	N0005	铝合金	机加工2	12.80	620	7936	
4	N0009	铝合金	机加工2	18.26	640kg	11686.4	
5	N0016	铝合金	机加工1	15.33	700	10731	
6	N0019	铝合金	机加工2	11.80	665	7847	
7	N0021	铝合金	铸造	19.80	623kg	12335.4	
8	N0024	铝合金	机加工2	16.33	630kg	10287.9	
9	N0027	铝合金	铸造	10.20	660kg	6732	
10	N0030	铝合金	机加工1	10.20	650kg	6630	

图3-14

公式解析

ISTEXT是信息函数，用来判断参数是否为数值。表3-1中有对该函数的相关介绍。SUBSTITUTE函数主要用来对指定的字符串进行替换。

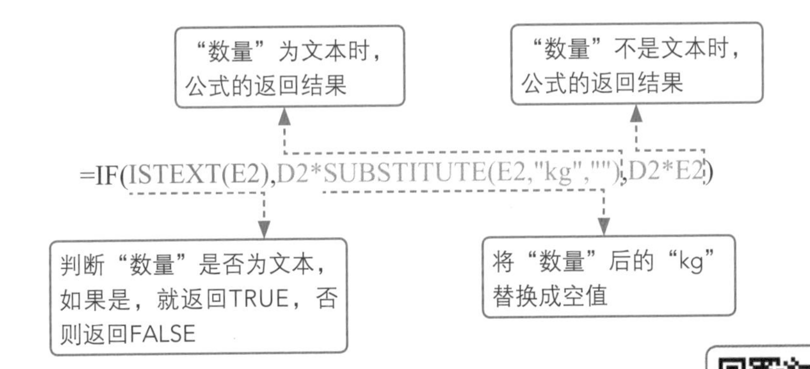

3.3.3 屏蔽公式返回的错误值

▶扫一扫 看视频◀

在Excel中使用公式和函数时经常会出现类似#DIV/0!、#NUM!、#VALUE!、#REF!…等样式的代码，这些代码统称为错误值。不同类型的错误值，产生原因也是不同的。有些错误值可能并不是因为公式本身有问题才产生的，而是因为参与公式计算的数据存在问题。

例如，当被除数为0时，公式就会返回#DIV/0!错误值，如图3-15所示。这类错误值并不会对计算的结果造成太大影响，完全可以将其忽视，或让错误值以一个正常值的形式显示。

表3-1中出现过一个可以检查错误值的函数ISERROR，可以用ISERROR和IF函数嵌套屏蔽错误值，公式可编写为“=IF(ISERROR(D2/E2),0,D2/E2)”，如图3-16所示。

F3 =D3/E3

	A	B	C	D	E	F	G
1	序号	物料名称	规格型号	采购总额	采购数量	平均单价	
2	1	框架	0.5m	77.7	3	25.9	
3	2	道旗	0.6m	0	0	#DIV/0!	
4	3	1号拱门	2m	253.4	7	36.2	
5	4	框架	5m	164.8	4	41.2	
6	5	热气球	3m	0	0	#DIV/0!	
7	6	框架	0.8m	12.9	1	12.9	
8	7	气柱	4m	76.4	2	38.2	

图3-15

F2 =IF(ISERROR(D2/E2),0,D2/E2)

	A	B	C	D	E	F	G
1	序号	物料名称	规格型号	采购总额	采购数量	平均单价	
2	1	框架	0.5m	77.7	3	25.9	
3	2	道旗	0.6m	0	0	0	
4	3	1号拱门	2m	253.4	7	36.2	
5	4	框架	5m	164.8	4	41.2	
6	5	热气球	3m	0	0	0	
7	6	框架	0.8m	12.9	1	12.9	
8	7	气柱	4m	76.4	2	38.2	

图3-16

公式解析

在这个公式中，ISERROR 函数负责判断“采购总额 / 采购数量”的计算结果是否为错误值，然后用 IF 函数为判断结果赋予最终返回值。

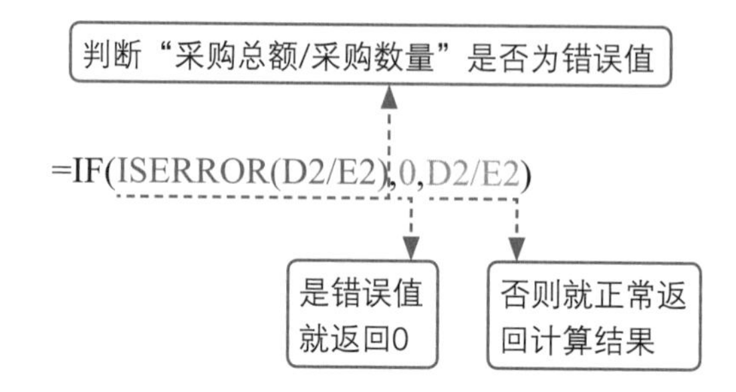

经验之谈

除了使用ISERROR函数与IF函数嵌套屏蔽错误值，Excel中还有一个更直接的函数，即IFERROR函数，它可以直接屏蔽错误值。在F2单元格中输入公式“=IFERROR(D2/E2,0)”，然后将公式向下方填充，原本会产生错误值的单元格中会显示数字“0”，如图3-17所示。

F2 =IFERROR(D2/E2,0)

	A	B	C	D	E	F	G
1	序号	物料名称	规格型号	采购总额	采购数量	平均单价	
2	1	框架	0.5m	77.7	3	25.9	
3	2	道旗	0.6m	0	0	0	
4	3	1号拱门	2m	253.4	7	36.2	
5	4	框架	5m	164.8	4	41.2	
6	5	热气球	3m	0	0	0	
7	6	框架	0.8m	12.9	1	12.9	
8	7	气柱	4m	76.4	2	38.2	

图3-17

公式解析

IFERROR 函数有两个参数：第一个参数是可能返回错误值的表达式；第二个参数是当第一个参数为错误值时所指定的返回值。若第一个参数返回的不是错误值，则公式返回第一个参数的结果值。

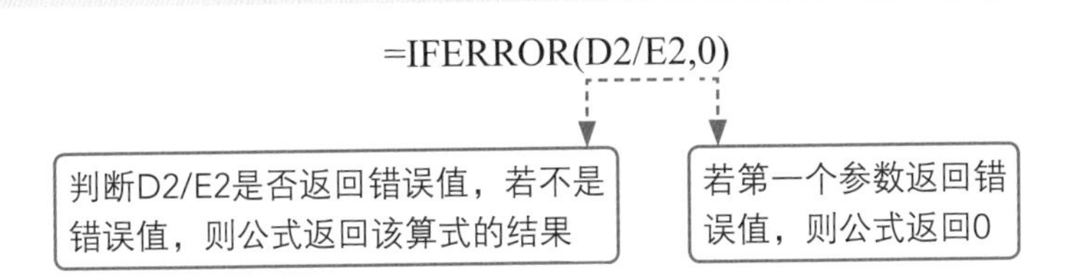

3.4 多条件判断的三个好搭档

前面介绍过一个IF函数只能进行一次判断，当要执行多次判断时，则需要用多个IF函数进行嵌套。下面介绍经常和IF函数嵌套进行多条件判断的函数：AND函数、OR函数和NOT函数。

3.4.1 了解函数

在使用函数完成实际操作之前，先对AND、OR和NOT函数的语法及参数进行简单的介绍。

AND函数可以检查是否所有参数都是TRUE，当所有参数为TRUE时，公式返回TRUE，只要有一个参数为FALSE，则公式返回FALSE。

AND函数至少设置1个参数，最多可以设置255个参数。语法如下：

=AND(检测条件1, 检测条件2, 检测条件3, …)

例如下面这个公式，一共为AND函数设置了三个条件，其中前两个条件是成立的，其返回结果是TRUE，但是第三个条件是不成立的，返回结果为FALSE，因此这个公式的返回结果是FALSE。

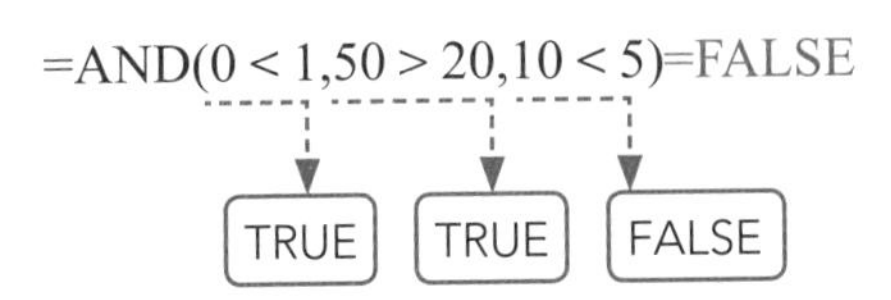

只有修改公式中的条件参数，使其全部返回TRUE，公式的结果才是TRUE。

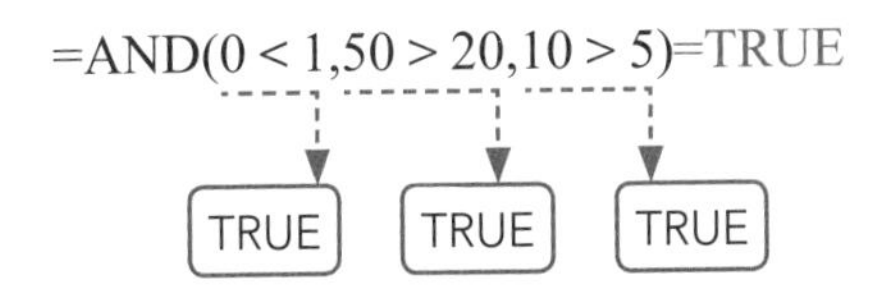

OR函数可以检查参数中是否有一个TRUE，只要有一个TRUE公式便会返回TRUE，只有所有参数为FALSE时公式才返回FALSE。OR函数的语法及参数的设置方法与AND函数相同。

通过下方两个公式可以直观了解OR函数的应用规律。

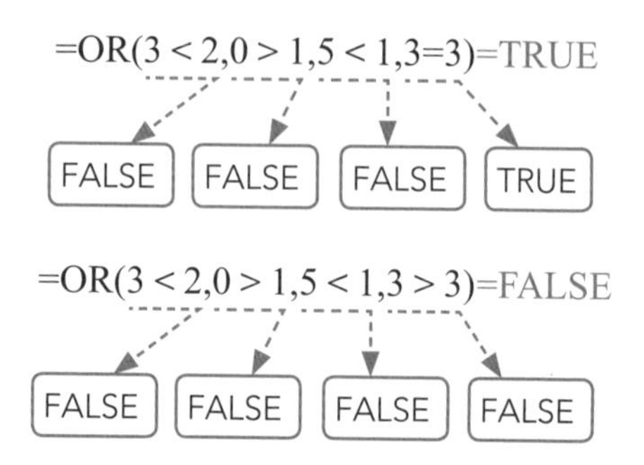

NOT函数可以对参数的逻辑值求反，即求参数的相反值。

NOT函数只有一个参数，若参数为TURE则公式返回FALSE，若参数为FALSE则公式返回TRUE，例如：

NOT(TRUE)=FALSE

NOT(FALSE)=TRUE

NOT(1>2)=TRUE

NOT(1<2)=FALSE

3.4.2 判断公司新员工各项考核是否已全部通过

新员工试用期结束后通过全部考核方能被正式录用，下面根据员工的考核成绩自动判断是否各项考核全部通过。各项考核的分值要求如下：**“员工手册”大于等于90；“安全教育”大于等于80；“理论知识”大于等于80；“实际操作”大于等于60。**各项考核分数全部达标才被判断为“通过”，否则判断为“不通过”。

这个问题可以直接用AND函数进行判断，在H2单元格中输入公式**“=AND(D2>=90,E2>=80,F2>=80,G2>=60)”**，随后向下方填充公式，返回结果只有TRUE和FALSE两种。

返回结果为TRUE，说明AND函数的条件全部成立，即考核结果为“通过”。返回结果为FALSE，说明至少有一个条件不成立，从而可以判断考核结果为“不通过”，如图3-18所示。

H2 =AND(D2>=90,E2>=80,F2>=80,G2>=60)

序号	姓名	考核日期	员工手册	安全教育	理论知识	实际操作	考核结果
1	滕子京	2021/6/10	80	80	80	90	FALSE
2	陈平安	2021/6/10	60	60	60	50	FALSE
3	宋集薪	2021/6/10	90	80	80	80	TRUE
4	毛绍平	2021/6/10	50	40	60	40	FALSE
5	徐渭熊	2021/6/10	60	50	70	80	FALSE
6	高长恭	2021/6/10	90	90	80	70	TRUE
7	刘一郎	2021/6/10	40	80	60	50	FALSE
8	小丸子	2021/6/10	90	80	90	90	TRUE

图3-18

用户可以使用IF函数将用AND函数判断出的逻辑值转换成更直观的文本，这时只需要将AND函数的部分作为IF函数的第一个参数，然后给出不同判断结果的返回值即可。

编辑公式为 **“=IF(AND(D2>=90,E2>=80,F2>=80,G2>=60),"通过","不通过")”**，随后向下填充公式将所有逻辑值替换成直观的文本，如图3-19所示。

H2 =IF(AND(D2>=90,E2>=80,F2>=80,G2>=60),"通过","不通过")

序号	姓名	考核日期	员工手册	安全教育	理论知识	实际操作	考核结果
1	藤子京	2021/6/10	80	80	80	90	不通过
2	陈平安	2021/6/10	60	60	60	50	不通过
3	宋集薪	2021/6/10	90	80	80	80	通过
4	毛绍平	2021/6/10	50	40	60	40	不通过
5	徐渭熊	2021/6/10	60	50	70	80	不通过
6	高长恭	2021/6/10	90	90	80	70	通过
7	刘一郎	2021/6/10	40	80	60	50	不通过
8	小丸子	2021/6/10	90	80	90	90	通过

图3-19

在实际工作中用户无须按照上述步骤编写公式，直接参照图3-19编写完整的公式即可，这里分步编写公式是为了方便大家理解。

3.4.3 判断员工是否具备内部竞聘资格

公司内部岗位竞聘是个人升职加薪的绝佳机会。不同的公司对参与竞聘的员工有不同的要求。

假设某公司空缺一个财务主管的职位，现将该职位在公司内部进行公开竞聘。根据要求，参与岗位竞聘的员工必须是“财务部”员工，且工龄必须满5年。下面将使用公式自动判断哪些员工具备岗位竞聘资格。

在输入公式之前可以先进行简单的分析。具备岗位竞聘资格的员工需要同时满足“部门=财务部”和“工龄>=5年”这两个条件，此时可以使用AND函数来判断。接下来在D2单元格内输入公式 **“=IF(AND(B2="财务部",DATEDIF(C2,TODAY(),"Y")>=5),"具备","不具备")”**，可以自动判断出哪些员工具备岗位竞聘资格，如图3-20所示。

D2 =IF(AND(B2="财务部",DATEDIF(C2,TODAY(),"Y")>=5),"具备","不具备")

姓名	部门	入职日期	是否具备岗位竞聘资格
张三三	财务部	2018/3/9	不具备
李小四	业务部	2010/3/10	不具备
王武	财务部	2020/10/21	不具备
张三丰	财务部	2014/12/1	具备
赵小六	人事部	2015/9/5	不具备
刘七七	设计部	2019/6/20	不具备
萧十一	业务部	2016/8/7	不具备
周六郎	财务部	2013/8/5	具备

图3-20

这个公式中用到了DATEDIF函数，DATEDIF是一个隐藏函数，只能手动输入。它可以返回两个日期相隔的年数、月数或天数。

DATEDIF函数有三个参数，语法如下：

=DATEDIF(❶起始日期，❷结束日期，❸返回类型)

这里重点解释参数3，这个参数可以设置为Y、M、D、YD、YM或MD。这些字母所代表的含义如下。

- Y表示返回两个日期间隔的整年数。
- M表示返回两个日期间隔的整月数。
- D表示返回两个日期间隔的天数。
- MD表示返回两个日期的同月间隔天数，忽略日期中的月份和年份。
- YM表示返回两个日期的同年间隔月数，忽略日期中的年份。
- YD表示返回两个日期的同年间隔天数，忽略日期中的年份。

公式解析

这个公式用 AND 函数判断是否同时满足“部门 = 财务部”“工龄 >=5 年”这两个条件，然后使用 IF 函数将判断结果转换成直观的文本。

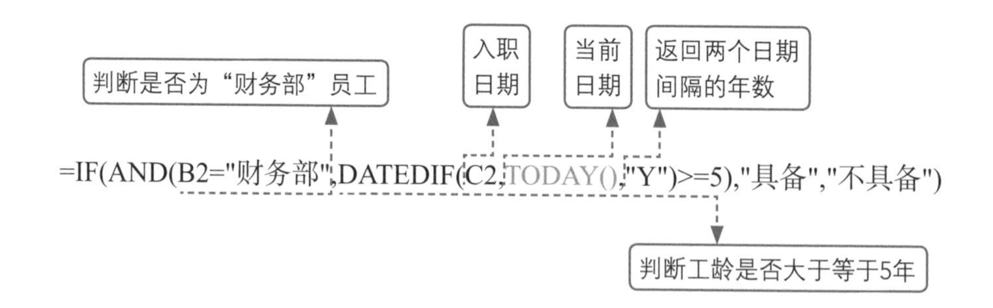

3.4.4 判断员工是否具有住房补贴资格

假设某公司的住房补贴发放资格为员工无住房，或住房面积小于75㎡，那么只要使用OR函数判断是否满足其中一个条件即可。在E2单元格中输入公式“=IF(OR(C2="无",D2<75),"有","无")”，向下填充公式后即可判断出所有员工是否具有住房补贴资格，如图3-21所示。

E2 =IF(OR(C2="无",D2<75),"有","无")

	A	B	C	D	E
1	姓名	部门	有无住房	住房面积（㎡）	有无住房补贴资格
2	张三三	财务部	有	70	有
3	李小四	业务部	无		有
4	王武	财务部	无		有
5	张三丰	财务部	有	120	无
6	赵小六	人事部	有	90	无
7	刘七七	设计部	无		有
8	萧十一	业务部	无		有
9	周六郎	财务部	有	65	有

图3-21

3.4.5 判断银行卡号位数是否准确

各大银行及大部分商业银行借记卡的卡号都是19位数，信用卡的卡号是16位数。但也有不同，如招商银行、华夏银行、中信银行借记卡卡号是16位数，兴业银行借记卡卡号是18位数。

根据这些已知情况暂且将银行卡号分为16位数、18位数和19位数这三种情况，从而判断表格中的银行卡号位数是否正确。

在D2单元格中输入公式“**=OR(LEN(C2)={16,18,19})**”，随后向下填充公式即可得到逻辑值判断结果，如图3-22所示。

D2 =OR(LEN(C2)={16,18,19})

	A	B	C	D	E
1	客户姓名	开户银行	银行卡号	卡号位数是否正确	
2	张老板	**银行	1236549856236985751	TRUE	
3	王老板	**银行	12369874569756454521	FALSE	
4	李老板	**银行	1236598745656232223	TRUE	
5	刘老板	**银行	265987456321456666	TRUE	
6	找老板	**银行	79569875566462312	FALSE	

图3-22

公式解析

本例公式先利用 LEN 函数计算每个银行卡号的长度（字符个数），然后与数组“{16,18,19}”中的数字进行逐一比较，从而产生一个由 TRUE 和 FALSE 组成的数组。如果这个数组中有一个 TRUE，那么公式返回 TRUE，只有数组中全部是 FALSE 时公式才返回 FALSE。

经验之谈

当用户看到一个公式却不理解这个公式的运算原理时，可以借助“公式求值”功能来帮助自己理解。具体操作方法如下：

选中包含公式的单元格，在“公式”选项卡中单击“公式求值”按钮，如图3-23所示。

此时系统会弹出“公式求值”对话框，在“求值”框中会显示所选择的公式，单击“求值”按钮，如图3-24所示。“求值”框中便会显示公式每一步的计算过程，如图3-25所示。

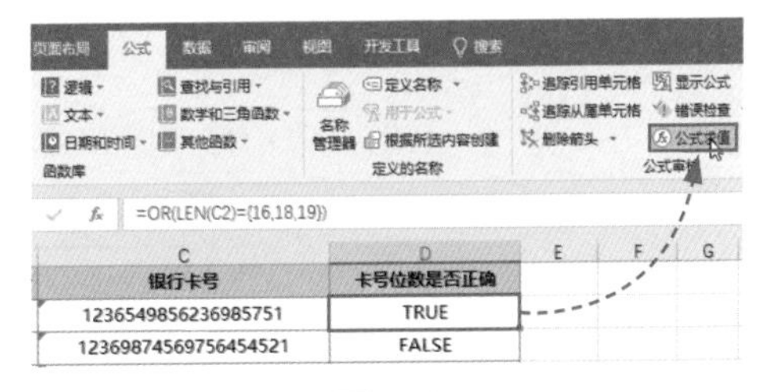

图3-23

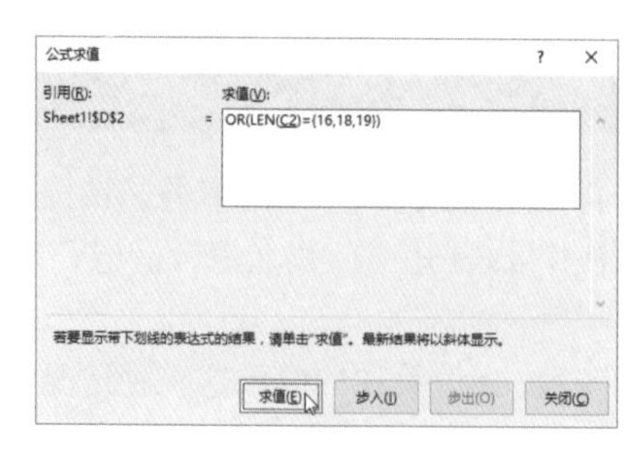

图3-24

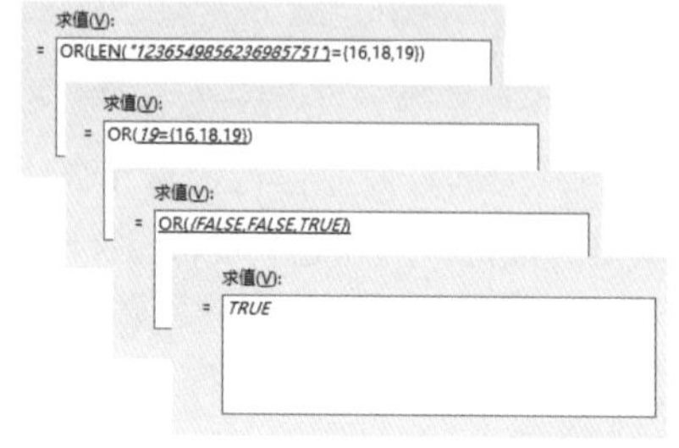

图3-25

3.4.6 根据性别和年龄判断是否退休

因为男性和女性的退休年龄是不同的，所以在判断某人是否满足退休条件时需要考虑性别和年龄两个因素。

假设男性职工的退休年龄为60岁，女性职工的退休年龄为55岁，下面根据给定的条件判断表格中的员工是否已退休。

在D2单元格中输入公式"=OR(AND(B2="男",C2>=60),AND(B2="女",C2>=55))"，随后向下填充公式即可用逻辑值自动判断所有职工是否已经达到退休年龄，如图3-26所示。

D2 =OR(AND(B2="男",C2>=60),AND(B2="女",C2>=55))

	A	B	C	D	E	F	G
1	姓名	性别	年龄	是否已退休			
2	刘美丽	女	58	TRUE			
3	赵凯乐	男	43	FALSE			
4	李想	男	62	TRUE			
5	王勉	男	50	FALSE			
6	孙汝梅	女	55	TRUE			
7	江绍军	男	56	FALSE			
8	郭霞	女	19	FALSE			
9	丘越平	男	61	TRUE			

图3-26

公式解析

本例用 OR 函数和 AND 函数嵌套共同完成判断。首先用 AND 函数判断"男性""大于等于60 岁"这两个条件是否同时成立，其次判断"女性""大于等于 55 岁"这两个条件是否同时成立，最后用 OR 函数从 AND 函数的两次判断中取值。只要 AND 函数的两次判断中有一个返回 TRUE，公式就返回 TRUE，否则公式返回 FALSE。

只要有一个AND返回TRUE,则公式返回TRUE当两个AND都返回FALSE时，公式才返回FALSE

=OR(AND(B2="男",C2>=60),AND(B2="女",C2>=55))

如果是男性，年龄必须大于等于60岁

如果是女性，年龄必须大于等于55岁

现学现用

本例所使用的公式最终返回的结果是逻辑值TRUE或FALSE。如何将这个公式的返回结果变成更直观的文本信息“已退休”或“未退休”呢？先认真思考再查看下方的答案。

答案非常简单，只要为原来的公式嵌套一个IF函数，赋予TRUE和FALSE的返回值为“已退休”和“未退休”即可，如图3-27所示。

具体公式：=IF(OR(AND(B2="男",C2>=60),AND(B2="女",C2>=55)),"已退休","未退休")

D2 =IF(OR(AND(B2="男",C2>=60),AND(B2="女",C2>=55)),"已退休","未退休")

	A	B	C	D
1	姓名	性别	年龄	是否已退休
2	刘美丽	女	58	已退休
3	赵凯乐	男	43	未退休
4	李想	男	62	已退休
5	王勉	男	50	未退休
6	孙汝梅	女	55	已退休

图3-27

3.4.7 判断产品最终检验结果是否合格

按照合格产品检测规定，只有所有环节的检查结果全部合格，产品的最终检测结果才是“合格”。下面将根据表格中提供的数据判断产品最终检测结果是否“合格”。

在E2单元格中输入公式“=IF(NOT(OR(B2="不合格",C2="不合格",D2="不合格")),"合格","不合格")”，接着将公式向下方填充即可自动判断出所有产品的最终检验结果，如图3-28所示。

E2 =IF(NOT(OR(B2="不合格",C2="不合格",D2="不合格")),"合格","不合格")

	A	B	C	D	E
1	产品名称	原材料检验	过程检验	成品检验	最终检验结果
2	产品1	合格	合格	合格	合格
3	产品2	合格	合格	不合格	不合格
4	产品3	合格	合格	不合格	不合格
5	产品4	合格	合格	合格	合格
6	产品5	合格	合格	合格	合格

图3-28

公式解析

本例先用 OR 函数判断单元格中是否包含“不合格”，只要有一个“不合格”OR 函数就返回 TRUE，当所有单元格中都不包含“不合格”时，OR 函数返回 FALSE。然后用 NOT 函数求 OR 函数的相反结果。最后使用 IF 函数将逻辑值转换成文本。

=IF(NOT(OR(B2="不合格",C2="不合格",D2="不合格")),"合格","不合格")

判断是否有一个单元格中包含“不合格”，若是就返回TRUE,否则返回FALSE

经验之谈

本例也可用数组公式进行计算，以缩短公式的长度。公式可写作“=IF(NOT(OR(B2：D2="不合格")),"合格","不合格")”。数组公式输入完成后必须按Ctrl+Shift+Enter组合键才能返回结果。在编辑栏中可以看到数组公式的外侧有一组花括号，这组花括号是自动生成的，手动输入无效，如图3-29所示。

E2 {=IF(NOT(OR(B2:D2="不合格")),"合格","不合格")}

	A	B	C	D	E	F	G
1	产品名称	原材料检验	过程检验	成品检验	最终检验结果		
2	产品1	合格	合格	合格	合格		
3	产品2	合格	合格	不合格	不合格		
4	产品3	合格	合格	不合格	不合格		
5	产品4	合格	合格	合格	合格		
6	产品5	合格	合格	合格	合格		

图3-29

拓展练习　自动完成员工业绩考评及奖金计算

业务员的工资通常是和实际销售业绩挂钩的，每个公司对业务员的业绩考核标准并不相同，但是一般业绩越高工资就越高，业绩考评及奖金提成标准如图3-30所示。下面根据表格中已知的每月销售数据及奖励标准计算业务员的奖金。

业绩考评及奖金提成标准			
二季度业绩考评标准	考评结果	提成	奖金
大于等于40万	优秀	10%	5000元
小于40万，大于等于30万	中上	8%	
小于30万，大于等于20万	中等	5%	2000元
小于20万	差	1%	0元

图3-30

Step 01 选中E2单元格，输入公式“=SUM(B2:D2)”，如图3-31所示。随后按Enter键计算出第一位业务员的二季度总业绩。

Step 02 再次选中E2单元格，向下方填充公式，计算出所有业务员的二季度总业绩，如图3-32所示。

B2 =SUM(B2:D2)

	A	B	C	D	E	F
1	业务员	4月	5月	6月	二季度总业绩	二季度业绩考评
2	陈庆阳	87000	120000	93000	=SUM(B2:D2)	
3	张凯	158000	188300	150000	SUM(number1, [number2], ...)	
4	赵姝	72000	63000	80000		
5	小刘	32000	58000	46000		
6	张朝阳	220000	210000	230000		
7	孙琦	150000	170000	210000		
8	庄雪娟	85000	76000	80000		
9	小李	110000	65000	100000		
10	李舒白	42000	51000	73000		

图3-31

E2 =SUM(B2:D2)

	A	B	C	D	E
1	业务员	4月	5月	6月	二季度总业绩
2	陈庆阳	87000	120000	93000	300000
3	张凯	158000	188300	150000	496300
4	赵姝	72000	63000	80000	215000
5	小刘	32000	58000	46000	136000
6	张朝阳	220000	210000	230000	660000
7	孙琦	150000	170000	210000	530000
8	庄雪娟	85000	76000	80000	241000
9	小李	110000	65000	100000	275000
10	李舒白	42000	51000	73000	166000

图3-32

Step 03 选中F2单元格，输入公式“=IF(E2>=400000,"优秀",IF(E2>=300000,"中上",IF(E2>=200000,"中等","差")))”，公式输入完成后按Enter键返回第一位业务员的二季度业绩考评结果。接着再次选中F2单元格，将光标放在单元格右下角，光标变成黑色十字形状时双击鼠标，如图3-33所示。

F2 =IF(E2>=400000,"优秀",IF(E2>=300000,"中上",IF(E2>=200000,"中等","差")))

	A	B	C	D	E	F	G	H
1	业务员	4月	5月	6月	二季度总业绩	二季度业绩考评	提成金额	奖金+提成总金额
2	陈庆阳	87000	120000	93000	300000	中上		
3	张凯	158000	188300	150000	496300			
4	赵姝	72000	63000	80000	215000			
5	小刘	32000	58000	46000	136000			
6	张朝阳	220000	210000	230000	660000			
7	孙琦	150000	170000	210000	530000			
8	庄雪娟	85000	76000	80000	241000			
9	小李	110000	65000	100000	275000			
10	李舒白	42000	51000	73000	166000			

图3-33

Step 04 公式随即被填充到下方具有相同运算规律的空白单元格中，此时便得到了所有业务员的二季度业绩考评结果，如图3-34所示。

F2 =IF(E2>=400000,"优秀",IF(E2>=300000,"中上",IF(E2>=200000,"中等","差")))

业务员	4月	5月	6月	二季度总业绩	二季度业绩考评	提成金额	奖金+提成总金额
陈庆阳	87000	120000	93000	300000	中上		
张凯	158000	188300	150000	496300	优秀		
赵姝	72000	63000	80000	215000	中等		
小刘	32000	58000	46000	136000	差		
张朝阳	220000	210000	230000	660000	优秀		
孙琦	150000	170000	210000	530000	优秀		
庄雪娟	85000	76000	80000	241000	中等		
小李	110000	65000	100000	275000	中等		
李舒白	42000	51000	73000	166000	差		

图3-34

Step 05 在G2单元格中输入公式“=IF(E2>=400000,E2*10%,IF(E2>=300000,E2*8%,IF(E2>=200000,E2*5%,E2*1%)))”，随后将公式填充到下方空白单元格中，计算出所有业务员的提成金额，如图3-35所示。

G2 =IF(E2>=400000,E2*10%,IF(E2>=300000,E2*8%,IF(E2>=200000,E2*5%,E2*1%)))

业务员	4月	5月	6月	二季度总业绩	二季度业绩考评	提成金额	奖金+提成总金额
陈庆阳	87000	120000	93000	300000	中上	24000	
张凯	158000	188300	150000	496300	优秀	49630	
赵姝	72000	63000	80000	215000	中等	10750	
小刘	32000	58000	46000	136000	差	1360	
张朝阳	220000	210000	230000	660000	优秀	66000	
孙琦	150000	170000	210000	530000	优秀	53000	
庄雪娟	85000	76000	80000	241000	中等	12050	
小李	110000	65000	100000	275000	中等	13750	
李舒白	42000	51000	73000	166000	差	1660	

图3-35

Step 06 最后选中H2单元格，输入公式“=G2+IF(E2<200000,0,IF(E2>=300000,5000,2000))”，接着向下方填充公式，计算出所有业务员的奖金+提成总金额，如图3-36所示。

H2 =G2+IF(E2<200000,0,IF(E2>=300000,5000,2000))

业务员	4月	5月	6月	二季度总业绩	二季度业绩考评	提成金额	奖金+提成总金额
陈庆阳	87000	120000	93000	300000	中上	24000	29000
张凯	158000	188300	150000	496300	优秀	49630	54630
赵姝	72000	63000	80000	215000	中等	10750	12750
小刘	32000	58000	46000	136000	差	1360	1360
张朝阳	220000	210000	230000	660000	优秀	66000	71000
孙琦	150000	170000	210000	530000	优秀	53000	58000
庄雪娟	85000	76000	80000	241000	中等	12050	14050
小李	110000	65000	100000	275000	中等	13750	15750
李舒白	42000	51000	73000	166000	差	1660	1660

图3-36

知识总结

Excel中的逻辑函数相比其他类型的函数，数量并不是很多。其中最常见的就是IF函数。IF函数也是本书中使用率最高的一个函数， IF函数一般在什么情况下使用？IF函数经常和哪几个函数嵌套使用执行多条件判断？结合下面的思维导图说说你的想法吧！

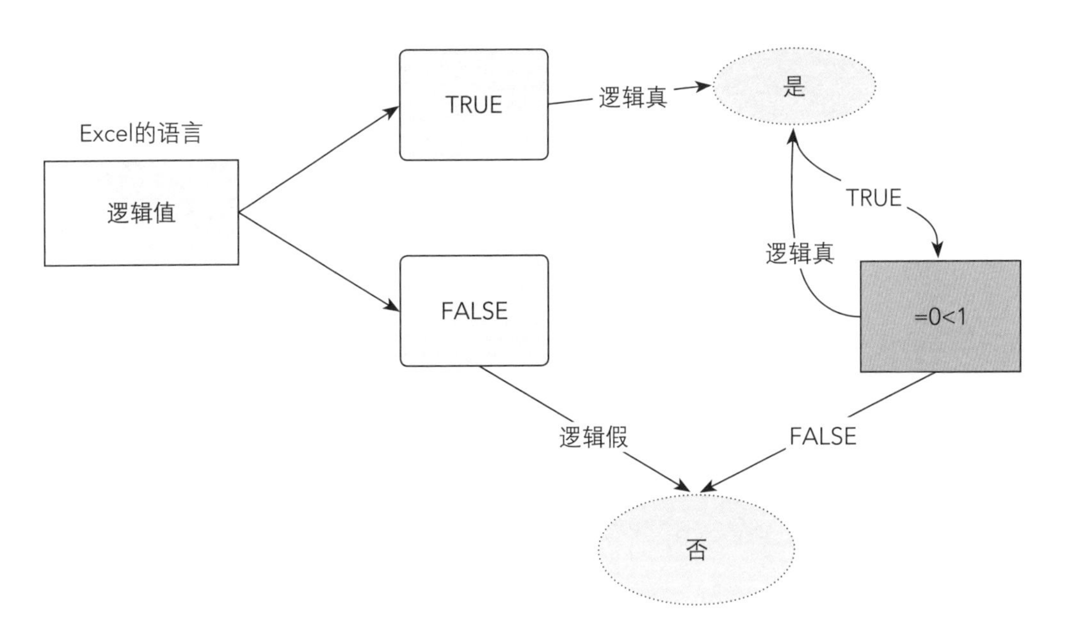

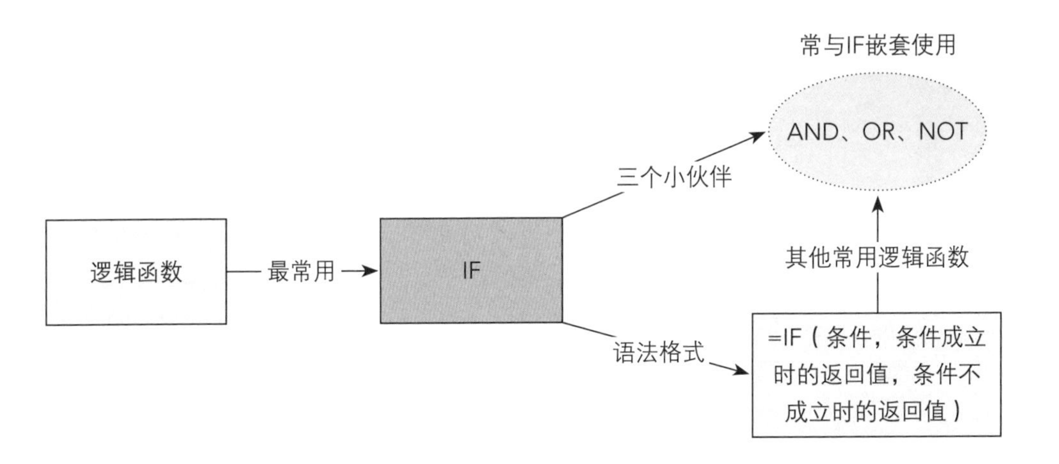

第4章

自动完成汇总与统计

汇总和统计是Excel中最常见的数据分析手段，执行汇总和统计的方法很多，如分类汇总、合并计算、数据透视表等。但是，不论上述哪种方法都需要多个步骤才能完成操作。Excel中包含了非常多的汇总和统计类函数，只需要编写一个公式就能解决看似很复杂的汇总与统计工作，本章将对常用的汇总与统计函数进行详细讲解。

4.1 不同条件下的求和计算

在Excel中，求和是最常见的计算之一，用户可以对数据进行快速求和，或按照给定的条件进行求和，下面将对一些常用的求和函数进行详细介绍。

4.1.1 计算所有销售员的销售总额 | SUM

对数据进行常规求和统计时可以使用SUM函数来完成。

SUM函数的作用是计算单元格区域中所有数值的和。

SUM函数最少可以设置一个参数，最多可以设置255个参数。语法如下：

=SUM(数值1, 数值2, 数值3, …)

参数说明：

SUM函数的参数可以是数值、单元格引用、单元格区域引用及逻辑值等。设置不同类型的参数时公式效果如表4-1所示。

表4-1

参数类型	公式效果
数值	=SUM(1,2,5,8,10,6)
数值、单元格引用	=SUM(15,C1,20)
单元格引用	=SUM(A1,C1,C7,D7,F7)
单元格区域引用	=SUM(A1：A20)
单元格引用、单元格区域引用	=SUM(A1,B3,C1：C5)
数值、逻辑值、单元格引用	=SUM(50,TRUE,C1)

需要注意的是，当引用中包含逻辑值或文本时这些值会被忽略。但是当文本和逻辑值作为参数直接输入时，它们则是有意义的。

为了便于理解，下面在Excel中进行演示：若SUM函数的引用区域中包含逻辑值或文本，这些逻辑值和文本被当作0处理，如图4-1所示。因此不会对区域中其他值的求和结果造成任何影响，如图4-2所示。

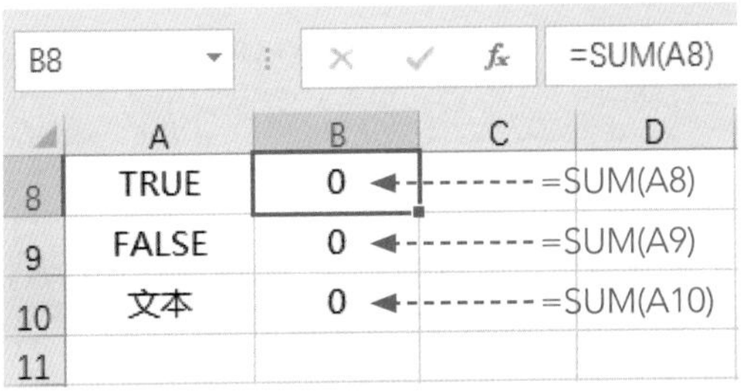

图4-1

在实际工作中直接将逻辑值或文本设置成SUM函数的参数时，其返回结果是不同的，TRUE表示1，FALSE表示0，而文本参数则会返回错误值，如表4-2所示。

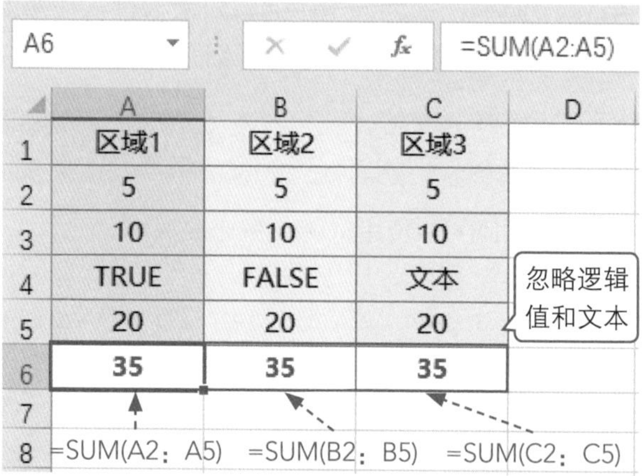

	A	B	C	D
1	区域1	区域2	区域3	
2	5	5	5	
3	10	10	10	
4	TRUE	FALSE	文本	忽略逻辑值和文本
5	20	20	20	
6	35	35	35	
7				
8	=SUM(A2：A5)	=SUM(B2：B5)	=SUM(C2：C5)	

A6 =SUM(A2:A5)

图4-2

表4-2

参数类型	公式	返回结果
逻辑值TRUE	=SUM(TRUE)	1
逻辑值FALSE	=SUM(FALSE)	0
文本型数据	=SUM(文本)	#NAME?

SUM函数在众多函数中属于比较好掌握的一个，了解其参数的设置方法后再来使用就非常容易了。

下面使用SUM函数计算所有销售员5月和7月的总销售额。由于5月和7月的销售数据在不相邻的区域中，因此将这两个区域设置成SUM函数的两个参数即可，在F2单元格中输入公式“=SUM(B2：B8,D2：D8)”，如图4-3所示。

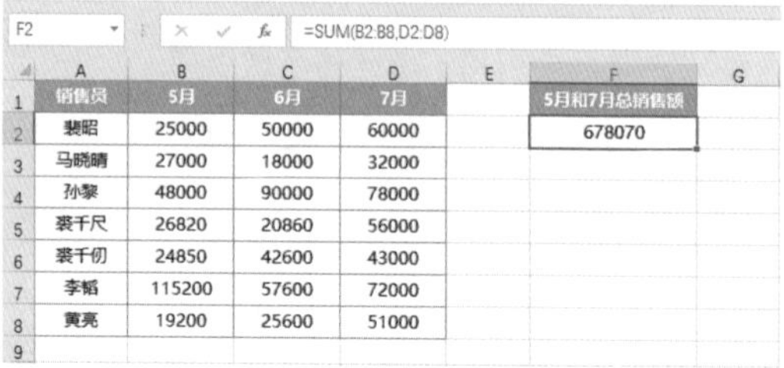

F2 =SUM(B2:B8,D2:D8)

	A	B	C	D	E	F	G
1	销售员	5月	6月	7月		5月和7月总销售额	
2	裴昭	25000	50000	60000		678070	
3	马晓晴	27000	18000	32000			
4	孙黎	48000	90000	78000			
5	裘千尺	26820	20860	56000			
6	裘千仞	24850	42600	43000			
7	李韬	115200	57600	72000			
8	黄亮	19200	25600	51000			
9							

图4-3

4.1.2 每月销售额记录在不同工作表中时怎样求和 | SUM

在实际的工作中，数据源表的形式不可能是单一的，很多人会将数据源保存在多张工作表中。例如将销售数据按月保存在不同工作表中，这时如何对销售金额进行求和呢？

既然要求和的区域在不同的工作表中，那么只要从不同工作表中选择参数即可。很多新手用户在跨工作表设置参数时经常出现操作失误，下面将详细演示操作步骤。

Step 01 在“5月”工作表中选择D2单元格，先在当前工作表中选择SUM函数的第一求和区域，如图4-4所示。

Step 02 随后单击“6月”工作表标签，此时便会打开该工作表，用户只能在编辑栏中查看公式，这时第二个参数的位置会自动出现“'6月'!”内容，如图4-5所示。

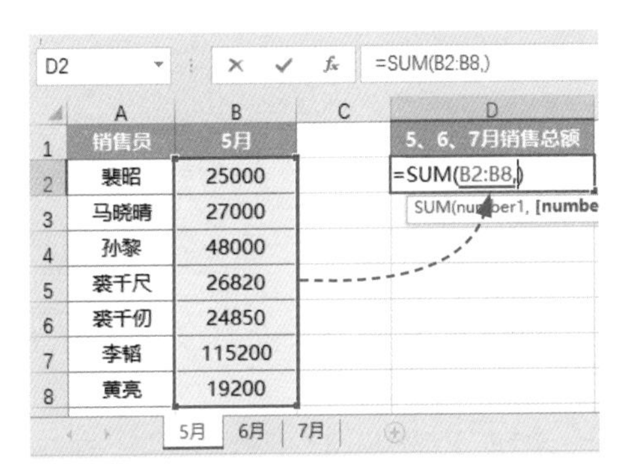

	A	B	C	D
1	销售员	5月		5、6、7月销售总额
2	裴昭	25000		=SUM(B2:B8,)
3	马晓晴	27000		
4	孙黎	48000		
5	裘千尺	26820		
6	裘千仞	24850		
7	李韬	115200		
8	黄亮	19200		

图4-4

A1 =SUM(B2:B8,'6月'!)

SUM(number1, [numb

	A	B
1	销售员	6月
2	裴昭	50000
3	马晓晴	18000
4	孙黎	90000
5	裘千尺	20860
6	裘千仞	42600
7	李韬	57600
8	黄亮	25600

5月 6月 7月

图4-5

Step 03 从“6月”工作表中选择第二个需要求和的区域，如图4-6所示。

Step 04 随后继续单击“7月”工作表标签，从该工作表中选择第三个需要求和的区域，所有参数设置完成后直接按Enter键进行确认，如图4-7所示。

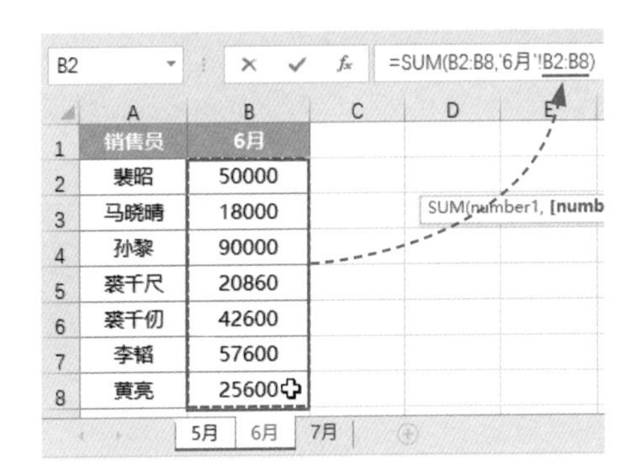

	A	B
1	销售员	6月
2	裴昭	50000
3	马晓晴	18000
4	孙黎	90000
5	裘千尺	20860
6	裘千仞	42600
7	李韬	57600
8	黄亮	25600

图4-6

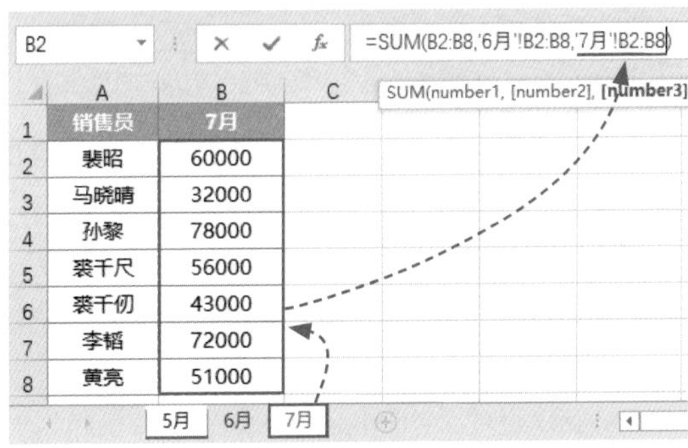

	A	B
1	销售员	7月
2	裴昭	60000
3	马晓晴	32000
4	孙黎	78000
5	裘千尺	56000
6	裘千仞	43000
7	李韬	72000
8	黄亮	51000

图4-7

Step 05 当按下Enter键后会自动返回公式所在的工作表，并显示公式结果，如图4-8所示。

D2 =SUM(B2:B8,'6月'!B2:B8,'7月'!B2:B8)

	A	B	C	D
1	销售员	5月		5、6、7月销售总额
2	裴昭	25000		982730
3	马晓晴	27000		
4	孙黎	48000		
5	裘千尺	26820		
6	裘千仞	24850		
7	李韬	115200		
8	黄亮	19200		

5月 6月 7月

图4-8

在跨工作表设置参数时切忌乱点鼠标。每个参数设置完成后不要忘记输入逗号与下一个参数分隔（最后一个参数除外）。

在这个案例中，由于不同工作表中要求和的数据区域完全相同，且这些工作表是相邻的，那么可以将公式简化为“=SUM('5月:7月'!B2:B8)”。

借助Shift键向公式中引用“'5月:7月'”内容，如图4-9所示。然后只需要在“5月”工作表中选择一次要求和的区域即可，如图4-10所示。

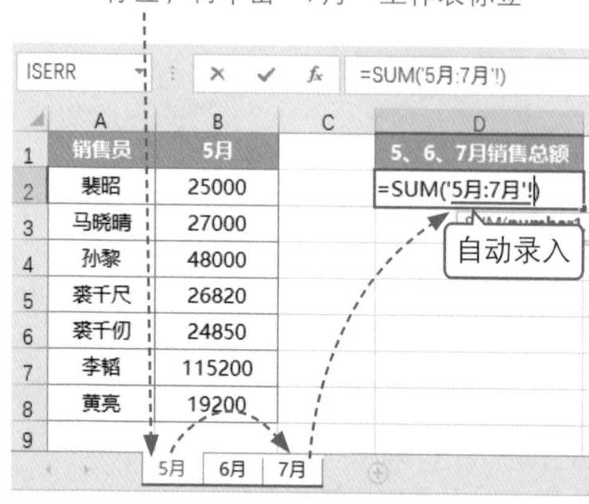

按住Shift键，先单击“5月”工作表标签，再单击“7月”工作表标签
ISERR
=SUM('5月:7月'!)
销售员
5月
5、6、7月销售总额
裴昭
25000
马晓晴
27000
孙黎
48000
裘千尺
26820
裘千仞
24850
李韬
115200
黄亮
19200
=SUM('5月:7月'!)
自动录入
5月
6月
7月

图4-9

B2
=SUM('5月:7月'!B2:B8)
销售员
5月
5、6、7月销售总额
裴昭
25000
马晓晴
27000
孙黎
48000
裘千尺
26820
裘千仞
24850
李韬
115200
黄亮
19200
=SUM('5月:7月'!B2:B8)
5月
6月
7月

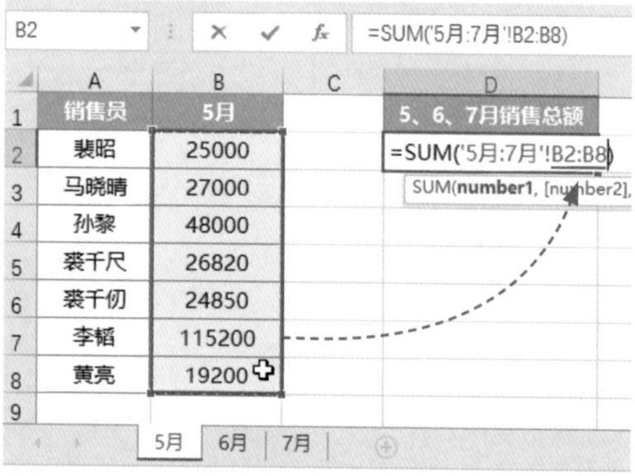

图4-10

4.1.3 统计指定员工的销售总额 | SUMIF

当需要对单元格区域中符合某个特定条件的数据进行求和时，可以使用SUMIF函数。

SUMIF是单条件求和函数，该函数有3个参数，语法如下：

=SUMIF(❶条件区域, ❷条件, ❸实际求和区域)

参数说明：

- **参数1：** 表示要从中设置条件的单元格区域。
- **参数2：** 表示求和条件，条件的类型可以是数字、文本或表达式等。
- **参数3：** 表示用于求和计算的实际单元格。

下面的这份销售表中记录了销售日期、销售员、商品名称和销售金额等信息，现在若要统计出销售员“孙黎”的销售总额，使用SUMIF函数便可轻松搞定。在F2单元格中输入公式“=SUMIF(B2:B19,"孙黎",D2:D19)”，随后按Enter键即可得到销售员“孙黎”的销售总额，如图4-11所示。

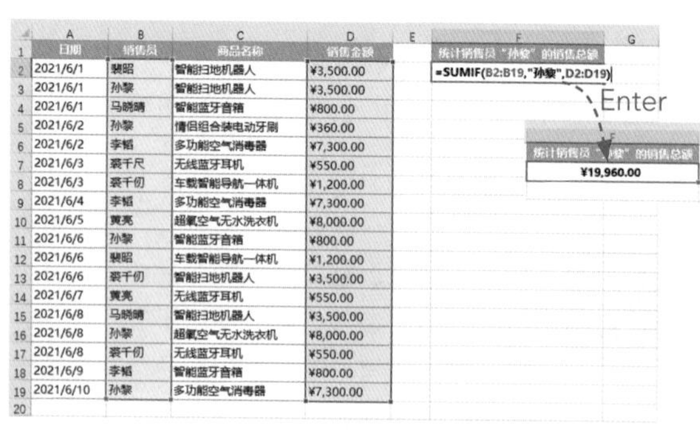

日期
销售员
商品名称
销售金额
2021/6/1 裴昭 智能扫地机器人 ¥3,500.00
2021/6/1 孙黎 智能扫地机器人 ¥3,500.00
2021/6/1 马晓晴 智能蓝牙音箱 ¥800.00
2021/6/2 孙黎 情侣组合装电动牙刷 ¥360.00
2021/6/2 李韬 多功能空气消毒器 ¥7,300.00
2021/6/3 裘千尺 无线蓝牙耳机 ¥550.00
2021/6/3 裘千仞 车载智能导航一体机 ¥1,200.00
2021/6/4 李韬 多功能空气消毒器 ¥7,300.00
2021/6/5 黄亮 超氧空气无水洗衣机 ¥8,000.00
2021/6/6 孙黎 智能蓝牙音箱 ¥800.00
2021/6/6 裴昭 车载智能导航一体机 ¥1,200.00
2021/6/6 裘千仞 智能扫地机器人 ¥3,500.00
2021/6/7 黄亮 无线蓝牙耳机 ¥550.00
2021/6/8 马晓晴 智能扫地机器人 ¥3,500.00
2021/6/8 孙黎 超氧空气无水洗衣机 ¥8,000.00
2021/6/8 裘千仞 无线蓝牙耳机 ¥550.00
2021/6/9 李韬 智能蓝牙音箱 ¥800.00
2021/6/10 孙黎 多功能空气消毒器 ¥7,300.00
统计销售员“孙黎”的销售总额
=SUMIF(B2:B19,"孙黎",D2:D19)
Enter
¥19,960.00

图4-11

公式解析

本例是对 SUMIF 函数的一次典型应用，下面是公式的分解示意。

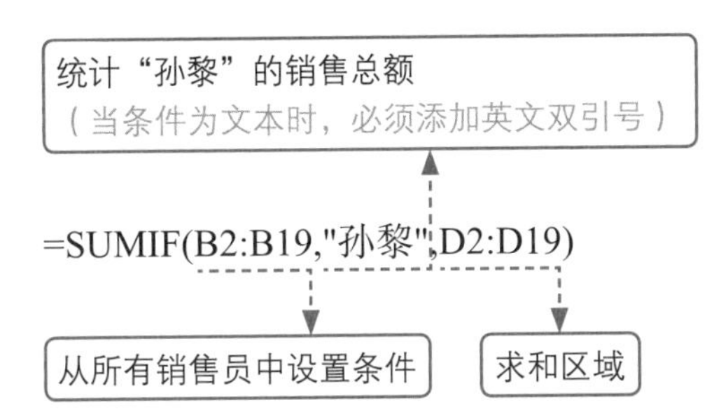

实际工作中进行类似计算时往往需要统计多名销售员的销售总金额。这时可对公式稍作调整。在G2单元格中输入公式“=SUMIF($B$2:$B$19,F2,$D$2:$D$19)”，然后将公式向下方填充即可自动统计出其他销售员的销售总金额，如图4-12所示。

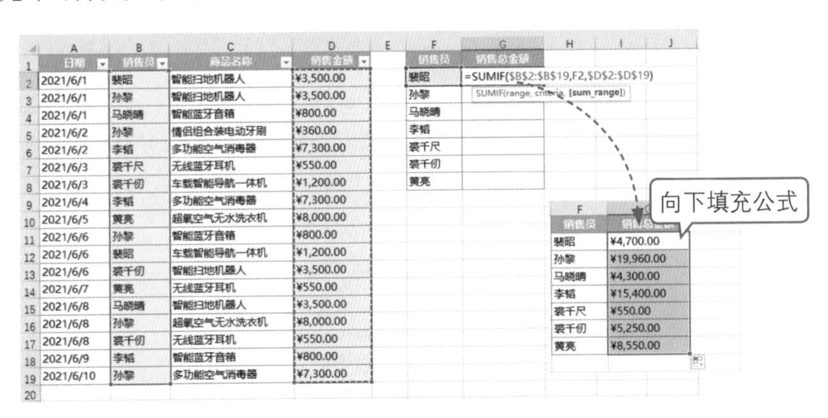

日期	销售员	商品名称	销售金额
2021/6/1	裴昭	智能扫地机器人	¥3,500.00
2021/6/1	孙黎	智能扫地机器人	¥3,500.00
2021/6/1	马晓晴	智能蓝牙音箱	¥800.00
2021/6/2	孙黎	情侣组合装电动牙刷	¥360.00
2021/6/2	李韬	多功能空气消毒器	¥7,300.00
2021/6/3	裘千尺	无线蓝牙耳机	¥550.00
2021/6/3	裘千仞	车载智能导航一体机	¥1,200.00
2021/6/4	李韬	多功能空气消毒器	¥7,300.00
2021/6/5	黄亮	超氧空气无水洗衣机	¥8,000.00
2021/6/6	孙黎	智能蓝牙音箱	¥800.00
2021/6/6	裴昭	车载智能导航一体机	¥1,200.00
2021/6/6	裘千仞	智能扫地机器人	¥3,500.00
2021/6/7	黄亮	无线蓝牙耳机	¥550.00
2021/6/8	马晓晴	智能扫地机器人	¥3,500.00
2021/6/8	孙黎	超氧空气无水洗衣机	¥8,000.00
2021/6/8	裘千仞	无线蓝牙耳机	¥550.00
2021/6/9	李韬	智能蓝牙音箱	¥800.00
2021/6/10	孙黎	多功能空气消毒器	¥7,300.00

销售员	销售总金额
裴昭	¥4,700.00
孙黎	¥19,960.00
马晓晴	¥4,300.00
李韬	¥15,400.00
裘千尺	¥550.00
裘千仞	¥5,250.00
黄亮	¥8,550.00

图4-12

公式解析

这个公式中将条件区域“$B$2:$B$19” 和求和区域“$D$2:$D$19”设置成了绝对引用，这样便可防止公式向下方填充时所引用的区域发生偏移。而条件“F2”使用相对引用是为了在填充公式的过程中自动引用其他销售员的姓名。由此可见在编写公式时需要特别注意单元格的引用方式。

4.1.4 只对销售额大于 1000 的值进行求和 | SUMIF

除了为SUMIF函数指定文本条件外，也可将条件设置为表达式，下面将从销售表中计算大于1000的总销售额。

在F2单元格中输入公式“=SUMIF(D2:D19,">1000",D2:D19)”，按下Enter键后即可返回求和结果，如图4-13所示。

> **经验之谈**
>
> 当SUMIF函数的条件区域和求和区域相同时可以忽略求和区域，因此，本案例的公式也可简化为“=SUMIF(D2:D19,">1000")”。

F2 =SUMIF(D2:D19,">1000",D2:D19)

	A	B	C	D	E	F
1	日期	销售员	商品名称	销售金额		对大于1000的销售额求和
2	2021/6/1	裴昭	智能扫地机器人	¥3,500.00		54300.00
3	2021/6/1	孙黎	智能扫地机器人	¥3,500.00		
4	2021/6/1	马晓晴	智能蓝牙音箱	¥800.00		
5	2021/6/2	孙黎	情侣组合装电动牙刷	¥360.00		
6	2021/6/2	李韬	多功能空气消毒器	¥7,300.00		
7	2021/6/3	裘千尺	无线蓝牙耳机	¥550.00		
8	2021/6/3	裘千仞	车载智能导航一体机	¥1,200.00		
9	2021/6/4	李韬	多功能空气消毒器	¥7,300.00		

图4-13

4.1.5 仅对“智能”产品的销售额进行求和 | SUMIF

当求和的条件很模糊时应该如何设置条件呢？例如对所有包含“智能”这两个字的商品的销售金额进行求和。

通过观察可以发现，“商品名称”列中有些商品包含“智能”两个字，但是这两个字出现的位置并不相同，而且这些商品名称的字符个数也不相同，如图4-14所示。

	A	B	C	D
1	日期	销售员	商品名称	销售金额
2	2021/6/1	裴昭	智能扫地机器人	¥3,500.00
3	2021/6/1	孙黎	智能扫地机器人	¥3,500.00
4	2021/6/1	马晓晴	智能蓝牙音箱	¥800.00
5	2021/6/2	孙黎	情侣组合装电动牙刷	¥360.00
6			多功能空气消毒器	¥7,300.00
7			无线蓝牙耳机	¥550.00
8			车载智能导航一体机	¥1,200.00
9	2021/6/4	李韬	多功能空气消毒器	¥7,300.00
10	2021/6/5	黄亮	超氧空气无水洗衣机	¥8,000.00
11	2021/6/6	孙黎	智能蓝牙音箱	¥800.00
12	2021/6/6	裴昭	车载智能导航一体机	¥1,200.00

对包含“智能”两个字的商品销售金额进行求和

图4-14

这种情况可以借助通配符来设置条件参数。在F2单元格中输入公式“=SUMIF(C2:C12,"*智能*",D2:D12)”，按下Enter键后便可得到求和结果，如图4-15所示。

	A	B	C	D	E	F
1	日期	销售员	商品名称	销售金额		对智能产品的销售额求和
2	2021/6/1	裴昭	智能扫地机器人	¥3,500.00		11000.00
3	2021/6/1	孙黎				
4	2021/6/1	马晓晴				
5	2021/6/2	孙黎				
6	2021/6/2	李韬	多功能空气消毒器	¥7,300.00		
7	2021/6/3	裘千尺	无线蓝牙耳机	¥550.00		
8	2021/6/3	裘千仞	车载智能导航一体机	¥1,200.00		
9	2021/6/4	李韬	多功能空气消毒器	¥7,300.00		
10	2021/6/5	黄亮	超氧空气无水洗衣机	¥8,000.00		
11	2021/6/6	孙黎	智能蓝牙音箱	¥800.00		
12	2021/6/6	裴昭	车载智能导航一体机	¥1,200.00		

=SUMIF(C2:C12,"*智能*",D2:D12)

图4-15

Excel中的通配符有3种，分别是“?”“*”以及“~”。通配符在查找和替换、筛选、条件格式及公式中有着非常高的使用率。每个通配符的具体含义及作用如表4-3所示。

表4-3

通配符	类型	含义及作用
?	占位符	表示1个字符，单独使用时，表示非空
*	占位符	表示0到*N*个字符，单独使用时，表示非空
~	转义符	将通配符转换成普通字符

公式释义

这个公式中的**条件参数为“"* 智能 *"”**。“智能”两个字的前后分别有一个“*”通配符，**表示“智能”两个字的前面和后面可以有任意数量的字符**，因此公式便会对包含“智能”两个字的商品销售金额进行求和。

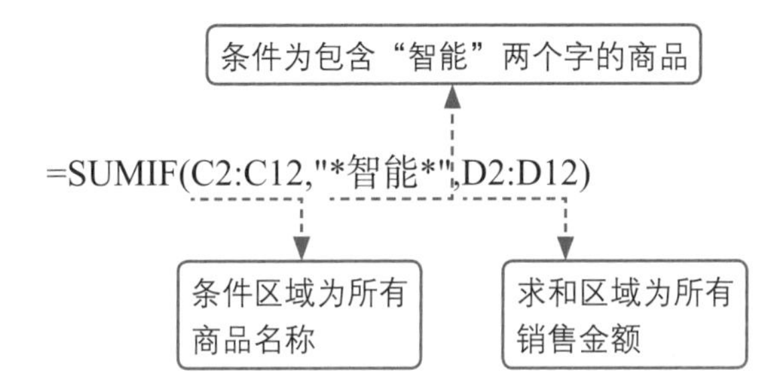

现学现用

如果对所有非智能产品的销售金额进行求和应该如何编写公式?

下面为用户提供两种思路：

① 对所有商品销售金额求和，然后减去所有“智能”产品的销售金额。

② 将SUMIF函数的条件参数设置为"<>*智能*"。

公式的编写方法如下：

公式1：

=SUM(D2:D12)-SUMIF(C2:C12,"*智能*",D2:D12)

公式2：

=SUMIF(C2:C12,"<>*智能*",D2:D12)

4.1.6 计算满足指定条件的男性销售员的销售金额 | SUMIFS

SUMIF函数只能设置一个求和条件，若要根据多个条件进行求和可以使用SUMIFS函数。

SUMIFS是多条件求和函数，最多可以设置127组求和条件。其语法格式如下：

=SUMIFS(❶求和区域，❷第一个条件区域，❸第一个条件，❹第二个条件区域，❺第二个条件，…)

参数说明：

不管为SUMIFS函数指定多少个求和条件，求和区域都只有一个且应设置在第一参数位置。

下面来学习SUMIFS函数的基础用法。

假设要对男性且销售金额大于1000的数据进行求和。可以在G2单元格中输入公式"=SUMIFS(E2:E19,C2:C19,"男",E2:E19,">1000")"，如图4-16所示。

	A	B	C	D	E	F	G
1	日期	销售员	性别	商品名称	销售金额		对男性且销售额大于1000的值求和
2	2021/6/1	马晓晴	女	智能蓝牙音箱	¥800.00		¥32,000.00
3	2021/6/1	裴昭	男	智能扫地机器人	¥3,500.00		
4	2021/6/1	孙黎	女	智能扫地机器人	¥3,500.00		
5	2021/6/2	李韬	男	多功能空气消毒器	¥7,300.00		
6	2021/6/2	孙黎	女	情侣组合装电动牙刷	¥360.00		
7	2021/6/3	裘千尺	女	无线蓝牙耳机	¥550.00		
8	2021/6/3	裘千仞	男	车载智能导航一体机	¥1,200.00		
9	2021/6/4	李韬	男	多功能空气消毒器	¥7,300.00		
			男	超氧空气无水洗衣机	¥8,000.00		
			男	车载智能导航一体机	¥1,200.00		
12	2021/6/6	裘千仞	男	智能扫地机器人	¥3,500.00		
13	2021/6/6	孙黎	女	智能蓝牙音箱	¥800.00		
14	2021/6/7	黄亮	男	无线蓝牙耳机	¥550.00		
15	2021/6/8	马晓晴	女	智能扫地机器人	¥3,500.00		
16	2021/6/8	裘千仞	男	无线蓝牙耳机	¥550.00		
17	2021/6/8	孙黎	女	超氧空气无水洗衣机	¥8,000.00		
18	2021/6/9	李韬	男	智能蓝牙音箱	¥800.00		
19	2021/6/10	孙黎	女	多功能空气消毒器	¥7,300.00		

=SUMIFS(E2:E19,C2:C19,"男",E2:E19,">1000")

第一个条件区域

求和区域和第二个条件区域

图4-16

公式解析

这个公式很好理解，可直接对照 SUMIFS 函数的语法格式对其进行分解。

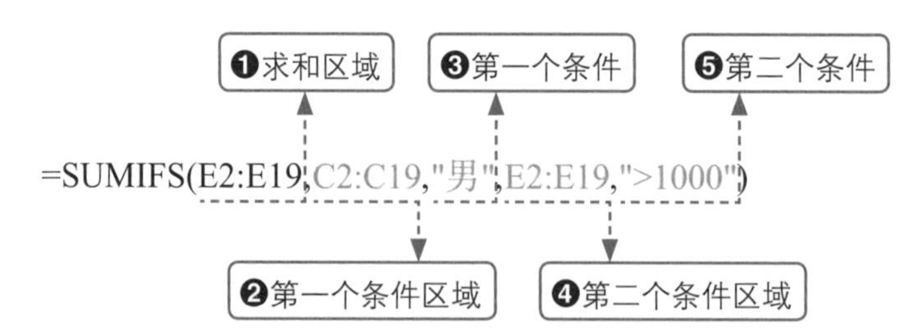

接下来讲解SUMIF函数的进阶用法。前面对男性且销售金额大于1000的值进行了求和，如果现在要对男性销售员且销售金额在前5名之内的值进行求和，可以在G2单元格中输入公式"=SUMIFS(E2:E19,C2:C19,"男",E2:E19,">"&LARGE(E2:E19,6))"，然后按Enter键即可得到求和结果，如图4-17所示。

G2 =SUMIFS(E2:E19,C2:C19,"男",E2:E19,">"&LARGE(E2:E19,6))

	A	B	C	D	E	F	G
1	日期	销售员	性别	商品名称	销售金额		对男性且销售额在前5名的值求和
2	2021/6/1	马晓晴	女	智能蓝牙音箱	¥800.00		¥22,600.00
3	2021/6/1	裴昭	男	智能扫地机器人	¥3,500.00		
4	2021/6/1	孙黎	女	智能扫地机器人	¥3,500.00		
5	2021/6/2	李韬	男	多功能空气消毒器	¥7,300.00		
6	2021/6/2	孙黎	女	情侣组合装电动牙刷	¥360.00		
7	2021/6/3	袭千尺	女	无线蓝牙耳机	¥550.00		
8	2021/6/3	袭千仞	男	车载智能导航一体机	¥1,200.00		
9	2021/6/4	李韬	男	多功能空气消毒器	¥7,300.00		
10	2021/6/5	黄亮	男	超氧空气无水洗衣机	¥8,000.00		
11	2021/6/6	裴昭	男	车载智能导航一体机	¥1,200.00		
12	2021/6/6	袭千仞	男	智能扫地机器人	¥3,500.00		
13	2021/6/6	孙黎	女	智能蓝牙音箱	¥800.00		
14	2021/6/7	黄亮	男	无线蓝牙耳机	¥550.00		
15	2021/6/8	马晓晴	女	智能扫地机器人	¥3,500.00		
16	2021/6/8	袭千仞	男	无线蓝牙耳机	¥550.00		
17	2021/6/8	孙黎	女	超氧空气无水洗衣机	¥8,000.00		
18	2021/6/9	李韬	男	智能蓝牙音箱	¥800.00		
19	2021/6/10	孙黎	女	多功能空气消毒器	¥7,300.00		

仅对“性别”为男且“销售金额”在前5名的值求和

图4-17

经验之谈

LARGE是一个统计函数，其作用是求一组数中的第*K*个最大值，例如第5个最大值。

LARGE函数有两个参数，语法格式如下：

=LARGE(❶数组，❷要提第几个最大值)

参数说明：

- **参数1：** 表示需要从中提取第*K*个最大值点的数组或区域。
- **参数2：** 表示所要返回的最大值点在数组或区域中的位置。

公式解析

这个公式用SUMIFS函数设置了两个求和条件，这里比较难理解的是第二个条件中的“">"&LARGE(E2:E19,6)”部分。“LARGE(E2:E19,6)”计算出数据区域中的第6个最大值，然后用“&”符号将其与“>”符号连接成一个整体，便组成了SUMIFS函数的第二个条件。

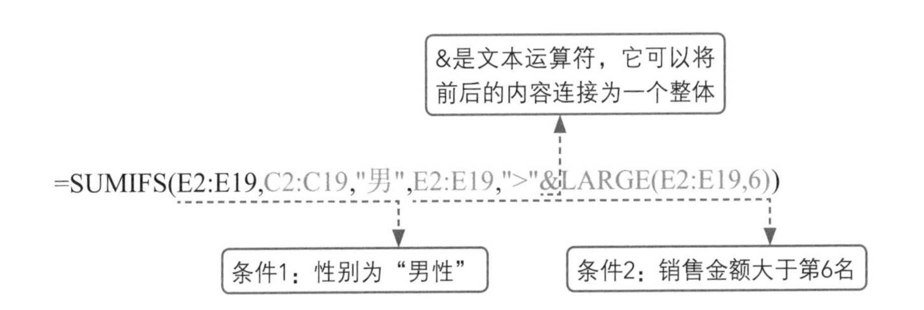

4.2 统计员工考勤情况

Excel中有很多不同类型的统计函数，其中包括求和类、计数类、平均类、极值类等。本节将介绍几个常用的计数函数。

常用的计数函数包括COUNT、COUNTA、COUNTBLANK、COUNTIF、COUNTIFS等。这些函数都是用来统计单元格数量的。可以将它们理解为公司中同一个部门的员工，只是各自的岗位不同。用户可以先简单了解这些常用计数类函数的基本情况，如图4-18所示。

COUNTA

- **作用：**统计单元格区域中非空单元格数量
- **语法格式：**=COUNTA(❶引用1，❷引用2，…)
- **参数释义：**至少设置一个参数，最多可设置255个参数
- **注意：空格、公式返回的空值等假空单元格会被统计**

COUNT

- **作用：**统计单元格区域中包含数字的单元格数量
- **语法格式：**=COUNT(❶引用1，❷引用2，…)
- **参数释义：**至少需要设置一个参数最多可设置255个参数
- **注意：日期会作为数字被统计；文本类型的数字、逻辑值不会被统计**

COUNTBLANK

- **作用：**统计单元格区域中空单元格的数量
- **语法格式：**=COUNTBLANK(❶单元格区域引用)
- **参数释义：**该函数只有一个参数
- **注意：空格、公式返回的空值等假空单元格不会被统计**

COUNTIF

- **作用：**统计单元格区域中满足某个指定条件的单元格数量
- **语法格式：**=COUNTIF(❶单元格区域，❷条件)
- **参数释义：参数2的条件形式可以是数字、文本、表达式、单元格引用等**

COUNTIFS

- **作用：**统计单元格区域中满足指定的多个条件的单元格数量
- **语法格式：**=COUNTIFS(❶第一个条件区域，❷第一个条件，❸第二个条件区域，❹第二个条件，…)
- **参数释义：最多可设置127对条件和条件区域。第一个条件和条件区域不可忽略，其他条件和条件区域可以忽略**

图4-18

4.2.1 统计参与考勤的人数 | COUNTA

COUNTA函数在做统计时不会在意单元格中的内容是什么，只要单元格中有内容，它都照单全收，包括肉眼看不见的空格和公式返回的空白值，如图4-19所示。

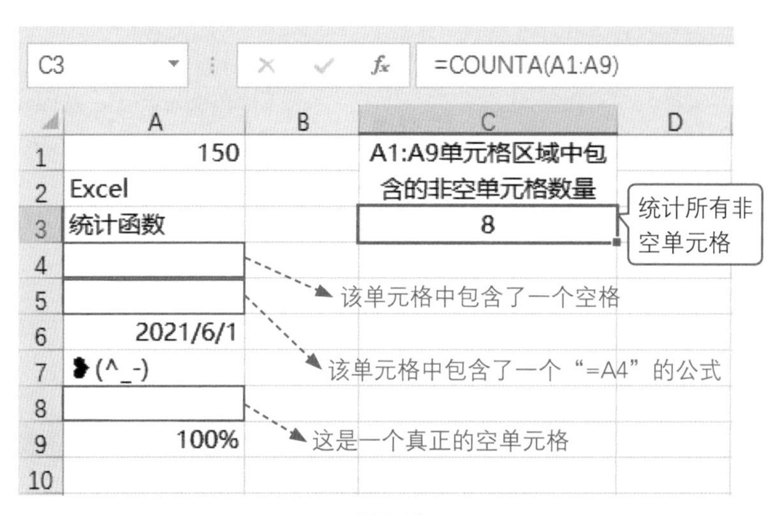

图4-19

在如图4-20所示的考勤表中，若要统计6月参与考勤的人数，只要将所有员工姓名所在的单元格区域设置成COUNTA函数的参数即可。

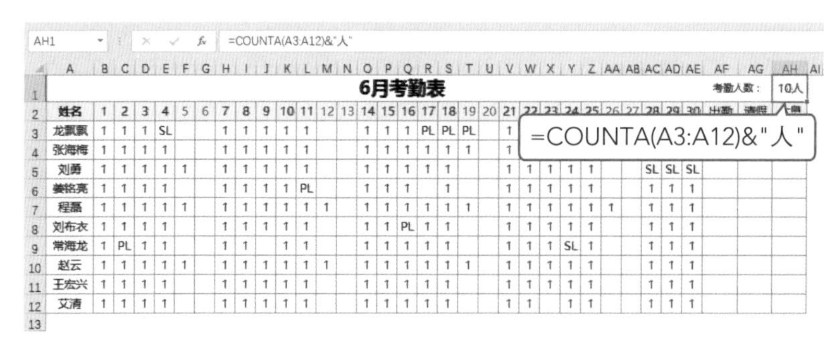

图4-20

公式解析

本例的公式使用“&”符号将 COUNTA 函数统计出的数字与“人”字连接，因此公式的返回结果为“10 人”。

4.2.2 统计员工出勤、请假和休息天数 | COUNT，COUNTBLANK

本例的考勤表使用数字“1”表示正常出勤，用字符“PL”表示事假，用字符“SL”表示病假，空白单元格表示正常休息或调休。下面将使用COUNT和COUNTBLANK函数统计员工出勤、请假和休息天数。

首先计算出勤天数。由于数字“1”表示正常出勤，因此用COUNT函数统计出数字的个数即为出勤天数。AF3单元格中输入公式“=COUNT(B3:AE3)”，接着向下填充公式即可统计出所有员工的出勤天数，如图4-21所示。

AF3 =COUNT(B3:AE3)

6月考勤表　　考勤人数：10人

姓名	1	2	3	4	5	6	7	8	9	10	11	12	13	14	15	16	17	18	19	20	21	22	23	24	25	26	27	28	29	30	出勤	请假	休息
龙飘飘	1	1	1	SL			1	1	1	1	1			1	1	1	PL	PL	PL		1	1	1	1	1			1	1	1	19		
张海梅	1	1	1	1			1	1	1	1	1			1	1	1	1	1	[illegible]	[illegible]	[illegible]	[illegible]	[illegible]	[illegible]	[illegible]	[illegible]	[illegible]	[illegible]	[illegible]	[illegible]	[illegible]		
刘勇	1	1	1	1	1		1	1	1	1	1			1	1	1	1	1	[illegible]	[illegible]	[illegible]	[illegible]	[illegible]	[illegible]	[illegible]	[illegible]	[illegible]	[illegible]	[illegible]	[illegible]	[illegible]		
姜铭亮	1	1	1	1			1	1	1	1	PL			1	1	1		1	[illegible]	[illegible]	[illegible]	[illegible]	[illegible]	[illegible]	[illegible]	[illegible]	[illegible]	[illegible]	[illegible]	[illegible]	[illegible]		
程磊	1	1	1	1	1		1	1	1	1	1	1		1	1	1	1	1	[illegible]	[illegible]	[illegible]	[illegible]	[illegible]	[illegible]	[illegible]	[illegible]	[illegible]	[illegible]	[illegible]	[illegible]	[illegible]		
刘布衣	1	1	1	1			1	1	1	1	1			1	1	PL	1	1	[illegible]	[illegible]	[illegible]	[illegible]	[illegible]	[illegible]	[illegible]	[illegible]	[illegible]	[illegible]	[illegible]	[illegible]	[illegible]		
常海龙	1	PL	1	1			1	1		1	1			1	1	1	1	1			1	1	1	SL	1			1	1	1	19		
赵云	1	1	1	1	1		1	1	1	1	1	1		1	1	1	1	1	1		1	1	1	1	1			1	1	1	25		
王宏兴	1	1	1	1			1	1	1	1	1			1	1	1	1	1			1	1	1	1	1			1	1	1	22		
艾清	1	1	1	1			1	1	1	1	1			1	1	1	1	1			1	1		1	1			1	1	1	21		

=COUNT(B3:AE3)
统计出数字“1”的个数

图4-21

其次统计请假的天数。本例中事假和病假分别用文本字符“PL”和“SL”表示，可以利用COUNTA和COUNT函数编写公式完成统计，即“=COUNTA(B3:AE3)-COUNT(B3:AE3)”，如图4-22所示。

AG3 =COUNTA(B3:AE3)-COUNT(B3:AE3)

6月考勤表　　考勤人数：10人

姓名	1	2	3	4	5	6	7	8	9	10	11	12	13	14	15	16	17	18	19	20	21	22	23	24	25	26	27	28	29	30	出勤	请假	休息
龙飘飘	1	1	1	SL			1	1	1	1	1			1	1	1	PL	PL	PL		1	1	1	1	1			1	1	1	19	4	
张海梅	1	1	1	1			1	1	1	1	1			1	1	1	1	1	1		1	1	1	1	1			1	1	1	23	0	
刘勇	1	1	1	1	1		1	1	1	1	1			1	1	1	1	1			1	1	1	1	1			SL	SL	SL	20	3	
姜铭亮	1	1	1	1			1	1	[illegible]	[illegible]	[illegible]	[illegible]	[illegible]	[illegible]	[illegible]	[illegible]	[illegible]	[illegible]	[illegible]	[illegible]	[illegible]	[illegible]	[illegible]	[illegible]	[illegible]	[illegible]	[illegible]	[illegible]	[illegible]	[illegible]	[illegible]	[illegible]	
程磊	1	1	1	1	1		1	1	[illegible]	[illegible]	[illegible]	[illegible]	[illegible]	[illegible]	[illegible]	[illegible]	[illegible]	[illegible]	[illegible]	[illegible]	[illegible]	[illegible]	[illegible]	[illegible]	[illegible]	[illegible]	[illegible]	[illegible]	[illegible]	[illegible]	[illegible]	[illegible]	
刘布衣	1	1	1	1			1	1	[illegible]	[illegible]	[illegible]	[illegible]	[illegible]	[illegible]	[illegible]	[illegible]	[illegible]	[illegible]	[illegible]	[illegible]	[illegible]	[illegible]	[illegible]	[illegible]	[illegible]	[illegible]	[illegible]	[illegible]	[illegible]	[illegible]	[illegible]	[illegible]	
常海龙	1	PL	1	1			1	1	[illegible]	[illegible]	[illegible]	[illegible]	[illegible]	[illegible]	[illegible]	[illegible]	[illegible]	[illegible]	[illegible]	[illegible]	[illegible]	[illegible]	[illegible]	[illegible]	[illegible]	[illegible]	[illegible]	[illegible]	[illegible]	[illegible]	[illegible]	[illegible]	
赵云	1	1	1	1	1		1	1	1	1	1	1		1	1	1	1	1	1		1	1	1	1	1			1	1	1	25	0	
王宏兴	1	1	1	1			1	1	1	1	1			1	1	1	1	1			1	1	1	1	1			1	1	1	22	0	
艾清	1	1	1	1			1	1	1	1	1			1	1	1	1	1			1	1		1	1			1	1	1	21	0	

=COUNTA(B3:AE3)-COUNT(B3:AE3)
包含数据的单元格数量-包含数字的单元格数量

图4-22

当单元格中包含的数据类型全部是数字时公式会返回“0”，这说明没有请假，若将所有“0”值隐藏，可以为公式嵌套一个IF函数，即“=IF(COUNTA(B4:AE4)-COUNT(B4:AE4)=0,"",COUNTA(B4:AE4)-COUNT(B4:AE4))”。这个公式虽然很长，但并不难理解。

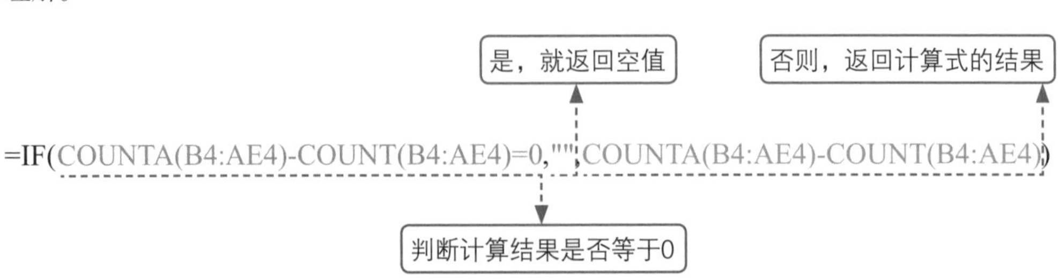

最后计算休息的天数。空白单元格表示正常休息，用户可以使用COUNTBLANK函数统计空白单元格数量。在AH3单元格中输入公式"=COUNTBLANK(B3:AE3)"，然后向下填充公式便可统计出所有员工正常休息的天数，如图4-23所示。

AH3 =COUNTBLANK(B3:AE3)

6月考勤表　考勤人数：10人

姓名	1	2	3	4	5	6	7	8	9	10	11	12	13	14	15	16	17	18	19	20	21	22	23	24	25	26	27	28	29	30	出勤	请假	休息
龙飘飘	1	1	1	SL			1	1	1	1	1			1	1	1	PL	PL	PL		1	1	1	1	1			1	1	1	19	4	7
张海梅	1	1	1	1			1	1	1	1	1			1	1	1	1	1	1		[illegible]	[illegible]	[illegible]	[illegible]	[illegible]	[illegible]	[illegible]	[illegible]	[illegible]	[illegible]	[illegible]	[illegible]	[illegible]
刘勇	1	1	1	1	1		1	1	1	1	1			1	1	1	1	1			[illegible]	[illegible]	[illegible]	[illegible]	[illegible]	[illegible]	[illegible]	[illegible]	[illegible]	[illegible]	[illegible]	[illegible]	[illegible]
姜铭亮	1	1	1	1			1	1	1	1	PL			1	1	1		1			[illegible]	[illegible]	[illegible]	[illegible]	[illegible]	[illegible]	[illegible]	[illegible]	[illegible]	[illegible]	[illegible]	[illegible]	[illegible]
程磊	1	1	1	1	1		1	1	1	1	1	1		1	1	1	1	1	1		[illegible]	[illegible]	[illegible]	[illegible]	[illegible]	[illegible]	[illegible]	[illegible]	[illegible]	[illegible]	[illegible]	[illegible]	[illegible]
刘布衣	1	1	1	1			1	1	1	1	1			1	1	PL	1	1			[illegible]	[illegible]	[illegible]	[illegible]	[illegible]	[illegible]	[illegible]	[illegible]	[illegible]	[illegible]	[illegible]	[illegible]	[illegible]
常海龙	1	PL	1	1			1	1		1	1			1	1	1	1	1			1	1	1	SL	1			1	1	1	19	2	9
赵云	1	1	1	1	1		1	1	1	1	1	1		1	1	1	1	1	1		1	1	1	1	1			1	1	1	25	0	5
王宏兴	1	1	1	1			1	1	1	1	1			1	1	1	1	1			1	1	1	1	1			1	1	1	22	0	8
艾清	1	1	1	1			1	1	1	1	1			1	1	1	1	1			1	1		1	1			1	1	1	21	0	9

=COUNTBLANK(B3:AE3)
统计出空白单元格的数量

图4-23

4.2.3 统计不同事由的请假天数 | COUNTIF

根据不同事由统计请假天数时可使用COUNTIF函数将指定的请假事由设置为条件然后快速完成统计。COUNTIF函数的参数设置方法可参照图4-18。

在AF3单元格中输入公式"=COUNTIF(B3:AE3,"PL")"，统计出"事假"天数。

在AG3单元格中输入公式"=COUNTIF(B3:AE3,"SL")"，统计出"病假"天数，如图4-24所示。

AG3 =COUNTIF(B3:AE3,"SL")

6月考勤表

姓名	1	2	3	4	5	6	7	8	9	10	11	12	13	14	15	16	17	18	19	20	21	22	23	24	25	26	27	28	29	30	事假	病假
龙飘飘	1	1	1	SL			1	1	1	1	1			1	1	1	PL	PL	PL		1	1	1	1	1			1	1	1	3	1
张海梅	1	1	1	1			1	1	1	1	1			1	[illegible]	[illegible]	[illegible]	[illegible]	[illegible]	[illegible]	[illegible]	[illegible]	[illegible]	[illegible]	[illegible]	[illegible]	[illegible]	[illegible]	[illegible]	[illegible]	0	0
刘勇	1	1	1	1	1		1	1	1	1	1			1	[illegible]	[illegible]	[illegible]	[illegible]	[illegible]	[illegible]	[illegible]	[illegible]	[illegible]	[illegible]	[illegible]	[illegible]	[illegible]	[illegible]	[illegible]	[illegible]	0	3
姜铭亮	1	1	1	1			1	1	1	1	PL			1	1	1		1			1	1	1	1	1			1	1	1	1	0
程磊	1	1	1	1	1		1	1	1	1	1	1		1	1	1	1	1	1		1	1	1	1	1	1		1	1	1	0	0
刘布衣	1	1	1	1			1	1	1	1	1			1	1	PL	1	[illegible]	[illegible]	[illegible]	[illegible]	[illegible]	[illegible]	[illegible]	[illegible]	[illegible]	[illegible]	[illegible]	[illegible]	[illegible]	[illegible]	0
常海龙	1	PL	1	1			1	1		1	1			1	1	1	1	[illegible]	[illegible]	[illegible]	[illegible]	[illegible]	[illegible]	[illegible]	[illegible]	[illegible]	[illegible]	[illegible]	[illegible]	[illegible]	[illegible]	1
赵云	1	1	1	1	1		1	1	1	1	1	1		1	1	1	1	[illegible]	[illegible]	[illegible]	[illegible]	[illegible]	[illegible]	[illegible]	[illegible]	[illegible]	[illegible]	[illegible]	[illegible]	[illegible]	[illegible]	0
王宏兴	1	1	1	1			1	1	1	1	1			1	1	1	1	1			1	1	1	1	1			1	1	1	0	0
艾清	1	1	1	1			1	1	1	1	1			1	1	1	1	1			1	1		1	1			1	1	1	0	0

=COUNTIF(B3:AE3,"PL")
=COUNTIF(B3:AE3,"SL")

图4-24

4.2.2节中统计请假天数的公式比较长，实际上使用通配符"*"为COUNTIF函数设置一个模糊匹配条件也可轻松统计出所有事由的请假天数。在AF3单元格中输入公式"=COUNTIF(B3:AE3,"*")"，然后向下填充即可，如图4-25所示。

AF3 =COUNTIF(B3:AE3,"*")

6月考勤表

姓名	1	2	3	4	5	6	7	8	9	10	11	12	13	14	15	16	17	18	19	20	21	22	23	24	25	26	27	28	29	30	请假
龙飘飘	1	1	1	SL			1	1	1	1	1			1	1	1	PL	PL	PL		1	1	1	1	1			1	1	1	4
张海梅	1	1	1	1			1	1	1	1	1			1	1	1	1	1	1		1	1	1	1	1			1	1	1	0
刘勇	1	1	1	1	1		1	1	1	1	1			1	1	1	1	1			1	1	1	1	1			SL	SL	SL	3
姜铭亮	1	1	1	1			1	1	1	1	PL			1	1	1		1			1	1	1	1	1			1	1	1	1
程磊	1	1	1	1	1		1	1	1	1	1	1		1	1	1	1	1	1		1	1	1	1	1	1		1	1	1	0
刘布衣	1	1	1	1			1	1	1	1	1			1	1	PL	1	1			1	1	1	1	1			1	1	1	1
常海龙	1	PL	1	1			1	1		1	1			1	1	1	1	1			1	1	1	SL	1			1	1	1	2
赵云	1	1	1	1	1		1	1	1	1	1	1		1	1	1	1	1	1		1	1	1	1	1			1	1	1	0
王宏兴	1	1	1	1			1	1	1	1	1			1	1	1	1	1			1	1	1	1	1			1	1	1	0
艾清	1	1	1	1			1	1	1	1	1			1	1	1	1	1			1	1		1	1			1	1	1	0

图4-25

为什么用一个“*”就能统计出所有请假天数呢?

“*”通配符表示任意个数的字符，用在这个公式中就表示条件为任意的文本字符，因此在指定的区域内，只要是包含文本字符的单元格就会被统计。

原来是这样，通配符的用处还真不小!

通配符在公式中确实很常用，这个考勤表中所有的请假事由都是两个字符，如果把公式改成“=COUNTIF(B3:AE3,"??")”也是成立的。

我明白了，“?”也是通配符，一个“?”是否表示任意的一个字符?

没错，孺子可教也!

4.2.4 单元格真空还是假空 COUNTIF 函数自有定夺 | COUNTIF

Excel中的空单元格分为三种：第一种是真空单元格；第二种是假空单元格；第三种是非真空单元格。三种空单元格的具体区别见表4-4。

表4-4

类型	区别
真空单元格	不包含任何内容
非真空单元格	表面看起来不包含内容，实则有内容。例如包含空格、不可见的数据、公式返回的不可见值等
假空单元格	包含返回空值的公式

使用COUNTBLANK函数只能统计真空单元格，在考勤表中统计休息天数时为了防止存在假空单元格造成统计结果错误，也可使用COUNTIF函数完成统计。

下面通过一个最简单的案例介绍几种COUNTIF函数统计各类空白单元格的方法。

A1:A7单元格区域看起来没有包含任何内容，而实际上这些单元格中有些是包含内容的，如图4-26所示。

统计这个单元格区域中空单元格的公式及统计结果见表4-5。

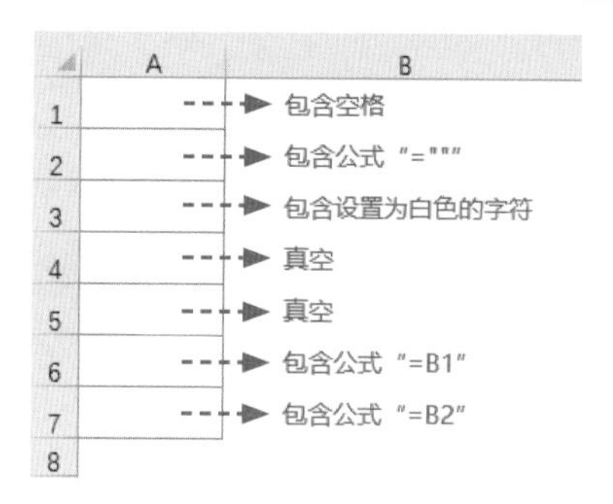

图4-26

表4-5

公式	统计结果	统计的单元格类型	哪些单元格被统计了
=COUNTBLANK(A1:A7)	4	真空及包含返回值为空值的单元格	A2、A4、A5、A7
=COUNTIF(A1:A7,"")	4	真空及包含返回值为空值的单元格	A2、A4、A5、A7
=COUNTIF(A1:A7,"=")	2	真空单元格	A4、A5
=COUNTIF(A1:A7,"<>")	5	非真空单元格	A1、A2、A3、A6、A7
=COUNTIF(A1:A7,"*")	4	除文本数值型数据外的非真空单元格	A1、A2、A6、A7
=COUNTIF(A1:A7,"?*")	2	包含空格或文本字符的单元格	A1、A6

4.2.5 统计指定月份满勤的人数 | COUNTIFS

COUNTIFS函数可以设置多个统计条件。下面将使用COUNTIFS函数统计5月份全勤的人数（假设5月份出勤天数满22天为全勤）。

在F2单元格中输入公式“=COUNTIFS(A2:A21,E2,C2:C21,">=22")”，公式输入完成后按下Enter键即可返回统计结果，如图4-27所示。

F2 =COUNTIFS(A2:A21,E2,C2:C21,">=22")

	A	B	C	D	E	F
1	月份	姓名	出勤天数		月份	全勤人数
2	5月	龙飘飘	21		5月	5
3	5月	张海梅	23			
6	5月	程磊	21			
7	5月	刘布衣	21			
8	5月	常海龙	20			
9	5月	赵云	23			
10	5月	王宏兴	22			
11	5月	艾清	21			
12	6月	龙飘飘	19			
13	6月	张海梅	23			
14	6月	刘勇	20			
15	6月	姜铭亮	20			
16	6月	程磊	26			
17	6月	刘布衣	21			
18	6月	常海龙	19			
19	6月	赵云	25			
20	6月	王宏兴	22			
21	6月	艾清	21			

=COUNTIFS(A2:A21,E2,C2:C21,">=22")

图4-27

公式解析

COUNTIFS 函数和 SUMIFS 函数的参数设置方法相似，只不过 SUMIFS 函数需要在第一参数位置设置一个实际求和区域，而 COUNTIFS 函数不需要。

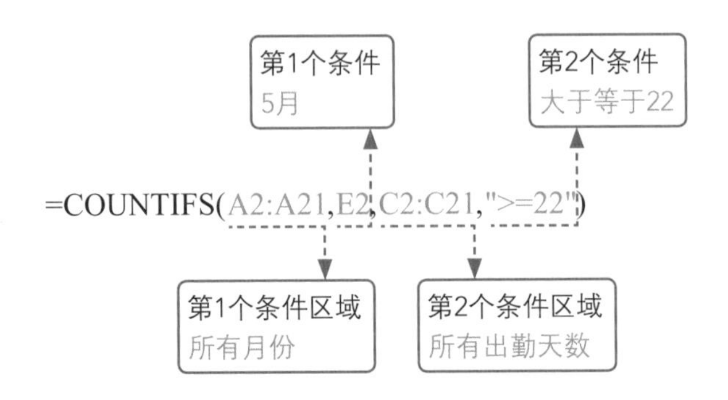

4.3 按条件统计平均值

工作中常用的平均值函数包括AVERAGE函数、AVERAGEA函数、AVERAGEIF函数和AVERAGEIFS函数等。其中AVERAGE函数和AVERAGEA函数的作用十分相似，其参数的设置方法也基本相同。下面对这两个函数做个对比，如图4-28所示。

AVERAGE

- **作用：** 计算所选区域中所有数字的平均值
- **语法格式：** =AVERAGE(❶数值1，❷数值2，…)
- **参数释义：** 至少设置一个参数，最多可设置255个参数
- **注意：**
- 该函数只计算区域中数值型数据的平均值，文本和逻辑值会被忽略
- 文本不能作为参数直接输入到公式中，否则会返回错误值

AVERAGEA

- **作用：** 计算区域中所有数据的平均值
- **语法格式：** =AVERAGEA(❶数值1，❷数值2，…)
- **参数释义：** 至少设置一个参数，最多可设置255个参数
- **注意：**
- 区域中所有类型的数据都会参与平均值计算。TRUE表示数字1，FALSE和文本型数据表示0
- 文本不能作为参数直接输入到公式中，否则会返回错误值

图4-28

4.3.1 计算平均奖金金额 | AVERAGEA，AVERAGE

如图4-29所示的工资表中只有销售部的员工是有奖金的，当计算平均奖金金额时有两种算法：一种是计算所有员工的平均奖金（使用AVERAGEA函数）；另一种是计算拥有奖金的员工的平均奖金金额（使用AVERAGE函数）。

I1 =AVERAGEA(E2:E16)

姓名	部门	基本工资	岗位津贴	奖金金额	实发工资
周子悦	财务部	¥4,500.00	¥540.00	/	¥5,040.00
李舒白	人事部	¥3,800.00	¥460.00	/	¥4,260.00
魏无羡	企划部	¥4,800.00	¥530.00	/	¥5,330.00
周博通	销售部	¥4,200.00	¥700.00	¥5,000.00	¥9,900.00
张朝阳	人事部	¥4,800.00	¥500.00	/	¥5,300.00
黄梓瑕	人事部	¥4,500.00	¥400.00	/	¥4,900.00
赵敏	财务部	¥4,800.00	¥620.00	/	¥5,420.00
任盈盈	销售部	¥3,800.00	¥520.00	¥4,300.00	¥8,620.00
张少侠	销售部	¥4,200.00	¥550.00	¥2,000.00	¥6,750.00
周子秦	财务部	¥5,000.00	¥450.00	/	¥5,450.00
秦狐	人事部	¥4,000.00	¥470.00	/	¥4,470.00
程昉	人事部	¥3,800.00	¥500.00	/	¥4,300.00
王玉燕	企划部	¥5,000.00	¥600.00	/	¥5,600.00
陈丹妮	销售部	¥4,200.00	¥500.00	¥3,600.00	¥8,300.00
叶白衣	企划部	¥5,800.00	¥630.00	/	¥6,430.00

所有员工的平均奖金金额	¥993.33
有奖金的员工的平均奖金金额	¥3,725.00

=AVERAGE(E2:E16)
只计算区域中数字的平均值

=AVERAGEA(E2:E16)
计算区域中所有数据的平均值

图4-29

通过在实际应用中的对比可以发现，这两个函数的区别仅仅在于，AVERAGE函数忽略逻辑值和文本，而AVERAGEA函数会将逻辑值TRUE看作数字1，将逻辑值FALSE和文本型数据看作数字0进行计算。

4.3.2 去除 0 值计算平均奖金金额 | AVERAGE

按照数据源的规范整理原则，没有奖金的单元格中应以数字0补齐，这种情况下，无论是用AVERAGE函数还是用AVERAGEA函数，其计算结果都是相同的。若要在计算平均值时去除0值可使用数组公式“=AVERAGE(IF(E2:E16<>0,E2:E16))”，如图4-30所示。

H2 {=AVERAGE(IF(E2:E16<>0,E2:E16))}

姓名	部门	基本工资	岗位津贴	奖金金额	实发工资
周子悦	财务部	¥4,500.00	¥540.00	¥0.00	¥5,040.00
李舒白	人事部	¥3,800.00	¥460.00	¥0.00	¥4,260.00
魏无羡	企划部	¥4,800.00	¥530.0		
周博通	销售部	¥4,200.00	¥700.0		
张朝阳	人事部	¥4,800.00	¥500.0		
黄梓瑕	人事部	¥4,500.00	¥400.0		
赵敏	财务部	¥4,800.00	¥620.00		
任盈盈	销售部	¥3,800.00	¥520.00	¥4,300.00	¥8,620.00
张少侠	销售部	¥4,200.00	¥550.00	¥2,000.00	¥6,750.00
周子秦	财务部	¥5,000.00	¥450.00	¥0.00	¥5,450.00
秦狐	人事部	¥4,000.00	¥470.00	¥0.00	¥4,470.00
程昉	人事部	¥3,800.00	¥500.00	¥0.00	¥4,300.00
王玉燕	企划部	¥5,000.00	¥600.00	¥0.00	¥5,600.00
陈丹妮	销售部	¥4,200.00	¥500.00	¥3,600.00	¥8,300.00
叶白衣	企划部	¥5,800.00	¥630.00	¥0.00	¥6,430.00

去除0值计算平均奖金金额
¥3,725.00

数组公式必须按Ctrl+Shift+Enter
组合键返回结果

图4-30

公式解析

数组公式的优势为可以一次性对一组数据进行计算。该数组公式使用"IF(E2:E16<>0,E2:E16)"判断"E2:E16"单元格区域中哪些值不为0，不为0的值将返回单元格中本身的值，否则返回逻辑值FALSE。而AVERAGE函数则会忽略逻辑值，只对数字进行计算。

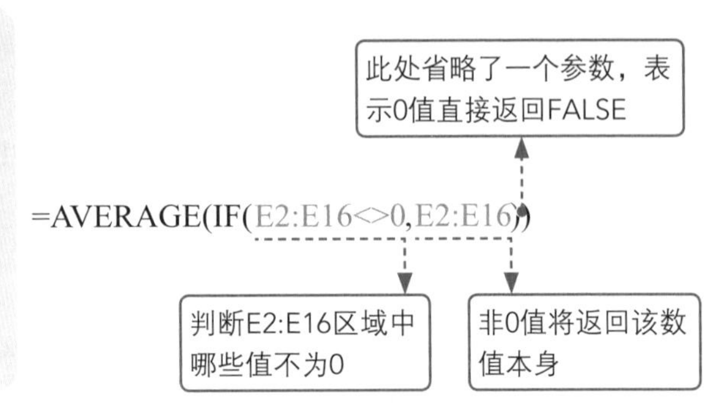

我觉得数组公式好难理解。

初学者确实不太好理解。我给你解释一下数组公式的运算原理。

请赐教。

数组分为一维数组和二维数组两种类型。可以将"维"理解成"方向"，一维数组就是一个方向上的数组，二维数组就是两个方向上的数组。

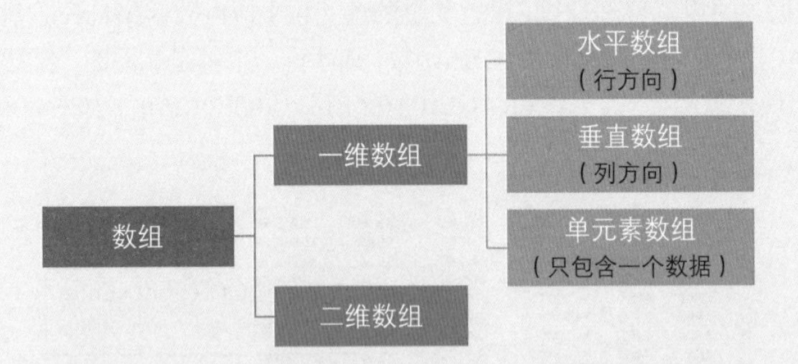

数组必须写在花括号中。水平数组用逗号（，）分隔每个数；垂直数组用分号（；）分隔每个数。

可以举例说明一下吗？文字描述不直观。

好的，可以观察下面这份表格中4个区域内的数据用数组是如何表示的。

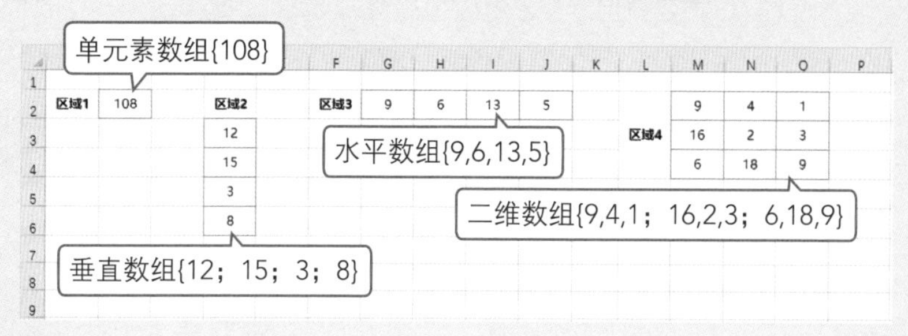

我理解数组的表现方式了。那数组之间的运算规律是怎样的？

数组的运算分为多种情况。用文字解释比较麻烦，我给你一张表格，如果你把这张表格研究明白了，那数组公式的运算原理也就基本能理解了。

数组之间的运算	运算规律	示例	数组运算过程
单元素数组与其他数组的运算	单值与其他数组中的值依次进行运算	=SUM({2,5,3}*{5})	=SUM({10,25,15})
同方向的一维数组运算	两个数组中同位置元素一一对应运算	=SUM({2,4,3,8}*{1,2,1,0})	=SUM({2,8,3,0})
不同方向的一维数组运算	垂直数组中的每一个元素依次与水平数组中的每一个元素进行运算	=SUM({1,3,5}*{1;2;0})	=SUM({1,3,5;2,6,10;0,0,0})
水平数组与二维数组之间的运算	水平数组与二维数组中的每一行数据进行同位置元素一一对应运算	=SUM({1,2}*{0,1;2,2})	=SUM({0,2;2,4})
垂直数组与二维数组之间的运算	垂直数组的每一个元素依次与二维数组各行中的每一个元素进行运算	=SUM({2;0;3}*{1,1;2,2;3,3})	=SUM({2,2;0,0;9,9})
二维数组之间的运算	同位置的元素进行一对一运算	=SUM({1,2,3;1,1,1}*{2,2,2;1,2,3})	=SUM({2,4,6;1,2,3})

那我好好研究这个表格。

对了，最后提醒你一下，进行运算的两个数组的尺寸必须相同，存在差异的位置会返回错误值。例如{2;3}*{1;2;3}，其运算结果是{2;6;#N/A}。

4.3.3 计算指定部门员工的平均工资 | AVERAGEIF

除了基本的求平均值计算，Excel也包含能够根据指定条件计算平均值的函数，下面介绍AVERAGEIF函数的使用方法。

AVERAGEIF函数是单条件求平均值函数。该函数有三个参数，语法格式如下：

=AVERAGEIF(❶条件区域，❷条件，❸求平均值区域)

参数说明：第一和第二参数为必要参数，不可忽略。当条件区域和实际求平均值区域相同时可忽略第三个参数。AVERAGEIF函数会忽略区域中的逻辑值和文本型数据。

如图4-31所示的工资表中包含了多个部门的工资信息，现使用AVERAGEIF函数计算“财务部”所有员工的平均工资。在H2单元格中输入公式“=AVERAGEIF(B2:B16,"财务部",F2:F16)”，随后按Enter键返回计算结果。

H2 =AVERAGEIF(B2:B16,"财务部",F2:F16)

	A	B	C	D	E	F	G	H
1	姓名	部门	基本工资	岗位津贴	奖金金额	实发工资		财务部平均工资
2	周子悦	财务部	¥4,500.00	¥540.00	¥0.00	¥5,040.00		¥5,303.33
3	李舒白	人事部	¥3,800.00	¥460.00	¥0.00	¥4,260.00		
4	魏无羡	企划部	¥4,800.00	¥530.00	¥0.00	¥5,330.00		
5	周博通	销售部	¥4,200.00	¥700.00	¥5,000.00	¥9,900.00		
6	张朝阳	人事部	¥4,800.00	¥500.00	¥0.00	¥5,300.00		
7	黄梓瑕	人事部	¥4,500.00	¥400.00	¥0.00	¥4,900.00		
8	赵敏	财务部	¥4,800.00	¥620.00	¥0.00	¥5,420.00		
9	任盈盈	销售部	¥3,800.00	¥520.00	¥4,300.00	¥8,620.00		
10	张少侠	销售部	¥4,200.00	¥550.00	¥2,000.00	¥6,750.00		
11	周子秦	财务部	¥5,000.00	¥450.00	¥0.00	¥5,450.00		
12	秦狐	人事部	¥4,000.00	¥470.00	¥0.00	¥4,470.00		
13	程昉	人事部	¥3,800.00	¥500.00	¥0.00	¥4,300.00		
14	王玉燕	企划部	¥5,000.00	¥600.00	¥0.00	¥5,600.00		
15	陈丹妮	销售部	¥4,200.00	¥500.00	¥3,600.00	¥8,300.00		
16	叶白衣	企划部	¥5,800.00	¥630.00	¥0.00	¥6,430.00		

图4-31

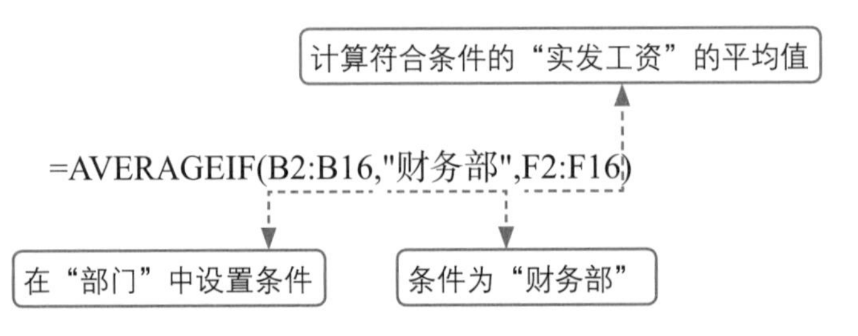

现学现用

学习了AVERAGEIF函数后再来计算4.3.2节中去除0值的平均奖金金额就简单多了。条件参数可设置成“>0”或“<>0”，且可省略实际求和区域。

公式1：

=AVERAGEIF(E2:E16,">0")

公式2：

=AVERAGEIF(E2:E16,"<>0")

4.3.4 计算人事部 30 岁以下员工平均工资 | AVERAGEIFS

▶扫一扫 看视频◀

根据多组条件求平均值时可使用AVERAGEIFS函数。下面先简单了解该函数的基本情况。

AVERAGEIFS函数的作用是根据多个条件计算指定区域内数据的平均值。语法格式如下：

=AVERAGEIFS(❶进行平均值计算的单元格区域，❷第一个条件区域，❸第一个条件，❹第二个条件区域，❺第二个条件，…)

参数说明： AVERAGEIFS函数需要在第一参数位置指定实际的计算区域，最多可设置127组条件。该函数和SUMIFS函数（多条件求和函数）的参数设置方法几乎相同。

若要在如图4-32所示的工资表中统计人事部30岁以下员工的平均实发工资，可以先使用DATEDIF[1]函数根据出生日期计算出员工的实际年龄，然后在G18单元格中输入公式“=AVERAGEIFS(H2:H16,B2:B16,"人事部",D2:D16,"<30")”计算出最终结果。

H18 =AVERAGEIFS(H2:H16,B2:B16,"人事部",D2:D16,"<30")

	A	B	C	D	E	F	G	H
1	姓名	部门	出生日期	年龄	基本工资	岗位津贴	奖金金额	实发工资
2	周子悦	财务部	1980/12/3	40				00
3	李舒白	人事部	1995/3/12	26				00
4	魏无羡	企划部	1993/5/2	28	¥4,800.00	¥530.00	¥0.00	¥5,330.00
5	周博通	销售部	1987/10/28	33	¥4,200.00	¥700.00	¥5,000.00	¥9,900.00
6	张朝阳	人事部	1997/3/20	24	¥4,800.00	¥500.00	¥0.00	¥5,300.00
7	黄梓瑕	人事部	1979/9/15	41	¥4,500.00	¥400.00	¥0.00	¥4,900.00
8	赵敏	财务部	1988/11/12	32	¥4,800.00	¥620.00	¥0.00	¥5,420.00
9	任盈盈	销售部	1999/6/7	21	¥3,800.00	¥520.00	¥4,300.00	¥8,620.00
10	张少侠	销售部	1996/8/20	24	¥4,200.00	¥550.00	¥2,000.00	¥6,750.00
11	周子秦	财务部	1973/6/12	47	¥5,000.0			
12	秦狐	人事部	1990/12/6	30	¥4,000.0			
13	程昉	人事部	1995/5/19	26	¥3,800.0			
14	王玉燕	企划部	1998/7/7	22	¥5,000.0			
15	陈丹妮	销售部	1980/9/3	40	¥4,200.0			
16	叶白衣	企划部	1984/1/1	37	¥5,800.0			
17								
18						人事部30岁以下员工平均工资		¥4,620.00
19								

=DATEDIF(C2,TODAY(),"Y")

=AVERAGEIFS(H2:H16,B2:B16,"人事部",D2:D16,"<30")

图4-32

[1] DATEDIF 函数的使用方法可查阅 3.4.3 节。

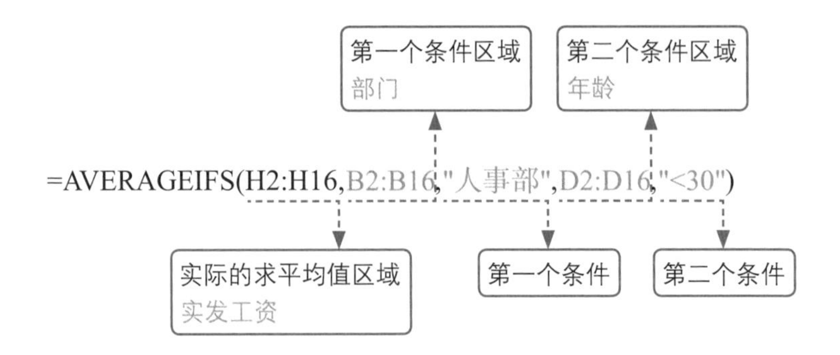

4.3.5 计算 30 ~ 40 岁之间员工的平均基本工资 |AVERAGEIFS

使用AVERAGEIFS函数统计年龄在30~40岁之间的所有员工的平均基本工资时，可以为“年龄”区域设置两个条件。在G2单元格中输入公式“=AVERAGEIFS(E2:E16,D2:D16,">=30",D2:D16,"<=40")”，按下Enter键后即可得到计算结果，如图4-33所示。

G2 =AVERAGEIFS(E2:E16,D2:D16,">=30",D2:D16,"<=40")

	A	B	C	D	E	F	G
1	姓名	部门	出生日期	年龄	基本工资		30-40岁员工的平均基本工资
2	周子悦	财务部	1980/12/3	40	¥4,500.00		¥4,583.33
3	李[illegible]	[illegible]	[illegible]	[illegible]	[illegible]		
4	魏[illegible]	[illegible]	[illegible]	[illegible]	[illegible]		
5	周[illegible]	[illegible]	[illegible]	[illegible]	[illegible]		
6	张[illegible]	[illegible]	[illegible]	[illegible]	[illegible]		
7	黄梓瑕	人事部	1979/9/15	41	¥4,500.00		
8	赵敏	财务部	1988/11/12	32	¥4,800.00		
9	任盈盈	销售部	1999/6/7	21	¥3,800.00		
10	张少侠	销售部	1996/8/20	24	¥4,200.00		
11	周子秦	财务部	1973/6/12	47	¥5,000.00		
12	秦狐	人事部	1990/12/6	30	¥4,000.00		
13	程昉	人事部	1995/5/19	26	¥3,800.00		
14	王玉燕	企划部	1998/7/7	22	¥5,000.00		
15	陈丹妮	销售部	1980/9/3	40	¥4,200.00		
16	叶白衣	企划部	1984/1/1	37	¥5,800.00		

=AVERAGEIFS(E2:E16,D2:D16,">=30",D2:D16,"<=40")
计算大于等于30岁，小于等于40岁的平均基本工资

图4-33

4.3.6 统计基本工资低于平均值的人数 | COUNTIF，AVERAGE

可以使用COUNTIF函数（条件统计函数）和AVERAGE函数（基本求平均值函数）相嵌套统计基本工资低于平均值的人数。在G2单元格中输入公式“=COUNTIF(E2:E16,">"&AVERAGE(E2:E16))”，公式输入完成后按Enter键进行确认，如图4-34所示。

G2 =COUNTIF(E2:E16,">"&AVERAGE(E2:E16))

	A	B	C	D	E	F	G
1	姓名	部门	出生日期	年龄	基本工资		基本工资低于平均值的人数
2	周子悦	财务部	1980/12/3	40	¥4,500.00		8
3	李舒白	人事部	1995/3/12	26	¥3,800.00		
4	魏无羡	企划部	1993/5/2	28	¥4,800.00		
5	周博通	销售部	1987/10/28	33	¥4,200.00		
6	张朝阳	人事部	1997/3/20	24	¥4,800.00		
7	黄梓瑕	人事部	1979/9/15	41	¥4,500.00		
8	赵敏	财务部	1988/11/12	32	¥4,800.00		
9	任盈盈	销售部	1999/6/7	21	¥3,800.00		
10	张少侠	销售部	1996/8/20	24	¥4,200.00		
11	周子秦	财务部	1973/6/12	47	¥5,000.00		
12	秦狐	人事部	1990/12/6	30	¥4,000.00		
13	程昉	人事部	1995/5/19	26	¥3,800.00		
14	王玉燕	企划部	1998/7/7	22	¥5,000.00		
15	陈丹妮	销售部	1980/9/3	40	¥4,200.00		
16	叶白衣	企划部	1984/1/1	37	¥5,800.00		

图4-34

公式解析

这个公式中用“AVERAGE(E2:E16)”计算出所有员工的平均工资，然后通过连接符“&”与大于号“>”连接构成COUNTIF函数的条件参数。

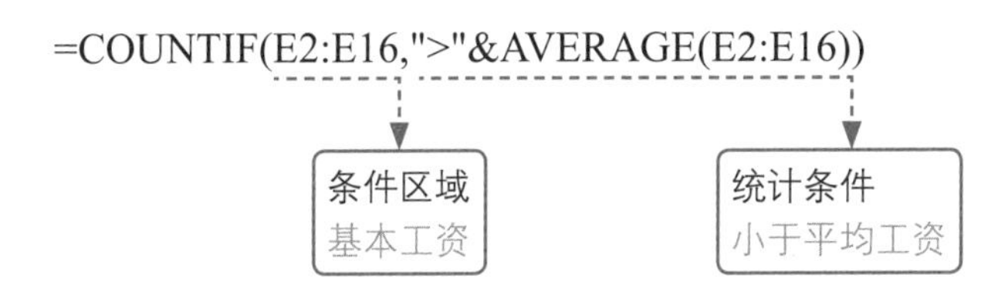

4.4 迅速统计最大值或最小值

在进行数据分析时经常遇到提取最大值或最小值的情况，例如从销售数据中提取最高销售额和最低销售额，从成绩表中提取最高分和最低分等。

在Excel中提取最大值或最小值的方法非常多，比较常规的操作方法有排序、筛选、条件格式等，当然也有专门用于提取最大值和最小值的函数，即MAX函数和MIN函数。

MAX函数和MIN函数的使用方法基本相同。下面介绍这两个函数的作用及语法格式，如图4-35所示。

MAX

- **作用：**提取一组数中的最大值
- **语法格式：**=MAX(❶数值1，❷数值2，…)
- **参数释义：**MAX函数最多可设置255个参数，参数类型可以是数字、名称、引用等。区域中的逻辑值和文本型数据会被忽略

MIN

- **作用：**提取一组数中的最小值
- **语法格式：**=MIN(❶数值1，❷数值2，…)
- **参数释义：**MIN函数最多可设置255个参数，参数类型可以是数字、名称、引用等。区域中的逻辑值和文本型数据会被忽略

图4-35

4.4.1 提取报价单中的最高和最低金额 | MAX

MAX和MIN函数的基本用法很简单，下面将从装修报价单中提取最高和最低的合价。在I2单元格中输入公式“=MIN (F2:F19)”，提取合价中的最小值，在I1单元格中输入公式“=MAX (F2:F19)”，提取合价中的最大值，如图4-36所示。

	A	B	C	D	E	F	G	H	I
1	编号	工程名称	单位	数量	单价	合价		最高的一笔合价	¥ 13,855.00
2	1	电位改位	位	9	104	¥ 936.00		最低的一笔合价	¥ 20.40
3	2	空调及其它专项布线	m	3	30	¥ 90.00			
4	3	房间吊灯安装	全包	4	495	¥ 1,980.00			
5	4	冷热给水管布置（暗装）	m	23	35	¥ 805.00			
6	5	排水管安装(D<=50)	m	4	35	¥ 140.00			
7	6	排水管安装(D<=75)	m	5	45	¥ 225.00			
8	7	排水管安装(D<=110)	m	4	65	¥ 260.00			
9	8	天花及墙体腻灰	m^2	105	16	¥ 1,680.00			
10	9	乳胶漆饰面	m^2	105	11	¥ 1,155.00			
11	10	拆瓷片	m^2	30	5	¥ 150.00			
12	11	拆地砖	m^2	6.8	3	¥ 20.40			
13	12	瓷砖地板保护膜	m^2	35	8	¥ 280.00			
14	13	硅酸钙板天花刷外墙漆	m^2	85	163	¥ 13,855.00			
15	14	墙面贴贴瓷片	m^2	25	20	¥ 500.00			
16	15	铺地面砖	m^2	6.8	15	¥ 102.00			
17	16	卫生洁具卫浴安装	件	6	35	¥ 210.00			
18	17	沉箱处理	m^2	21	163	¥ 3,423.00			
19	18	地面墙面防水	m^2	28.8	40	¥ 1,152.00			

=MAX(F2:F19)
提取区域中的最大值

=MIN(F2:F19)
提取区域中的最小值

图4-36

MAX和MIN函数虽然可以忽略参数中的逻辑值、文本和空格，但是不会忽略错误值，当参数中包含错误值时公式会返回错误值，如图4-37所示。

I2 =MIN(F2:F19)

	A	B	C	D	E	F	G	H	I
1	编号	工程名称	单位	数量	单价	合价		最高的一笔合价	#VALUE!
2	1	电位改位	位	9	104	¥ 936.00		最低的一笔合价	#VALUE!
3	2	空调及其它专项布线	m	/	/	#VALUE!			
4	3	房间吊灯安装	全包	4	495	¥ 1,980.00			
5	4	冷热给水管布置（暗装）	m	23	35	¥ 805.00			
6	5	排水管安装(D<=50)	m	4	35	¥ 140.00			
7	6	排水管安装(D<=75)	m	5	45	¥ 225.00			

图4-37

4.4.2 统计旅行团中女性的最大年龄 | MAX

用MAX或MIN函数统计指定区域中的最大值或最小值确实很容易。根据某些特定的条件提取最大或最小值应该如何编写公式？假设现在需要统计某旅行团中女性的最大年龄，在这个题目中就多了一个条件“女性”。下面先用MAX函数创建一个数组公式，然后再对公式进行详细分析。

在F2单元格中输入公式“=MAX((C2:C12="女")*D2:D12)”，接着按Ctrl+Shift+Enter组合键返回计算结果，如图4-38所示。

F2 {=MAX((C2:C12="女")*D2:D12)}

	A	B	C	D	E	F	G
1	类型	姓名	性别	年龄		女性的最大年龄	
2	乌镇1日游	范慎	男	25		55	
3	乌镇1日游	赵凯歌	男				
4	乌镇1日游	王美丽	女				
5	乌镇1日游	薛珍珠	女	55			
6	乌镇1日游	林玉涛	男	32			
7	乌镇1日游	丽萍	女	49			
8	乌镇1日游	许仙	男	60			
9	乌镇1日游	白素贞	女	37			
10	乌镇1日游	小清	女	31			
11	乌镇1日游	黛玉	女	22			
12	乌镇1日游	范思哲	男	26			

=MAX((C2:C12="女")*D2:D12)

图4-38

公式解析

本例中的公式先用 C2:C12=" 女 " 判断“性别”区域中哪些单元格内包含“女”，得到一个由逻辑值 TRUE 和 FALSE 组成的数组，即由 1 和 0 组成的数组。然后将这个数组乘以 D2:D12 区域中的“年龄”。这个过程可以理解成“1× 女性年龄”，“0× 男性年龄”。最终得到一个由所有女性年龄和 0 值组成的数组。最后用 MAX 函数从中提取最大值。

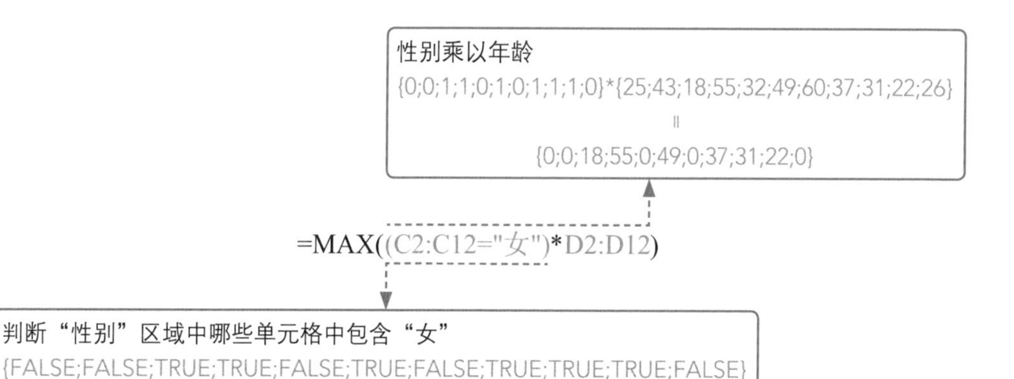

4.4.3 根据出库记录统计单日最高出库数量 | MAX，SUMIF

在如图4-39所示的出库记录表中每天有多种产品出库，且出库数量不同。若要计算一天内最高的出库数量可以使用数组公式“=MAX(SUMIF(A2:A12,A2:A12,C2:C12))”。

E2 {=MAX(SUMIF(A2:A12,A2:A12,C2:C12))}

	A	B	C	D	E	F
1	日期	产品名称	出库数量		单日最高出库量	
2	2021/7/1	法式碎花连衣裙	12		90	
3	2021/7/1	OL时装两件套	[illegible]			
4	2021/7/1	优雅桑蚕丝吊带衫	[illegible]			
5	2021/7/1	大码冰丝阔腿裤	[illegible]			
6	2021/7/2	小香风短裙套装	3			
7	2021/7/2	明星同款水晶凉鞋	16			
8	2021/7/2	OL时装两件套	12			
9	2021/7/3	坠珍珠牛仔喇叭裤	20			
10	2021/7/3	蝴蝶结雪纺衬衫	15			
11	2021/7/3	法式碎花连衣裙	30			
12	2021/7/3	欧根纱泡泡袖T恤	25			

=MAX(SUMIF(A2:A12,A2:A12,C2:C12))

图4-39

公式解析

本例的数组公式先利用SUMIF(单条件求和函数)汇总每一天的出库数量,生成一个内存数组。然后通过 MAX 函数提取最大值,从而获得单日最高的出库数量。

=MAX(SUMIF(A2:A12,A2:A12,C2:C12))

汇总每日出库数量
{51;51;51;51;31;31;31;90;90;90;90}
每日出库数量出现多次重复，但并不影响MAX函数提取最大值

若需要对数组公式进行修改或编辑，编辑完成后要再次按Ctrl+Shift+Enter组合键返回结果。

4.4.4 统计投票选举中最高得票数和最低得票数

假设在投票选举中一人可投三票，现需根据投票记录统计最高得票数和最低得票数。

这个问题也可使用数组公式解决。在F2单元格中输入数组公式“=MAX(COUNTIF(B2:D7,B2:D7))”，随后按下Ctrl+Shift+Enter组合键，计算出最高得票数。在G2单元格中输入数组公式“=MIN(COUNTIF(B2:D7,B2:D7))”，按下Ctrl+Shift+Enter组合键统计出最低得票数，如图4-40所示。

G2 {=MIN(COUNTIF(B2:D7,B2:D7))}

	A	B	C	D	E	F	G	H
1	投票者	第一票	第二票	第三篇		最高得票数	最低得票数	
2	章某	王科长	张科长	郑老师		6	1	
3	王某	李主任	[illegible]	[illegible]				
4	赵某	张科长	[illegible]	[illegible]				
5	刘某	李教授	郑老师	李教授				
6	李某	刘主任	王科长	郑老师				
7	某钱	郑老师	张科长	张科长				

=MAX(COUNTIF(B2:D7,B2:D7))

图4-40

公式解析

本例公式使用 COUNTIF 函数计算出每位参选者的得票数量，然后用 MAX 或 MIN 函数提取最大值或最小值。

当投票者只投了一票或两票时，区域中会出现空白单元格，统计最低得票数的公式就不再适用了。这时可以在数组公式中嵌套一个IF函数，将空白单元格转换成逻辑值FALSE，MIN函数便会忽略这些逻辑值，如图4-41所示。

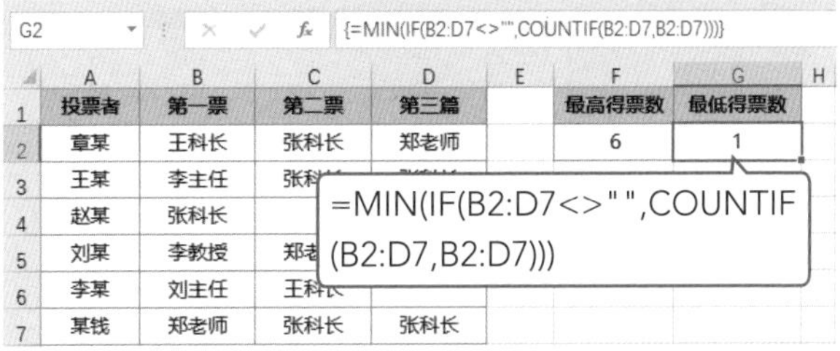

G2 {=MIN(IF(B2:D7<>"",COUNTIF(B2:D7,B2:D7)))}

	A	B	C	D	E	F	G
1	投票者	第一票	第二票	第三篇		最高得票数	最低得票数
2	章某	王科长	张科长	郑老师		6	1
3	王某	李主任	张科[illegible]	[illegible]			
4	赵某	张科长					
5	刘某	李教授	郑老[illegible]	[illegible]			
6	李某	刘主任	王科长				
7	某钱	郑老师	张科长	张科长			

=MIN(IF(B2:D7<>" ",COUNTIF(B2:D7,B2:D7)))

图4-41

4.4.5 统计去除最高分和最低分的平均分成绩

在各种竞赛中，为了保证评委评分的公平公正，一般会去除最高分和最低分再取剩余分数的平均值作为最终成绩。

在Excel中完成上述方式的统计有很多方法，其中公式的编写方法就不止一种，本节主要讲解利用MAX和MIN函数编写公式统计最终成绩。在H2单元格中输入公式"=(SUM(B2:G2)−MAX(B2:G2)−MIN(B2:G2))/(COUNT(B2:G2)−2)"，然后将公式向下填充即可计算出最终成绩，如图4-42所示。

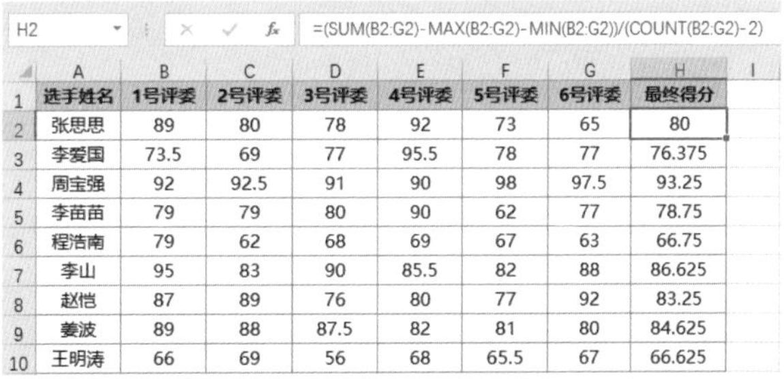

H2 =(SUM(B2:G2)-MAX(B2:G2)-MIN(B2:G2))/(COUNT(B2:G2)-2)

	A	B	C	D	E	F	G	H
1	选手姓名	1号评委	2号评委	3号评委	4号评委	5号评委	6号评委	最终得分
2	张思思	89	80	78	92	73	65	80
3	李爱国	73.5	69	77	95.5	78	77	76.375
4	周宝强	92	92.5	91	90	98	97.5	93.25
5	李苗苗	79	79	80	90	62	77	78.75
6	程浩南	79	62	68	69	67	63	66.75
7	李山	95	83	90	85.5	82	88	86.625
8	赵恺	87	89	76	80	77	92	83.25
9	姜波	89	88	87.5	82	81	80	84.625
10	王明涛	66	69	56	68	65.5	67	66.625

图4-42

公式解析

这个公式虽然很长，但只进行了一次普通的四则运算。可以理解为"**（总分数−一个最高分−一个最低分）/（所有评委人数−2）**"。

按照这个思路，将 MAX 函数替换成 LARGE 函数，将 MIN 函数替换成 SMALL 函数，其计算结果是相同的。具体公式如下：

=(SUM(B2:G2) − LARGE(B2:G2,1) − SMALL(B2:G2,1))/(COUNT(B2:G2) − 2)

LARGE 可计算一组数中的第 *K* 个最大值，SMALL 函数的作用和 LARGE 函数相反，**用于提取一组数中的第 *K* 个最小值**。

除此之外，Excel中还包含一个专门用于计算修剪平均值的函数**TRIMMEAN**。在H2单元格中输入公式“=TRIMMEAN(B2:G2,2/COUNT(B2:G2))”，然后将公式向下方填充也可得到正确的计算结果，如图4-43所示。

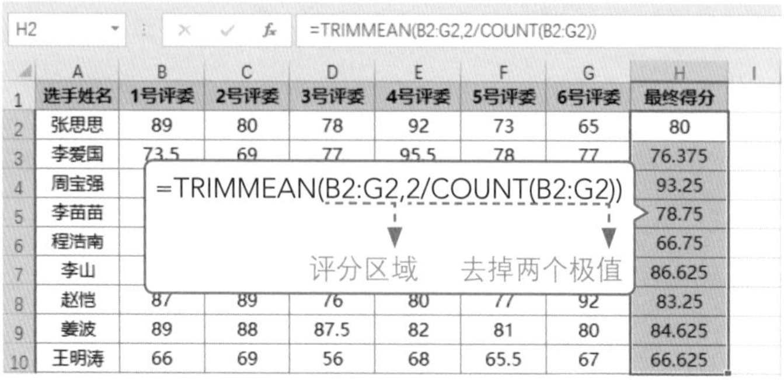

H2 =TRIMMEAN(B2:G2,2/COUNT(B2:G2))

	A	B	C	D	E	F	G	H
1	选手姓名	1号评委	2号评委	3号评委	4号评委	5号评委	6号评委	最终得分
2	张思思	89	80	78	92	73	65	80
3	李爱国	73.5	69	77	95.5	78	77	76.375
4	周宝强							93.25
5	李苗苗							78.75
6	程浩南							66.75
7	李山							86.625
8	赵恺	87	89	76	80	77	92	83.25
9	姜波	89	88	87.5	82	81	80	84.625
10	王明涛	66	69	56	68	65.5	67	66.625

=TRIMMEAN(B2:G2,2/COUNT(B2:G2))
评分区域　去掉两个极值

图4-43

TRIMMEAN函数的作用是去掉一组数的最大值和最小值并计算其平均值。

TRIMMEAN函数有两个参数，语法格式如下：

=TRIMMEAN(❶数据区域, ❷要去除的极值比例)

参数说明：

- **参数1：**需要去除极值并进行平均值计算的区域。
- **参数2：**类型有些特殊，它是一个分数，分子表示要去掉的最大值和最小值个数，分母表示区域中包含的数据总个数。

4.4.6 根据服务态度好评率计算奖金

公司规定按照服务态度好评率为客服人员发放奖金。若好评率大于等于90%，则按好评率乘以1000发放奖金；若好评率低于90%，则发放500元奖金。

本例可使用MIN函数编写公式，在C2单元格中输入公式“=MIN(B2,1*(B2>=90%)+0.5)*1000”，然后将公式向下方填充即可根据好评率计算出所有员工的奖金，如图4-44所示。

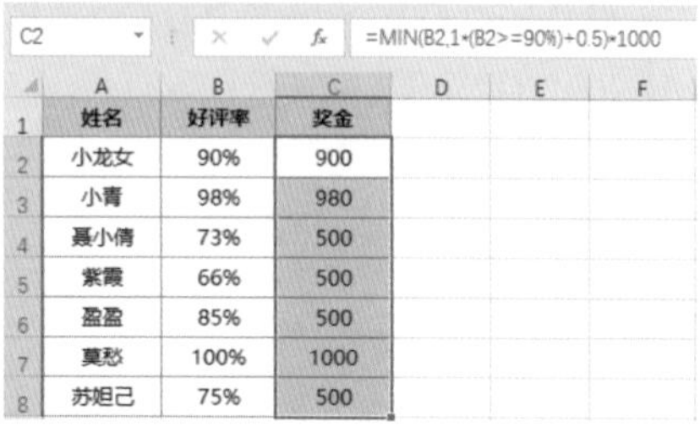

C2 =MIN(B2,1*(B2>=90%)+0.5)*1000

	A	B	C	D	E	F
1	姓名	好评率	奖金			
2	小龙女	90%	900			
3	小青	98%	980			
4	聂小倩	73%	500			
5	紫霞	66%	500			
6	盈盈	85%	500			
7	莫愁	100%	1000			
8	苏妲己	75%	500			

图4-44

公式解析

本例的公式用 1*(B2>=90%)+0.5 判断好评率是否大于等于 90%，若好评率大于等于 90%，则返回 1*(TRUE)+0.5，否则返回 1*(FALSE)+0.5。进一步返回的结果是 1+0.5 或 0+0.5。最后 MIN 函数的两个参数都与 1000 相乘，返回结果取较小的值。

4.5 数据排名讲章法

本节主要介绍排名函数RANK的应用。RANK函数的作用是返回一组数字的数字排位。

该函数有3个参数，语法格式如下：

=RANK(❶需要排名的数字，❷数字所在区域，❸排序方式)

参数说明：

这里需要对第3个参数进行重点说明，RANK的排序方式有两种，当忽略第3个参数或将其设置为0时表示降序，当设置该参数为1或其他非零值时表示升序。

4.5.1 为比赛成绩排名 | RANK

▶扫一扫 看视频◀

比赛时要根据每位选手的最终成绩排出名次，这时可使用RANK函数。在I2单元格中输入公式“=RANK(H2,$H$2:$H$10)”，然后将公式向下方填充即可计算出所有选手最终得分的排名，如图4-45所示。

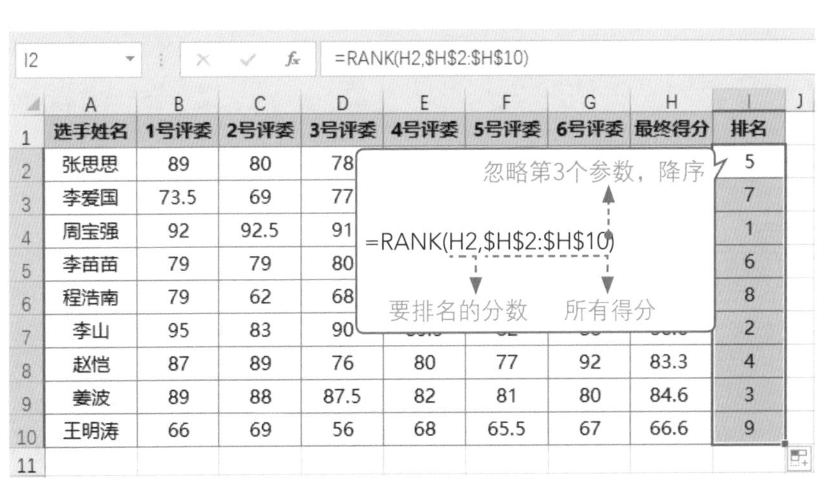

I2 =RANK(H2,$H$2:$H$10)

选手姓名	1号评委	2号评委	3号评委	4号评委	5号评委	6号评委	最终得分	排名
张思思	89	80	78					5
李爱国	73.5	69	77					7
周宝强	92	92.5	91					1
李苗苗	79	79	80					6
程浩南	79	62	68					8
李山	95	83	90					2
赵恺	87	89	76	80	77	92	83.3	4
姜波	89	88	87.5	82	81	80	84.6	3
王明涛	66	69	56	68	65.5	67	66.6	9

图4-45

经验之谈

使用RANK函数排名时，若数组区域中包含相同的数字，则其排名也是相同的，这个相同排名的下一个名次会保持空缺。例如有两个第3名，那么第4名就会保持空缺，下一个名次是第5名。

4.5.2 计算运动员在三个小组中的排名 | RANK

当需要排名的数据不在同一个区域时是否还能使用RANK函数？如果可以又该如何设置其参数？下面讲解该内容。

假设三个组的选手最终得分分别保存在B列、E列和H列，下面计算每个选手的最终得分在所有分数中的排名。

首先选中C2单元格，输入公式“=RANK(B2,($B$2:$B$10,$E$2:$E$10,$H$2:$H$10),0)”，然后将公式向下方填充得到一组选手的所有得分排名，如图4-46所示。

其次将C列中的任意一个公式复制到E2单元格中，再向下方填充公式，计算出二组所有选手的得分排名。

最后参照上一个步骤计算出三组选手的得分排名，如图4-47所示。

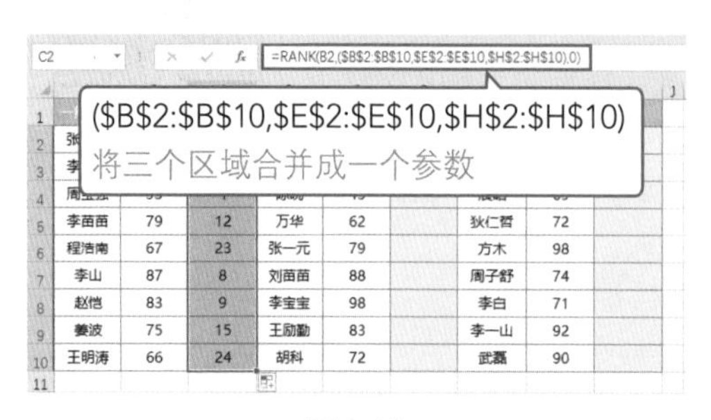

图4-46

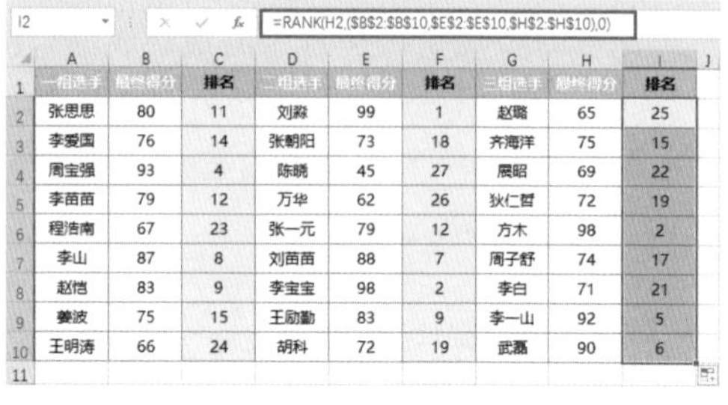

=RANK(H2,($B$2:$B$10,$E$2:$E$10,$H$2:$H$10),0)

一组选手	最终得分	排名	二组选手	最终得分	排名	三组选手	最终得分	排名
张思思	80	11	刘颖	99	1	赵鹏	65	25
李爱国	76	14	张朝阳	73	18	齐海洋	75	15
周宝强	93	4	陈晓	45	27	展昭	69	22
李苗苗	79	12	万华	62	26	狄仁哲	72	19
程浩南	67	23	张一元	79	12	方木	98	2
李山	87	8	刘苗苗	88	7	周子舒	74	17
赵恺	83	9	李宝宝	98	2	李白	71	21
姜波	75	15	王励勤	83	9	李一山	92	5
王明涛	66	24	胡科	72	19	武磊	90	6

图4-47

公式解析

本例的公式需要统计某个分数在三个区域中的排名，因此在设置第二个参数时，将这三个区域用括号括起来，表示三个区域合并成一个区域。最后再计算成绩在这个合并区域中的排名。

4.5.3 对比赛成绩进行中式排名

比较常见的排名方式包括美式排名和中式排名，先介绍美式排名和中式排名的区别，如图4-48所示。

美式排名出现相同名次时，并列成绩占用名次。例如有三个第5名，那么不存在第6和第7名，下一个名次直接是第8名

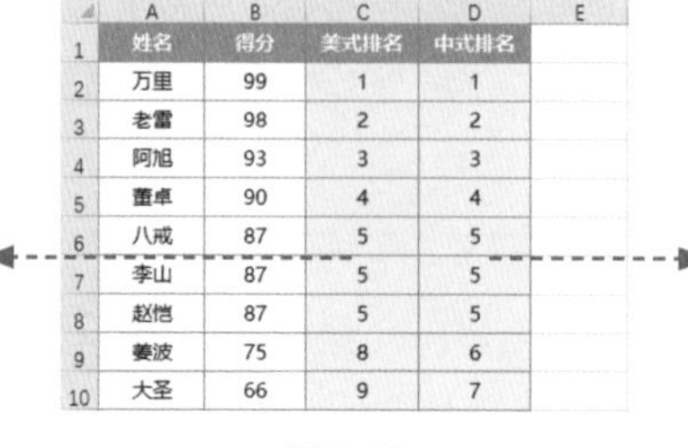

姓名	得分	美式排名	中式排名
万里	99	1	1
老雷	98	2	2
阿旭	93	3	3
董卓	90	4	4
八戒	87	5	5
李山	87	5	5
赵恺	87	5	5
姜波	75	8	6
大圣	66	9	7

中式排名出现相同名次时，并列成绩不占用名次。即使有三个第5名，下一个名次仍然是第6名

图4-48

美式排名可以使用RANK函数很轻松实现。而中式排名应该使用什么公式？

中式排名有多种可行的公式编写方案，利用前面学过的函数可在D1单元格中编写数组公式：=SUM(IF(B$2:B$10>=B2,1/COUNTIF(B$2:B$10,B$2:B$10)))

公式输入完成后按Ctrl+Shift+Enter组合键返回结果，然后向下填充公式即可，如图4-49所示。

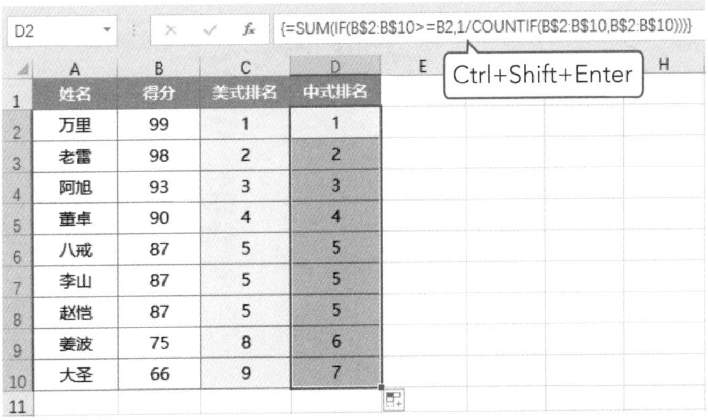

D2 {=SUM(IF(B$2:B$10>=B2,1/COUNTIF(B$2:B$10,B$2:B$10)))}

Ctrl+Shift+Enter

	A	B	C	D
1	姓名	得分	美式排名	中式排名
2	万里	99	1	1
3	老雷	98	2	2
4	阿旭	93	3	3
5	董卓	90	4	4
6	八戒	87	5	5
7	李山	87	5	5
8	赵恺	87	5	5
9	姜波	75	8	6
10	大圣	66	9	7

图4-49

公式解析

公式中的“(B$2:B$10>=B2,1/COUNTIF(B$2:B$10,B$2:B$10))”返回两个数组，其中“B$2:B$10>=B2”返回一组逻辑值，“1/COUNTIF(B$2:B$10,B$2:B$10)”返回一组固定的数字。然后利用IF函数将这两个数组进行计算返回一组包含数字和逻辑值FALSE的数组。再用SUM函数将数组中的数字相加得到最终结果。公式的求值过程如图4-50所示。

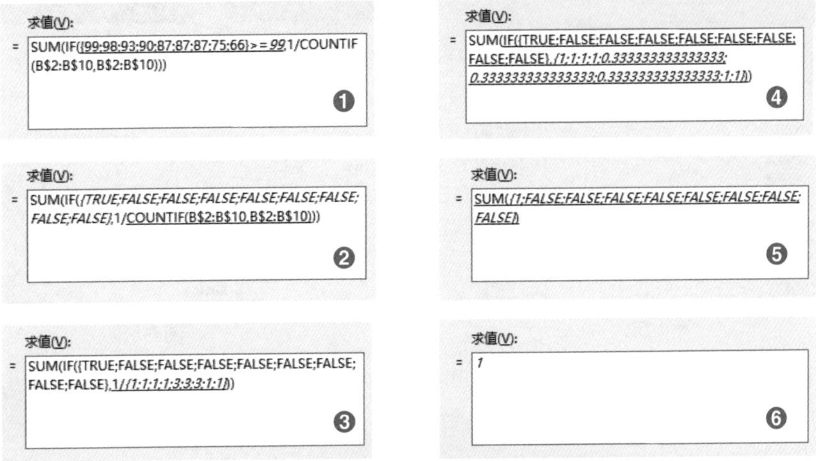

求值(V):
= SUM(IF({99;98;93;90;87;87;87;75;66}>=99,1/COUNTIF(B$2:B$10,B$2:B$10))) ❶

求值(V):
= SUM(IF({TRUE;FALSE;FALSE;FALSE;FALSE;FALSE;FALSE;FALSE;FALSE},1/COUNTIF(B$2:B$10,B$2:B$10))) ❷

求值(V):
= SUM(IF({TRUE;FALSE;FALSE;FALSE;FALSE;FALSE;FALSE;FALSE;FALSE},1/{1;1;1;1;3;3;3;1;1})) ❸

求值(V):
= SUM(IF({TRUE;FALSE;FALSE;FALSE;FALSE;FALSE;FALSE;FALSE;FALSE},{1;1;1;1;0.333333333333333;0.333333333333333;0.333333333333333;1;1})) ❹

求值(V):
= SUM({1;FALSE;FALSE;FALSE;FALSE;FALSE;FALSE;FALSE;FALSE}) ❺

求值(V):
= 1 ❻

图4-50

拓展练习　奶茶店销售数据统计分析

本章拓展练习将对某奶茶店的销售明细数据进行统计和分析。下面介绍具体案例，在这份案例中需要用公式计算出销售金额、销售总额、销售排名、商品种类、每个系列商品的销售总额和平均销售额等，如图4-51所示。

商品系列	商品名称	小杯		大杯		销售金额	销售排名
		单价	销售数量	单价	销售数量		
招牌奶茶	草莓奶茶	10	120	12	180		
招牌奶茶	珍珠奶茶	10	210	12	256		
招牌奶茶	可可奶茶	8	200	10	232		
招牌奶茶	鸳鸯奶茶	14	170	16	156		
招牌奶茶	丝袜奶茶	13	73	15	96		
鲜牛乳茶	木瓜牛乳茶	6	170	8	173		
鲜牛乳茶	柠檬牛乳茶	6	120	8	100		
鲜牛乳茶	珍珠牛乳茶	8	100	10	79		
鲜牛乳茶	可可牛乳茶	9	67	11	98		
鲜牛乳茶	桃柚牛乳茶	7	20	9	35		
鲜牛乳茶	百香果牛乳茶	10	72	12	63		
水果茶	金桔柠檬茶	8	180	10	245		
水果茶	金桔蜜柚茶	8	153	10	189		
水果茶	柠檬绿茶	6	112	8	110		
水果茶	柠檬大麦茶	6	111	8	150		
纯茶	英式红茶	7	20	9	31		
纯茶	英式早餐茶	7	15	9	12		
纯茶	珍珠伯爵茶	6	30	8	36		
纯茶	茉莉绿茶	6	30	8	20		
纯茶	乌龙茶	6	42	8	36		
纯茶	普洱茶	6	22	8	18		
咖啡	经典美式	13	42	15	56		
咖啡	卡布奇诺	16	65	18	73		
咖啡	咖啡拿铁	16	35	18	65		
冷饮	原味冰激凌			3	365		
冷饮	双色冰淇淋			6	210		
销售总额							

商品系列	商品种类	销售总额	平均销售额
招牌奶茶			
鲜牛乳茶			
水果茶			
纯茶			
咖啡			
冷饮			

项目	
商品系列数量	
销售总额前3名之和	
销售总额后3名之和	
最高销售数量	
最低销售数量	
鲜牛乳茶销售额大于2000的商品数量	
珍珠饮品合计销售金额	

图4-51

Step 01 选中G3单元格，输入公式“=C3*D3+E3*F3”，然后向下填充公式计算出所有商品的销售金额，如图4-52所示。

Step 02 选择G29单元格，打开“公式”选项卡，在“函数库”组中单击“自动求和”按钮，单元格中随即自动输入求和公式，对上方单元格中的值进行求和，按下Enter键即可统计出销售总额，如图4-53所示。

G3　=C3*D3+E3*F3

商品系列	商品名称	小杯		大杯		销售金额	销售排名
		单价	销售数量	单价	销售数量		
招牌奶茶	草莓奶茶	10	120	12	180	3,360.00	
招牌奶茶	珍珠奶茶	10	210	12	256	5,172.00	
招牌奶茶	可可奶茶	8	200	10	232	3,920.00	
招牌奶茶	鸳鸯奶茶	14	170	16	156	4,876.00	
招牌奶茶	丝袜奶茶	13	73	15	96	2,389.00	
鲜牛乳茶	木瓜牛乳茶	6	170	8	173	2,404.00	
鲜牛乳茶	柠檬牛乳茶	6	120	8	100	1,520.00	
鲜牛乳茶	珍珠牛乳茶	8	100	10	79	1,590.00	
鲜牛乳茶	可可牛乳茶	9	67	11	98	1,681.00	
鲜牛乳茶	桃柚牛乳茶	7	20	9	35	455.00	
鲜牛乳茶	百香果牛乳茶	10	72	12	63	1,476.00	
水果茶	金桔柠檬茶	8	180	10	245	3,890.00	
水果茶	金桔蜜柚茶	8	153	10	189	3,114.00	
水果茶	柠檬绿茶	6	112	8	110	1,552.00	

图4-52

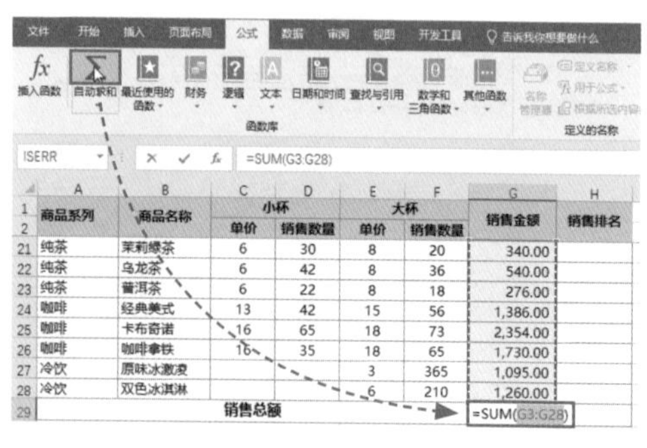

商品系列	商品名称	小杯		大杯		销售金额	销售排名
		单价	销售数量	单价	销售数量		
纯茶	茉莉绿茶	6	30	8	20	340.00	
纯茶	乌龙茶	6	42	8	36	540.00	
纯茶	普洱茶	6	22	8	18	276.00	
咖啡	经典美式	13	42	15	56	1,386.00	
咖啡	卡布奇诺	16	65	18	73	2,354.00	
咖啡	咖啡拿铁	16	35	18	65	1,730.00	
冷饮	原味冰激凌			3	365	1,095.00	
冷饮	双色冰淇淋			6	210	1,260.00	
销售总额						=SUM(G3:G28)	

图4-53

Step 03 选择H3单元格，输入公式“=RANK(G3,$G$3:$G$28)”，然后向下方填充公式，对所有商品的销售金额进行排名，如图4-54所示。

Step 04 选中K2单元格，输入公式“=COUNTIF($A$3:$A$28,J2)”，然后向下方填充公式，计算出每个系列包含的商品种类，如图4-55所示。

	A	B	C	D	E	F	G	H
1	商品系列	商品名称	小杯		大杯		销售金额	销售排名
2			单价	销售数量	单价	销售数量		
3	招牌奶茶	草莓奶茶	10	120	12	180	3,360.00	5
4	招牌奶茶	珍珠奶茶						1
5	招牌奶茶	可可奶茶						3
6	招牌奶茶	鸳鸯奶茶						2
7	招牌奶茶	丝袜奶茶	13	73	15	96	2,389.00	8
8	鲜牛乳茶	木瓜牛乳茶	6	170	8	173	2,404.00	7
9	鲜牛乳茶	柠檬牛乳茶	6	120	8	100	1,520.00	15
10	鲜牛乳茶	珍珠牛乳茶	8	100	10	79	1,590.00	13
11	鲜牛乳茶	可可牛乳茶	9	67	11	98	1,681.00	12
12	鲜牛乳茶	桃柚牛乳茶	7	20	9	35	455.00	22
13	鲜牛乳茶	百香果牛乳茶	10	72	12	63	1,476.00	16
14	水果茶	金桔柠檬茶	8	180	10	245	3,890.00	4
15	水果茶	金桔蜜柚茶	8	153	10	189	3,114.00	6
16	水果茶	柠檬绿茶	6	112	8	110	1,552.00	14
17	水果茶	柠檬大麦茶	6	111	8	150	1,866.00	10

图4-54

K2 =COUNTIF($A$3:$A$28,J2)

	A	G	H
1	商品系列	销售金额	销售排名
3	招牌奶茶	3,360.00	5
4	招牌奶茶	5,172.00	1
5	招牌奶茶	3,920.00	3
6	招牌奶茶	4,876.00	2
7	招牌奶茶	2,389.00	8
8	鲜牛乳茶	2,404.00	
9	鲜牛乳茶	1,520	
10	鲜牛乳茶	1,590	
11	鲜牛乳茶	1,681	
12	鲜牛乳茶	455.00	22
13	鲜牛乳茶	1,476.00	16
14	水果茶	3,890.00	4
15	水果茶	3,114.00	6
16	水果茶	1,552.00	14
17	水果茶	1,866.00	10

J	K	L	M
商品系列	商品种类	销售总额	平均销售额
招牌奶茶	5		
鲜牛乳茶	6		
水果茶	4		
纯茶	6		
咖啡	3		
冷饮	2		

销售总额后3名之和
最高销售数量
最低销售数量
鲜牛乳茶销售额大于2000的商品数量
珍珠饮品合计销售金额

=COUNTIF($A$3:$A$28,J2)

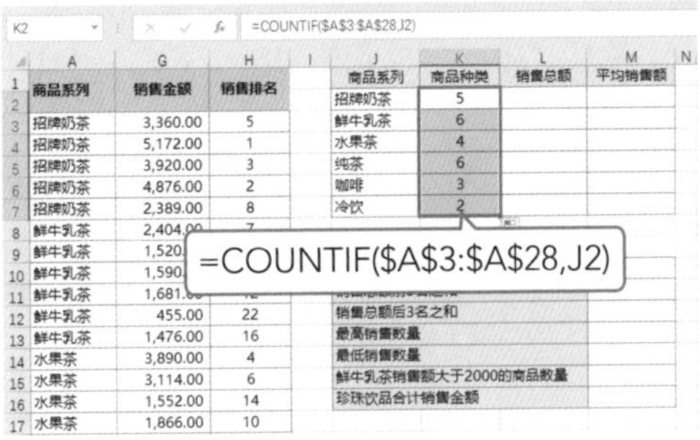

图4-55

Step 05 在L2单元格中输入公式“=SUMIF($A$3:$A$28,J2,$G$3:$G$28)”，随后向下方填充公式，计算出每个系列的销售总额，如图4-56所示。

Step 06 在M2单元格中输入公式“=AVERAGEIF($A$3:$A$28,J2,$G$3:$G$28)”，接着将公式向下方填充，即可计算出所有系列的平均销售额，如图4-57所示。

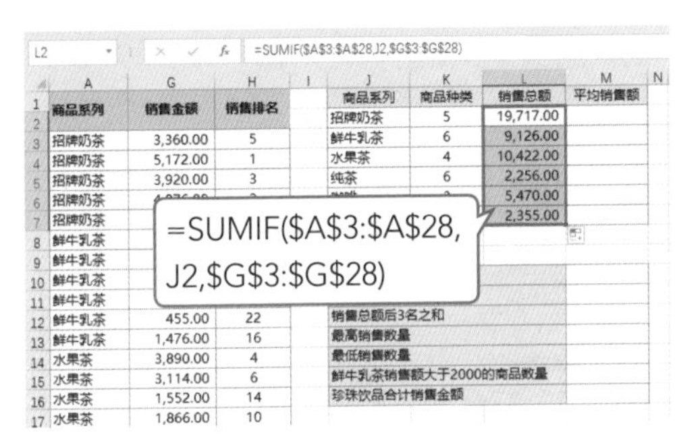

	A	G	H
1	商品系列	销售金额	销售排名
3	招牌奶茶	3,360.00	5
4	招牌奶茶	5,172.00	1
5	招牌奶茶	3,920.00	3
6	招牌奶茶		
7	招牌奶茶		
8	鲜牛乳茶		
9	鲜牛乳茶		
10	鲜牛乳茶		
11	鲜牛乳茶		
12	鲜牛乳茶	455.00	22
13	鲜牛乳茶	1,476.00	16
14	水果茶	3,890.00	4
15	水果茶	3,114.00	6
16	水果茶	1,552.00	14
17	水果茶	1,866.00	10

J	K	L	M
商品系列	商品种类	销售总额	平均销售额
招牌奶茶	5	19,717.00	
鲜牛乳茶	6	9,126.00	
水果茶	4	10,422.00	
纯茶	6	2,256.00	
		5,470.00	
		2,355.00	

销售总额后3名之和
最高销售数量
最低销售数量
鲜牛乳茶销售额大于2000的商品数量
珍珠饮品合计销售金额

图4-56

	A	G	H
1	商品系列	销售金额	销售排名
3	招牌奶茶	3,360.00	5
4	招牌奶茶	5,172.00	1
5	招牌奶茶	3,920.00	3
6	招牌奶茶	4,876.00	2
7	招牌奶茶	2,389.00	8
8	鲜牛乳茶	2,404.00	
9	鲜牛乳茶	1,520.00	
10	鲜牛乳茶	1,590.00	
11	鲜牛乳茶	1,681.00	
12	鲜牛乳茶	455.00	
13	鲜牛乳茶	1,476.00	
14	水果茶	3,890.00	4
15	水果茶	3,114.00	6
16	水果茶	1,552.00	14
17	水果茶	1,866.00	10

J	K	L	M
商品系列	商品种类	销售总额	平均销售额
招牌奶茶	5	19,717.00	3,943.40
鲜牛乳茶	6	9,126.00	1,521.00
水果茶	4	10,422.00	2,605.50
纯茶	6	2,256.00	376.00
咖啡	3	5,470.00	1,823.33
冷饮	2	2,355.00	1,177.50

最低销售数量
鲜牛乳茶销售额大于2000的商品数量
珍珠饮品合计销售金额

图4-57

Step 07 在M10单元格中输入公式“=SUMPRODUCT(1/COUNTIF(A3:A28,A3:A28))”，随后按下Enter键，计算出销售表中商品系列的数量，如图4-58所示。

Step 08 在M11单元格中输入公式“=SUM(LARGE(G3:G28,{1,2,3}))”，在M12单元格中输入公式“=SUM(SMALL(G3:G28,{1,2,3}))”，分别计算出销售总额前3名的总和及后3名的总和，如图4-59所示。

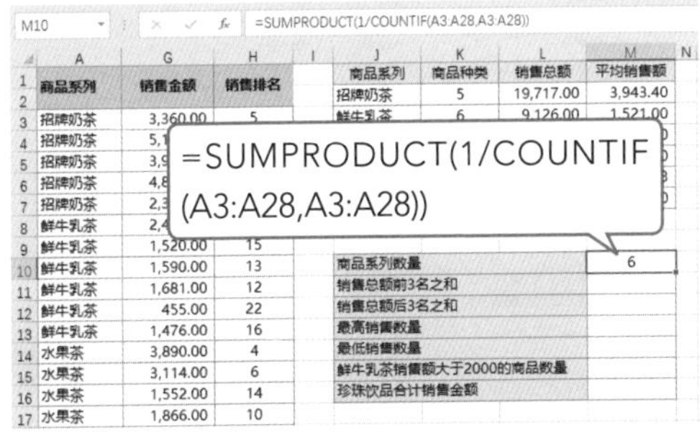

	A	G	H
1	商品系列	销售金额	销售排名
3	招牌奶茶	3,360.00	5
4	招牌奶茶		
5	招牌奶茶		
6	招牌奶茶		
7	招牌奶茶		
8	鲜牛乳茶		
9	鲜牛乳茶	1,520.00	15
10	鲜牛乳茶	1,590.00	13
11	鲜牛乳茶	1,681.00	12
12	鲜牛乳茶	455.00	22
13	鲜牛乳茶	1,476.00	16
14	水果茶	3,890.00	4
15	水果茶	3,114.00	6
16	水果茶	1,552.00	14
17	水果茶	1,866.00	10

J	K	L	M
商品系列	商品种类	销售总额	平均销售额
招牌奶茶	5	19,717.00	3,943.40
鲜牛乳茶	6	9,126.00	1,521.00

J	M
商品系列数量	6
销售总额前3名之和	
销售总额后3名之和	
最高销售数量	
最低销售数量	
鲜牛乳茶销售额大于2000的商品数量	
珍珠饮品合计销售金额	

图4-58

M12 =SUM(SMALL(G3:G28,{1,2,3}))

	A	G	H
1	商品系列	销售金额	销售排名
3	招牌奶茶	3,360.00	5
10	鲜牛乳茶	1,590.00	13
11	鲜牛乳茶	1,681.00	12
12	鲜牛乳茶	455.00	22
13	鲜牛乳茶	1,476.00	16
14	水果茶	3,890.00	4
15	水果茶	3,114.00	6
16	水果茶	1,552.00	14
17	水果茶	1,866.00	10

J	K	L	M
商品系列	商品种类	销售总额	平均销售额
招牌奶茶	5	19,717.00	3,943.40
鲜牛乳茶	6	9,126.00	1,521.00

J	M
商品系列数量	6
销售总额前3名之和	13,968.00
销售总额后3名之和	829.00
最高销售数量	
最低销售数量	
鲜牛乳茶销售额大于2000的商品数量	
珍珠饮品合计销售金额	

前3名之和=SUM(LARGE(G3:G28,{1,2,3}))
后3名之和=SUM(SMALL(G3:G28,{1,2,3}))

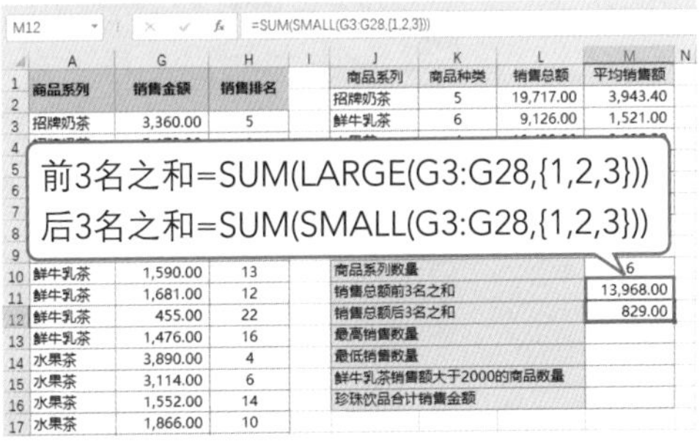

图4-59

Step 09 选中M13单元格，输入公式 “=MAX(D3:D26,F3:F28)”，提取出最高销售数量，然后选中M14单元格，输入公式 “=MIN(D4:D26,F4:F28)”，提取出最低销售数量，如图4-60所示。

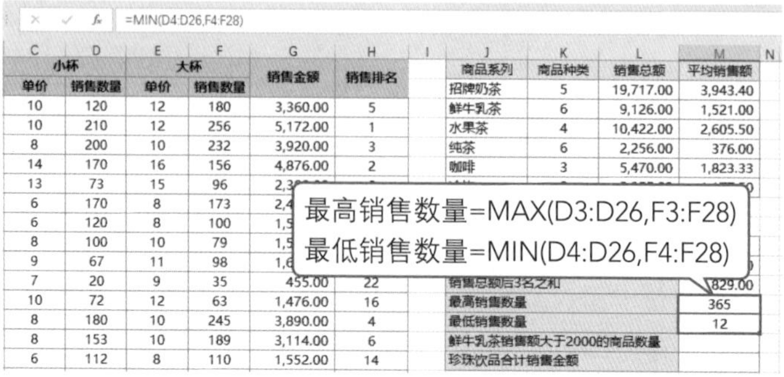

=MIN(D4:D26,F4:F28)

小杯单价	小杯销售数量	大杯单价	大杯销售数量	销售金额	销售排名
10	120	12	180	3,360.00	5
10	210	12	256	5,172.00	1
8	200	10	232	3,920.00	3
14	170	16	156	4,876.00	2
13	73	15	96	[illegible]	[illegible]
6	170	8	173	[illegible]	[illegible]
6	120	8	100	[illegible]	[illegible]
8	100	10	79	[illegible]	[illegible]
9	67	11	98	[illegible]	[illegible]
7	20	9	35	455.00	22
10	72	12	63	1,476.00	16
8	180	10	245	3,890.00	4
8	153	10	189	3,114.00	6
6	112	8	110	1,552.00	14

商品系列	商品种类	销售总额	平均销售额
招牌奶茶	5	19,717.00	3,943.40
鲜牛乳茶	6	9,126.00	1,521.00
水果茶	4	10,422.00	2,605.50
纯茶	6	2,256.00	376.00
咖啡	3	5,470.00	1,823.33

项目	值
销售总额后3名之和	829.00
最高销售数量	365
最低销售数量	12
鲜牛乳茶销售额大于2000的商品数量	
珍珠饮品合计销售金额	

最高销售数量=MAX(D3:D26,F3:F28)
最低销售数量=MIN(D4:D26,F4:F28)

图4-60

Step 10 选中M15单元格，输入公式 “=COUNTIFS(G3:G28,">2000",A3:A28,"鲜牛乳茶")”，计算出包含 “鲜牛乳茶” 销售额大于2000的商品数量，如图4-61所示。

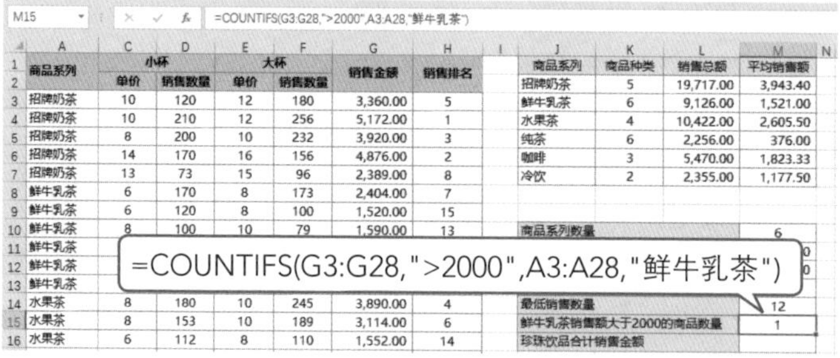

M15 =COUNTIFS(G3:G28,">2000",A3:A28,"鲜牛乳茶")

商品系列	小杯单价	小杯销售数量	大杯单价	大杯销售数量	销售金额	销售排名
招牌奶茶	10	120	12	180	3,360.00	5
招牌奶茶	10	210	12	256	5,172.00	1
招牌奶茶	8	200	10	232	3,920.00	3
招牌奶茶	14	170	16	156	4,876.00	2
招牌奶茶	13	73	15	96	2,389.00	8
鲜牛乳茶	6	170	8	173	2,404.00	7
鲜牛乳茶	6	120	8	100	1,520.00	15
鲜牛乳茶	8	100	10	79	1,590.00	13
鲜牛乳茶	[illegible]	[illegible]	[illegible]	[illegible]	[illegible]	[illegible]
鲜牛乳茶	[illegible]	[illegible]	[illegible]	[illegible]	[illegible]	[illegible]
鲜牛乳茶	[illegible]	[illegible]	[illegible]	[illegible]	[illegible]	[illegible]
水果茶	8	180	10	245	3,890.00	4
水果茶	8	153	10	189	3,114.00	6
水果茶	6	112	8	110	1,552.00	14

商品系列	商品种类	销售总额	平均销售额
招牌奶茶	5	19,717.00	3,943.40
鲜牛乳茶	6	9,126.00	1,521.00
水果茶	4	10,422.00	2,605.50
纯茶	6	2,256.00	376.00
咖啡	3	5,470.00	1,823.33
冷饮	2	2,355.00	1,177.50

项目	值
商品系列数量	6
最低销售数量	12
鲜牛乳茶销售额大于2000的商品数量	1
珍珠饮品合计销售金额	

=COUNTIFS(G3:G28,">2000",A3:A28,"鲜牛乳茶")

图4-61

Step 11 最后选中M16单元格，输入公式 “=SUMIF(B3:B28,"*珍珠*",G3:G28)”，计算出商品名称中包含 “珍珠” 两个字的所有商品的销售金额之和，如图4-62所示。

=SUMIF(B3:B28,"*珍珠*",G3:G28)

商品名称	小杯单价	小杯销售数量	大杯单价	大杯销售数量	销售金额	销售排名
草莓奶茶	10	120	12	180	3,360.00	5
珍珠奶茶	10	210	12	256	5,172.00	1
可可奶茶	8	200	10	232	3,920.00	3
鸳鸯奶茶	14	170	16	156	4,876.00	2
丝袜奶茶	13	73	15	96	2,389.00	8
木瓜牛乳茶	6	170	8	173	2,404.00	7
柠檬牛乳茶	6	120	8	100	1,520.00	15
珍珠牛乳茶	8	100	10	79	1,590.00	13
可可牛乳茶	9	67	11	98	1,681.00	12
桃柚牛乳茶	7	20	9	35	[illegible]	[illegible]
百香果牛乳茶	10	72	12	63	[illegible]	[illegible]
金桔柠檬茶	8	180	10	245	[illegible]	[illegible]
金桔蜜柚茶	8	153	10	189	3,114.00	6
柠檬绿茶	6	112	8	110	1,552.00	14
柠檬大麦茶	6	111	8	150	1,866.00	10

商品系列	商品种类	销售总额	平均销售额
招牌奶茶	5	19,717.00	3,943.40
鲜牛乳茶	6	9,126.00	1,521.00
水果茶	4	10,422.00	2,605.50
纯茶	6	2,256.00	376.00
咖啡	3	5,470.00	1,823.33
冷饮	2	2,355.00	1,177.50

项目	值
商品系列数量	6
销售总额前3名之和	13,968.00
鲜牛乳茶销售额大于2000的商品数量	1
珍珠饮品合计销售金额	7,230.00

=SUMIF(B3:B28,"*珍珠*",G3:G28)

图4-62

知识总结

本章主要介绍了一些常用的汇总与统计函数，包括各类求和、计数、求平均值、求最大值和最小值函数等。

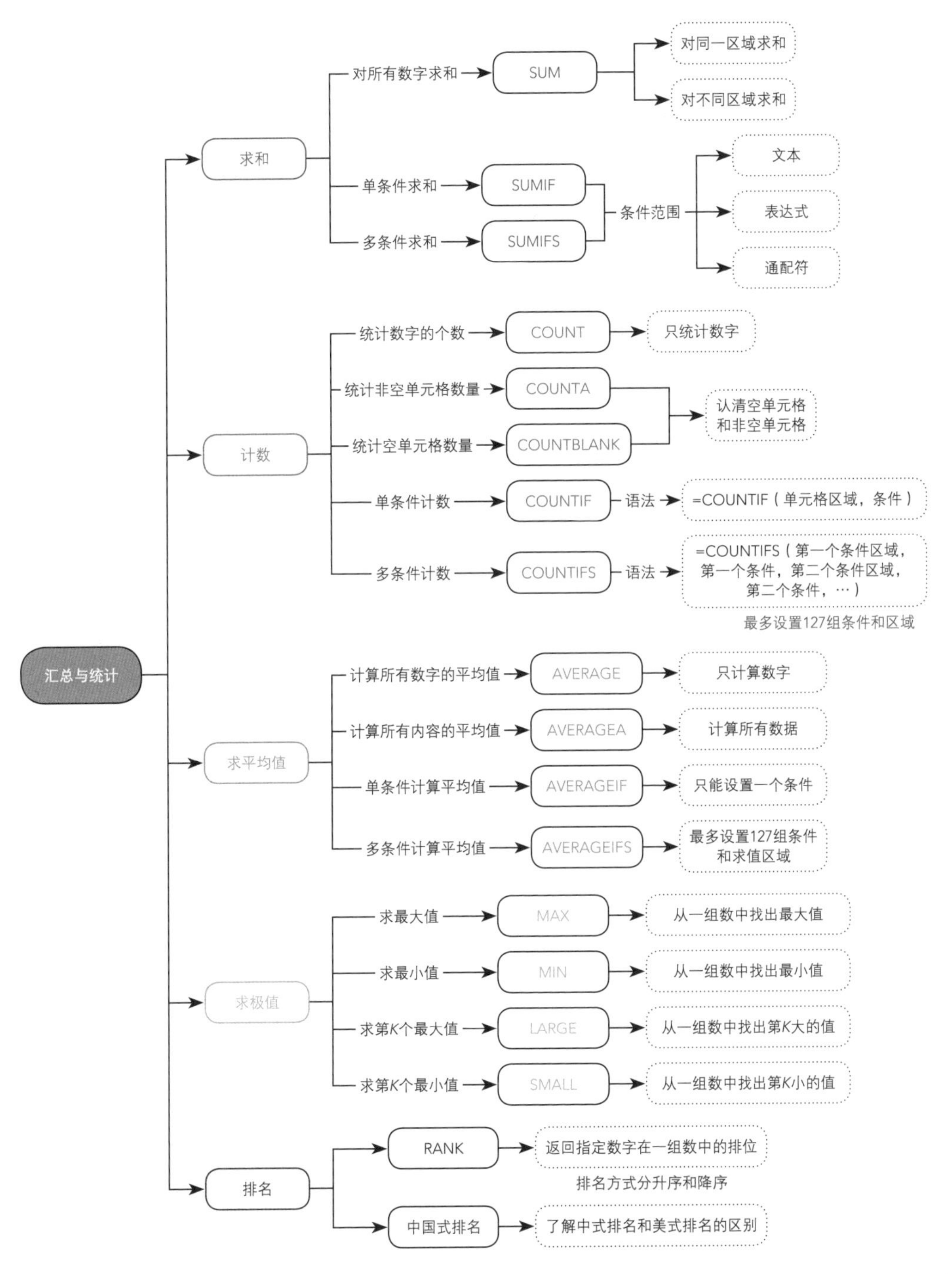

第5章

处理数值取舍和排列问题

在数据处理的过程中经常遇到对数值进行取舍的情况，例如将小数保留到指定的位数或者直接截去小数点后面的部分。在Excel中能够对数值进行取舍的函数很多，如TRUNC、ROUND、ROUNDUP、ROUNDDOWN、INT等。不同函数的使用方法并不相同，只有对它们充分了解才能运用自如。

5.1 对数值进行四舍五入处理

在没学习函数之前，大家是如何控制数值四舍五入的？是不是通过设置单元格格式来调整数值的小数位数的？现在介绍如何使用函数对数值进行四舍五入。

ROUND函数是取舍函数中使用率最高的函数之一，首先介绍这个函数的使用方法。

ROUND函数可以按指定的位数对数值进行四舍五入。该函数有2个参数，语法格式如下：

=ROUND(❶要四舍五入的数值，❷四舍五入的位数)

参数说明：

参数2可以是正数、负数或零。当参数2为负数时表示从小数点左侧进行四舍五入，为零时表示四舍五入到整数部分。效果如图5-1所示。

	A	B	C	D	E
1	数据区域	保留两位小数	保留整数	个位舍入到十位	
2	15.635	15.64	16	20	
3	22.36899	22.37	22	20	
4	-103.354	-103.35	-103	-100	
5	52.2	52.2	52	50	
6	18.773	18.77	19	20	
7					

=ROUND(A2,2)　=ROUND(A2,0)　=ROUND(A2,－1)

图5-1

5.1.1 将金额四舍五入到角 | ROUND

如图5-2所示的水果销售表中销售金额是由“单价×销量”计算得来的，其小数位数并不统一。要将销售金额四舍五入保留到角（小数点后一位小数），可以使用ROUND函数编写公式。

选中D2单元格，输入公式“=ROUND(B2*C2,1)”，然后向下方填充公式，即可将销售金额四舍五入到角，如图5-3所示。

D2　=B2*C2

	A	B	C	D	E
1	商品名称	单价	销量/kg	销售金额	
2	草莓	15.88	3	47.64	
3	苹果	4.55	3.3	15.015	
4	香蕉	2.88	1.5	4.32	
5	火龙果	6.52	4	26.08	
6	橙子	8.3	2.6	21.58	
7	西瓜	1.2	15.3	18.36	
8	榴莲	15.8	20.8	328.64	
9	车厘子	15.1	3	45.3	
10	猕猴桃	6.3	4.5	28.35	
11	柚子	3.5	5	17.5	
12	水蜜桃	6.3	7	44.1	
13	山竹	15.6	1.2	18.72	

图5-2

D2　=ROUND(B2*C2,1)

	A	B	C	D	E
1	商品名称	单价	销量/kg	销售金额	
2	草莓	15.88	3	47.6	
3	苹果	4.55	3.3	15	
4	香蕉	2.88	1.5	4.3	
5	火龙果			26.1	
6	橙子			21.6	
7	西瓜			18.4	
8	榴莲			328.6	
9	车厘子	15.1	3	45.3	
10	猕猴桃	6.3	4.5	28.4	
11	柚子	3.5	5	17.5	
12	水蜜桃	6.3	7	44.1	
13	山竹	15.6	1.2	18.7	

四舍五入保留一位小数

图5-3

5.1.2 将金额四舍五入到百位 | ROUND

若将金额从十位四舍五入到百位，只需要将ROUND函数的参数2设置成负数。在E2单元格中输入公式“=ROUND(D2,−2)”，然后将公式向下方填充即可，如图5-4所示。

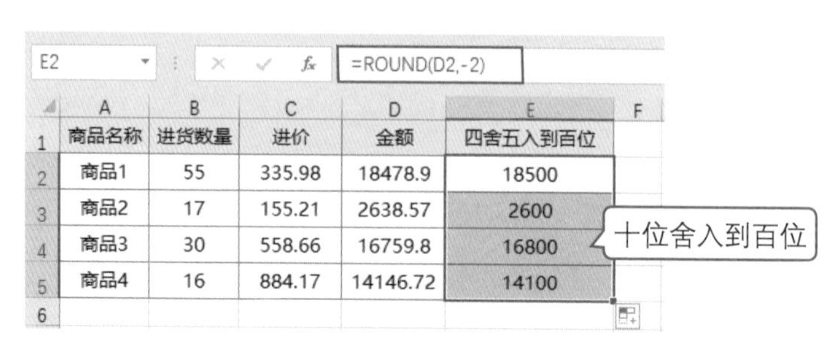

	A	B	C	D	E	F
1	商品名称	进货数量	进价	金额	四舍五入到百位	
2	商品1	55	335.98	18478.9	18500	
3	商品2	17	155.21	2638.57	2600	
4	商品3	30	558.66	16759.8	16800	
5	商品4	16	884.17	14146.72	14100	
6						

图5-4

5.2 对收支金额进行取整处理

进行数值取舍时，若不进行四舍五入而是将其从指定部分强制取舍，可使用TRUNC、ROUNDUP或ROUNDDOWN函数。这三个函数的使用方法都很简单。在进行案例演示之前先了解这三个函数的作用和基本语法，如图5-5所示。

TRUNC

- **作用：**将数字截为整数或保留指定位数的小数（不做四舍五入处理）
- **语法格式：**=TRUNC(❶数字，❷要保留的小数位数)

ROUNDUP

- **作用：**向上舍入数字（不遵循四舍五入原则,强制进位）
- **语法格式：**=ROUNDUP(❶数字，❷要保留的小数位数)

ROUNDDOWN

- **作用：**向下舍入数字（不遵循四舍五入原则，强制退位）
- **语法格式：**=ROUNDDOWN(❶数字，❷要保留的小数位数)

图5-5

这三个函数的语法格式完全相同，即参数的设置方法是一样的。其中，参数2可以是正数、负数、0或忽略，当参数2为0时表示保留到整数部分，为负数时表示从小数点向左截取。

当忽略该参数时表示保留0个小数。

5.2.1 将预算金额保留到整数 | TRUNC

假设某场活动要采购一些商品，计算得出的预算金额小数位数不等，如图5-6所示。现要求将预算金额中的小数部分截去，只保留整数部分。这种情况可以用TRUNC函数进行处理。

在D2单元格中输入公式“=TRUNC(B2*C2)”，接着将公式向下方填充，即可将计算结果中的小数部分强制截去，如图5-7所示。

D2 =B2*C2

	A	B	C	D
1	名称	预购数量	产品单价	预算金额
2	发箍	13	5.32	69.16
3	运动发带	33	4.33	142.89
4	领结	15	1.25	18.75
5	气球	230	0.15	34.5
6	打气筒	2	5.6	11.2
7	胸章	16	2.8	44.8
8	手牌	15	0.37	5.55
9	小喇叭	12	3.9	46.8

图5-6

D2 =TRUNC(B2*C2)

强制截去小数部分

	A	B	C	D
1	名称	预购数量	产品单价	预算金额
2	发箍	13	5.32	69
3	运动发带	33	4.33	142
4	领结	15	1.25	18
5	气球	230	0.15	34
6	打气筒	2	5.6	11
7	胸章	16	2.8	44
8	手牌	15	0.37	5
9	小喇叭	12	3.9	46

图5-7

公式解析

这个公式只有一个参数“B2*C2”，表示对“预购数量”和“产品单价”的乘积进行截取。忽略了参数2表示保留0个小数。

5.2.2 对促销商品价格进行向上取整 | ROUNDUP

假设在商品销售过程需要对促销商品的价格进行强制向上取整，即不论小数点后面的数字是几，在被舍去后都要向前进一位，这时可以使用ROUNDUP函数。

在G2单元格中输入公式“=IF(B2="促销",ROUNDUP(C2*E2,0),C2*E2)”，然后将公式向下方填充，此时，所有促销商品的实收价格即可被向上取舍到整数部分，而其他商品的“实收价格”保持不变，如图5-8所示。

G2 =IF(B2="促销",ROUNDUP(C2*E2,0),C2*E2)

	A	B	C	D	E	F	G
1	商品名称	商品性质	数量	单位	单价	价格	实收价格
2	美白牙膏	促销	1	盒	15.32	15.32	16
3	牙刷套装		2	盒	9.9	19.8	19.8
4	洗洁精		1	凭	13.2	13.2	13.2
5	散装巧克力	促销	1.8	kg	25.9	46.62	47
6	苏打饼干		1.7	kg	9.99	16.983	16.983
7	筷子（5双装）		1	套	9.9	9.9	9.9
8	马克杯		1	个	12.68	12.68	12.68
9	蜂蜜（500g）	促销	2	瓶	39.2	78.4	79
10	曲奇饼干		2	盒	69.99	139.98	139.98
11	红豆魔方吐司		2.6	kg	19.8	51.48	51.48
12	沐浴乳		1	瓶	46.29	46.29	46.29
13	水果麦片	促销	1	袋	37.33	37.33	38
14	高钙奶粉		2	罐	89.99	179.98	179.98
15	薯片		4	罐	5.9	23.6	23.6

图5-8

公式解析

本例公式用“B2="促销"”判断商品性质，若是“促销”商品，则实收价格返回“ROUNDUP(C2*E2,0)”的结果值，否则返回“数量”和“单价”的乘积。

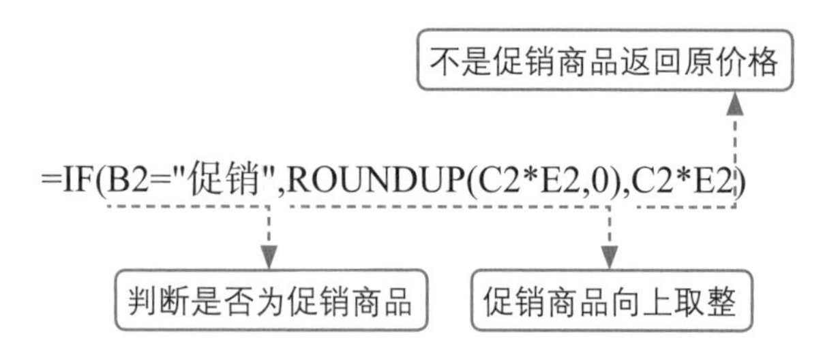

5.2.3 对商品实收总价向下取舍到角 | ROUNDDOWN

计算商品实收总价时金额包含多位小数，如图5-9所示。若将其向下取舍保留一位小数，即不论被舍掉的数字是几都不进位，此时可使用ROUNDDOWN函数。

在G16单元格中输入公式“=ROUNDDOWN(SUM(G2:G15),1)”，然后按Enter键即可返回向下取舍后的结果，如图5-10所示

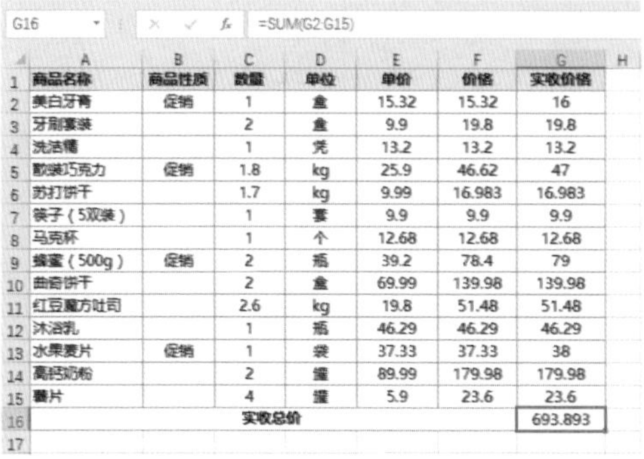

G16 =SUM(G2:G15)

	A	B	C	D	E	F	G
1	商品名称	商品性质	数量	单位	单价	价格	实收价格
2	美白牙膏	促销	1	盒	15.32	15.32	16
3	牙刷套装		2	盒	9.9	19.8	19.8
4	洗洁精		1	瓶	13.2	13.2	13.2
5	散装巧克力	促销	1.8	kg	25.9	46.62	47
6	苏打饼干		1.7	kg	9.99	16.983	16.983
7	筷子（5双装）		1	套	9.9	9.9	9.9
8	马克杯		1	个	12.68	12.68	12.68
9	蜂蜜（500g）	促销	2	瓶	39.2	78.4	79
10	曲奇饼干		2	盒	69.99	139.98	139.98
11	红豆魔方吐司		2.6	kg	19.8	51.48	51.48
12	沐浴乳		1	瓶	46.29	46.29	46.29
13	水果麦片	促销	1	袋	37.33	37.33	38
14	高钙奶粉		2	罐	89.99	179.98	179.98
15	薯片		4	罐	5.9	23.6	23.6
16	实收总价						693.893
17							

图5-9

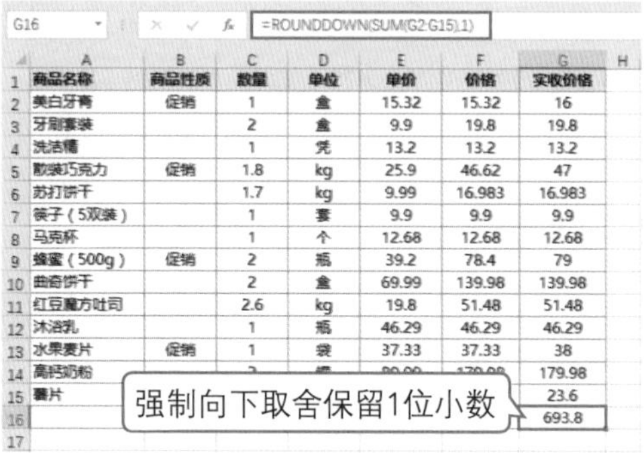

G16 =ROUNDDOWN(SUM(G2:G15),1)

	A	B	C	D	E	F	G
1	商品名称	商品性质	数量	单位	单价	价格	实收价格
2	美白牙膏	促销	1	盒	15.32	15.32	16
3	牙刷套装		2	盒	9.9	19.8	19.8
4	洗洁精		1	瓶	13.2	13.2	13.2
5	散装巧克力	促销	1.8	kg	25.9	46.62	47
6	苏打饼干		1.7	kg	9.99	16.983	16.983
7	筷子（5双装）		1	套	9.9	9.9	9.9
8	马克杯		1	个	12.68	12.68	12.68
9	蜂蜜（500g）	促销	2	瓶	39.2	78.4	79
10	曲奇饼干		2	盒	69.99	139.98	139.98
11	红豆魔方吐司		2.6	kg	19.8	51.48	51.48
12	沐浴乳		1	瓶	46.29	46.29	46.29
13	水果麦片	促销	1	袋	37.33	37.33	38
14	高钙奶粉		[illegible]	[illegible]	[illegible]	[illegible]	179.98
15	薯片						23.6
16							693.8
17							

强制向下取舍保留1位小数

图5-10

除了上述的数值取舍函数外，Excel还包含其他的同类函数，如INT函数、CEILING函数、FLOOR函数等，这些函数的作用及语法格式见表5-1。

表5-1

函数名称	作用	语法格式
INT	数字截尾取整	=INT(❶需要取整的数字)
CEILING	将参数向上舍入为最接近的指定基数的倍数	=CEILING(❶需要舍入的数字,❷向上取舍的基数)
FLOOR	将参数向下舍入为最接近的指定基数的倍数	=FLOOR(❶需要舍入的数字,❷向下取舍的基数)

续表

函数名称	作用	语法格式
ODD	将数值舍入到最接近的奇数	=ODD(❶需要舍入的数字)
EVEN	将正数向上舍入到最接近的偶数，负数向下舍入到最接近的偶数	=EVEN(❶需要舍入的数字)

在这几个函数中，CEILING和FLOOR函数不太好理解，下面对这两个函数进行说明。

CEILING函数可以将需要舍入的数字（参数1）沿绝对值增大的方向，舍入为最接近的指定基数（参数2）倍数。公式的应用实例见表5-2。

表5-2

公式	公式说明
=CEILING(3.5,1)	将3.5向上舍入到最接近的1的倍数，结果值为4
=CEILING(－3.5，－3)	将-3.5向上舍入到最接近的-3的倍数，结果值为－6
=CEILING(－3.5，3)	将-3.5向上舍入到最接近的3的倍数，结果值为－3
=CEILING(3.5，0.1)	将3.5向上舍入到最接近的0.1的倍数，结果值为3.5
=CEILING(0.123，0.01)	将0.123向上舍入到最接近的0.01的倍数，结果值为0.13

FLOOR函数可以将需要舍入的数字沿绝对值减小的方向，舍入为最接近的指定基数的倍数。该函数的应用实例见表5-3。

表5-3

公式	公式说明
=FLOOR(2.5,2)	将2.5向下舍入到最接近的2的倍数，结果值为2
= FLOOR(－2.5，2)	将－2.5向下舍入到最接近的2的倍数，结果值为－4
= FLOOR(2.5，－2)	返回错误值，参数1为正、参数2为负时公式返回错误值
= FLOOR(2.13,0.1)	将2.13向下舍入到最接近的0.1的倍数，结果值为2.1
= FLOOR(0.123，0.01)	将0.123向下舍入到最接近的0.01的倍数，结果值为0.12

5.3 除法运算取零取整你说了算

两数相除时结果值有可能是整数，也有可能是小数。但是在实际的应用中，有些值的小数部分是可以省略的。例如统计平均人数或物品数量时，通常要求结果是整数。而在Excel中有一个专门负责从两数相除的结果中取整的函数,即QUOTIENT函数。

QUOTIENT函数可以返回两数相除的整数部分，该函数有两个参数，语法格式：

=QUOTIENT(❶被除数，❷除数)

参数说明：当参数为文本型数据、错误值、逻辑值，以及除数为0时将会返回错误值，如图5-11、图5-12所示。

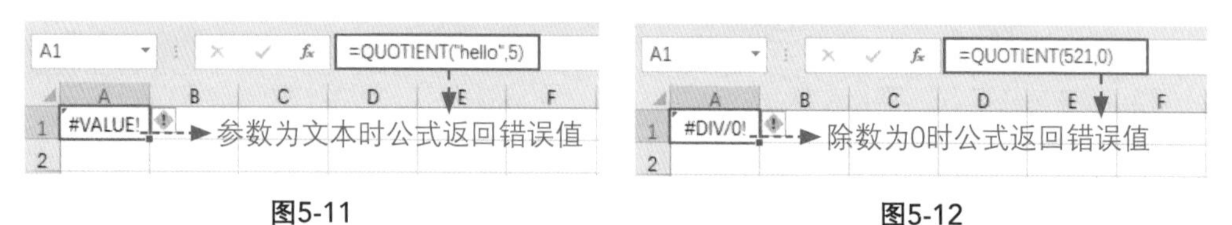

图5-11　　　　图5-12

5.3.1 计算平均每日出勤人数 | QUOTIENT

假设学校某班级用Excel表格记录每天的出勤人数，月底根据实际上学天数和每天出勤人数计算每天的平均出勤人数。此时用总出勤次数除以上学的天数，得到的结果即为平均每日出勤人数，但是统计出的结果值是一个小数，如图5-13所示。

为了让结果值更符合用户的阅读习惯，需要只取结果值中的整数部分，在E2单元格中修改公式为"=QUOTIENT(SUM(C2:C31),COUNT(C2:C31))"，按下Enter键后公式将返回两个参数相除后的整数部分，如图5-14所示。

E2　=SUM(C2:C31)/COUNT(C2:C31)

	A	B	C	D	E
1	日期	星期	出勤人数		平均每日出勤人数
2	2021/6/1	星期二	30		31.80952381
3	2021/6/2	星期三	[illegible]		
4	2021/6/3	星期四	[illegible]		
5	2021/6/4	星期五	[illegible]		
6	2021/6/5	星期六	休		
7	2021/6/6	星期日	休		
8	2021/6/7	星期一	34		
9	2021/6/8	星期二	34		
10	2021/6/9	星期三	33		
11	2021/6/10	星期四	34		
12	2021/6/11	星期五	30		
13	2021/6/12	星期六	休		
14	2021/6/13	星期日	休		
15	2021/6/14	星期一	休		
16	2021/6/15	星期二	31		
17	2021/6/16	星期三	28		
18	2021/6/17	星期四	30		
19	2021/6/18	星期五	33		
20	2021/6/19	星期六	休		
21	2021/6/20	星期日	休		
22	2021/6/21	星期一	34		
23	2021/6/22	星期二	34		
24	2021/6/23	星期三	32		
25	2021/6/24	星期四	31		
26	2021/6/25	星期五	34		
27	2021/6/26	星期六	休		
28	2021/6/27	星期日	休		
29	2021/6/28	星期一	33		
30	2021/6/29	星期二	30		
31	2021/6/30	星期三	32		

平均人数为小数

图5-13

E2　=QUOTIENT(SUM(C2:C31),COUNT(C2:C31))

	A	B	C	D	E
1	日期	星期	出勤人数		平均每日出勤人数
2	2021/6/1	星期二	30		31
9	2021/6/8	星期二	34		
10	2021/6/9	星期三	33		
11	2021/6/10	星期四	34		
12	2021/6/11	星期五	30		
13	2021/6/12	星期六	休		
14	2021/6/13	星期日	休		
15	2021/6/14	星期一	休		
16	2021/6/15	星期二	31		
17	2021/6/16	星期三	28		
18	2021/6/17	星期四	30		
19	2021/6/18	星期五	33		
20	2021/6/19	星期六	休		
21	2021/6/20	星期日	休		
22	2021/6/21	星期一	34		
23	2021/6/22	星期二	34		
24	2021/6/23	星期三	32		
25	2021/6/24	星期四	31		
26	2021/6/25	星期五	34		
27	2021/6/26	星期六	休		
28	2021/6/27	星期日	休		
29	2021/6/28	星期一	33		
30	2021/6/29	星期二	30		
31	2021/6/30	星期三	32		

图5-14

现学现用

在工作中解决某个问题的方法往往不止一种，除了使用QUOTIENT函数，利用强制截取函数TRUNC也可完成本例的计算。另外，若让结果值四舍五入保留整数部分则可以使用ROUND函数。具体公式如下：

公式1：

=TRUNC(SUM(C2:C31)/COUNT(C2:C31))

公式2：

=ROUND(SUM(C2:C31)/COUNT(C2:C31),0)

5.3.2 不用四则运算也能统计余额 | MOD

QUOTIENT函数可以对两个数进行除法运算，并返回整数部分。除此之外，Excel中还包含一个功能类似的函数，即MOD函数，而MOD函数返回的是两数相除后的余数。例如用MOD函数计算3除以2，这两个数相除的余数是1，那么返回结果便是1。

MOD函数有两个参数，语法如下：

=MOD(❶被除数, ❷除数)

参数说明：

- 参数可以是逻辑值，将TRUE作为1处理，将FALSE作为0处理。
- 当除数为0时公式会返回#DIV/0!类型的错误值。
- 当被除数小于除数时，公式会返回被除数，如图5-15所示。

在如图5-16所示的案例中，若要用数学四则运算公式计算剩余金额，需要将预算金额、实际单价和采购数量全部考虑进去，具体公式为“=B2－（C2*D2）”。

若用MOD函数则可忽略采购数量，在E2单元格中输入公式“=MOD(B2,C2)”，然后将公式向下方填充，即可计算出采购数量不超出预算的情况下剩余的金额，如图5-17所示。

公式	计算结果
=MOD(2,TRUE)	2
=MOD(2,FALSE)	#DIV/0!
=MOD(FALSE,2)	0
=MOD(5,0)	#DIV/0!
=MOD(20,50)	20

图5-15

E2 =B2-(C2*D2)

	A	B	C	D	E
1	商品名称	预算金额	实际单价	采购数量	剩余金额
2	投影仪	5000	3200	1	1800
3	碎纸机	2000	1800	1	
4	台式电脑	20000	4000	5	
5	智能手机	8000	1200	5	
6	固定电话	1000	85	10	
7	饮水机	1000	430	2	
8	柜式空调	13000	6200	2	

图5-16

E2 =MOD(B2,C2)

	A	B	C	D	E
1	商品名称	预算金额	实际单价	采购数量	剩余金额
2	投影仪	5000	3200	1	1800
3	碎纸机	2000	1800	1	200
4	台式电脑	20000	4000	5	0
5	智能手机	8000	1200	5	800
6	固定电话	1000	85	10	65
7	饮水机	1000	430	2	140
8	柜式空调	13000	6200	2	600

图5-17

5.3.3 根据身份证号码判断性别 | IF，MOD，MID

身份证号码中包含很多个人信息，例如籍贯、出生日期、年龄、性别等。18位身份证号码中每个数字所代表的含义如下。

3 2 0 5 0 2 1 9 * * 1 0 0 * 1 * 6 8

户口所在县（市、区）的行政区划代码
32代表“江苏”，05代表“苏州”，02代表“沧浪区”

出生年月日
19**年10月0*日出生

为同一地址码所标识的区域范围内，为同年、月、日出生的人员编定的顺序号。其中第17位奇数分给男性，偶数分给女性，这里的“6”说明该持证人为女性

最后一位是校验码，是由号码编制单位按统一的公式计算出来的，如果尾号是0～9则不会出现X；但是，如果尾号是10，就用X代替

下面使用MOD函数从18位身份证号码中提取性别信息。在C2单元格中输入公式“=IF(MOD(MID(B2,17,1),2)=0,"女","男")”，按下Enter键后再将C2单元格中的公式向下方填充即可判断出所有身份证号码所对应的性别，如图5-18所示。

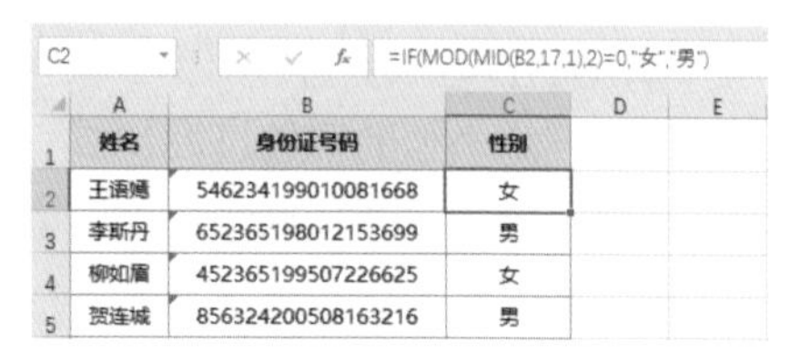
C2　=IF(MOD(MID(B2,17,1),2)=0,"女","男")

姓名	身份证号码	性别
王语嫣	546234199010081668	女
李斯丹	652365198012153699	男
柳如眉	452365199507226625	女
贺连城	856324200508163216	男

图5-18

公式解析

通过前面的分析可以已经知道，身份证的第 17 位数代表性别，奇数代表男性，偶数代表女性。本例公式用“MID[1](B2,17,1)”从身份证号码中提取第 17 位数，然后用 MOD 函数将提取出的这个数字与 2 相除计算其余数，最后用 IF 函数进行判断，若余数为 0 说明是偶数，返回“女”，否则返回“男”。

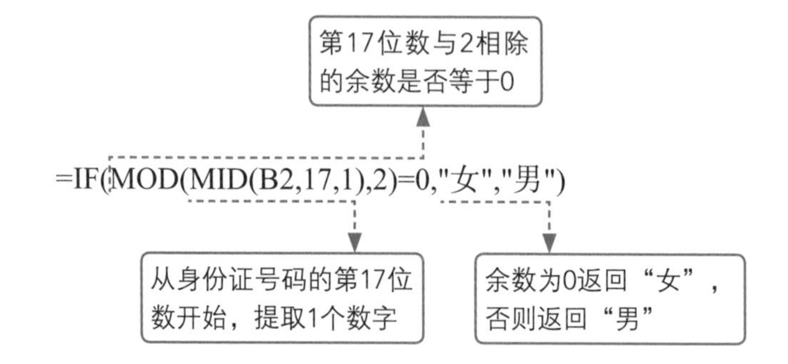

5.4 随机函数在工作中的广泛用途

随机函数的应用是比较广泛的，座位的编排、随机密码的生成等都能用到随机函数。

❶ 关于 MID 函数的使用方法可查看本书 8.2 节中的内容。

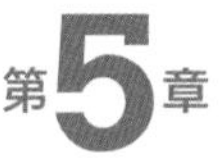

本节介绍两个随机函数，即RAND和RANDBETWEEN。下面先来了解它们的作用和语法格式，如图5-19所示。

RAND

- **作用：返回大于等于0且小于1的随机数**
- **语法格式：**=RAND()
- **函数说明：**该函数没有参数

RANDBETWEEN

- **作用：返回一个介于指定的数字之间的随机整数**
- **语法格式：**=RANDBETWEEN(❶指定的最小值，❷指定的最大值)
- **参数释义：**参数不能是对区域的引用、逻辑值、文本等

图5-19

这两个函数的基础用法都十分简单，例如用RAND函数得到一组大于等于0且小于1的随机小数，只要在单元格区域中输入“=RAND()”，然后再填充公式即可，如图5-20所示。

若要得到一组介于50和80之间的随机整数则可使用RANDBETWEEN函数，编写公式“=RANDBETWEEN(50,80)”得到想要的结果，如图5-21所示。

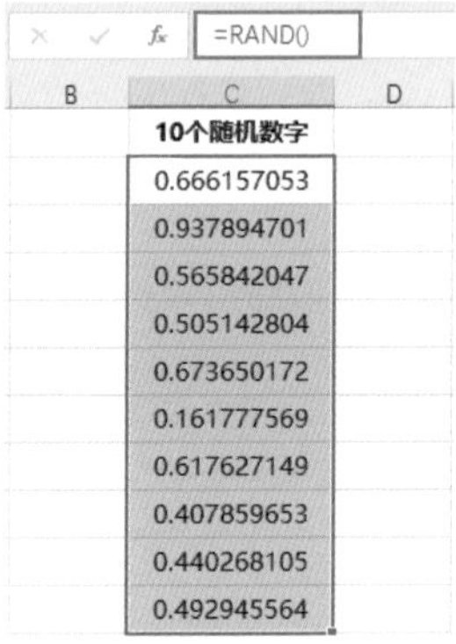

=RAND()

B	C	D
	10个随机数字	
	0.666157053	
	0.937894701	
	0.565842047	
	0.505142804	
	0.673650172	
	0.161777569	
	0.617627149	
	0.407859653	
	0.440268105	
	0.492945564	

图5-20

=RANDBETWEEN(50,80)

B	C	D
	介于50和80之间的随机数字	
	51	
	68	
	57	
	76	
	76	
	56	
	78	
	52	
	78	
	70	

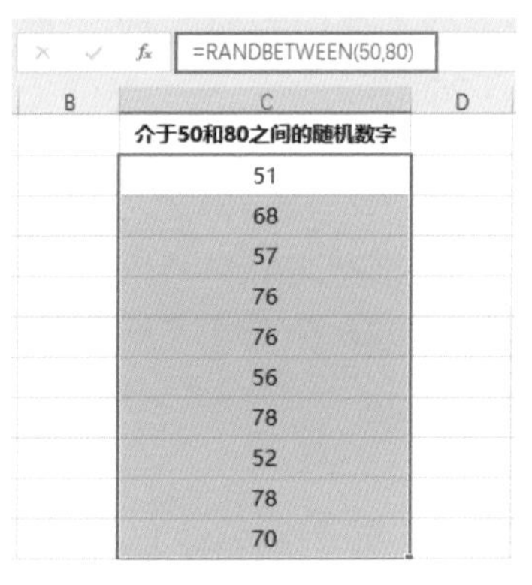

图5-21

5.4.1 随机安排考生座位 | RANK

重要考试时经常将多个班级的学生进行混合，然后随机安排考生座位，接下来将使用RAND函数为考生随机分配座位号。

现在表格右侧创建一个辅助列，在D2单元格中输入公式“=RAND()”，然后将公式向下方填充，得到一组随机数，如图5-22所示。随后在C2单元格中输入公式“=RANK(D2,$D$2:$D$13)”，返回结果后将公式向下方填充即可得到与考生人数相对应的随机座位

号，如图5-23所示。

最后可以将辅助列隐藏，在键盘上按F9键即可刷新随机座位号，如图5-24所示。

D2 =RAND()

	A	B	C	D	E
1	班级	姓名	随机座位号	辅助列	
2	一班	王米鹏		0.20002	
3	一班	刘丽英		0.49844	
4	二班	陈毅		0.57734	
5	三班	李白		0.6157	
6	三班	孟浩		0.54872	
7	三班	周永		0.41215	
8	二班	吴莉莉		0.94298	
9	一班	赵恺		0.11081	
10	一班	张华然		0.92359	
11	三班	王林密		0.83093	
12	二班	刘卓然		0.60932	
13	二班	江山		0.88981	

图5-22

C2 =RANK(D2,$D$2:$D$13)

	A	B	C	D	E
1	班级	姓名	随机座位号	辅助列	
2	一班	王米鹏	5	0.46551	
3	一班	刘丽英	7	0.38545	
4	二班	陈毅	2	0.76143	
5	三班	李白	4	0.51793	
6	三班	孟浩	3	0.75292	
7	三班	周永	12	0.20158	
8	二班	吴莉莉	1	0.92533	
9	一班	赵恺	10	0.23395	
10	一班	张华然	6	0.43695	
11	三班	王林密	9	0.25772	
12	二班	刘卓然	11	0.22078	
13	二班	江山	8	0.38	

图5-23

C2 =RANK(D2,$D$2:$D$13)

	A	B	C	E	F
1	班级	姓名	随机座位号		
2	一班	王米鹏	6		
3	一班	刘丽英	9		
4	二班	陈毅	4		
5	三班	李白	5		
6	三班	孟浩	8		
7	三班	周永	3		
8	二班	吴莉莉	11		
9	一班	赵恺	7		
10	一班	张华然	12		
11	三班	王林密	1		
12	二班	刘卓然	2		
13	二班	江山	10		

按F9键自动刷新随机函数返回的结果

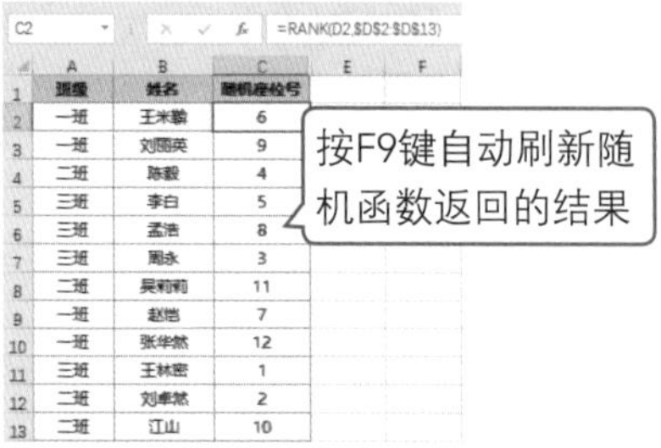

图5-24

5.4.2 为志愿者随机分配工作内容 | CHOOSE，RANDBETWEEN

在抗疫工作中，假设要随机安排志愿者的工作，可以使用RANDBETWEEN函数与CHOOSE[1]函数进行嵌套完成工作安排。

在B2单元格中输入公式“=CHOOSE(RANDBETWEEN(1,5),"体温测量","人员登记","信息收集","秩序引导","物资代购")”，然后将公式向下方填充，即可完成操作，如图5-25所示。

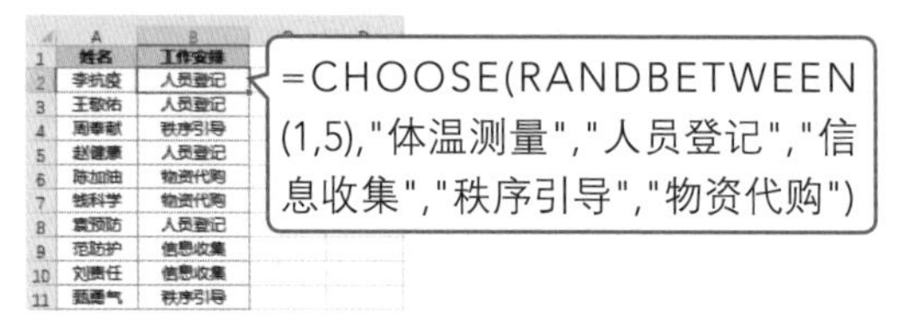

图5-25

公式解析

本例公式使用“RANDBETWEEN(1,5)”返回一个1～5的随机整数，然后根据这个数字从CHOOSE函数提供的参数列表中找到对应位置的参数并返回。

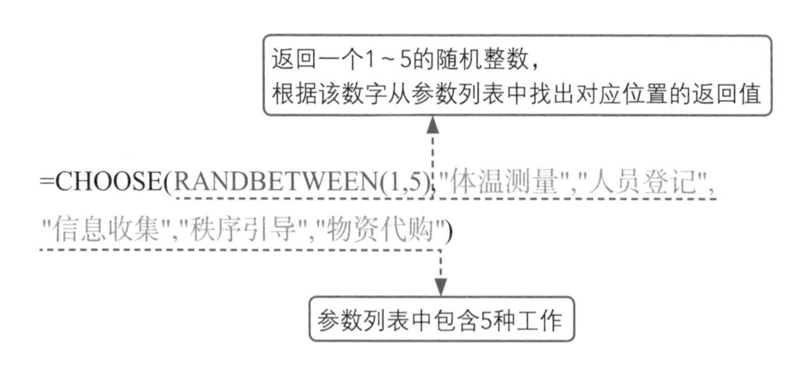

[1] CHOOSE是一个引用函数，该函数的详细使用方法可查看本书6.4节。

5.4.3 制作简易随机抽奖器 | INDEX，RANDBETWEEN

使用随机函数还能制作简易的抽奖器。假设现在需要从所有人员名单中随机抽取中奖者。若每次只抽一名中奖者，可使用公式“=INDEX[1](A:A,RANDBETWEEN(2,13))”，如图5-26所示。

图5-26

公式解析

本例公式使用“RANDBETWEEN(2,13)”函数返回一个介于2和13之间的随机整数。然后用INDEX函数从A列中查找随机数字对应位置的人员姓名。

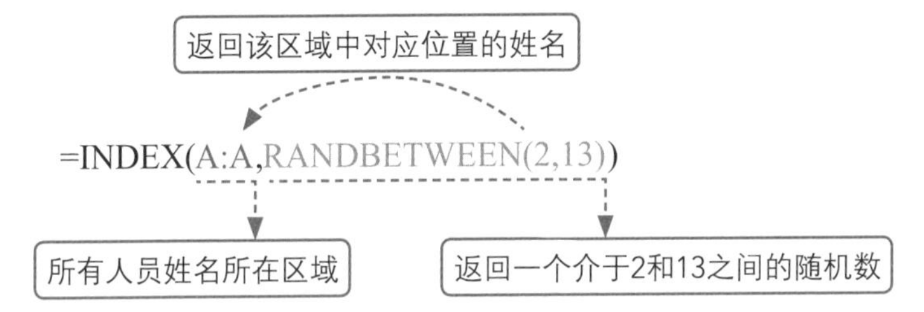

若一次抽出多名中奖者，这个公式便不再适用了，因为可能会出现重复的中奖者姓名，如图5-27所示。

假设现在需要一次抽出三名中奖者，这种情况下需要创建“辅助”列，生成一组随机数字，然后将公式修改为“=INDEX($A$2:$A$13,RANK(B2,$B$2:$B$13))”，将公式向下方填充后即可按F9键进行抽奖，如图5-28所示。

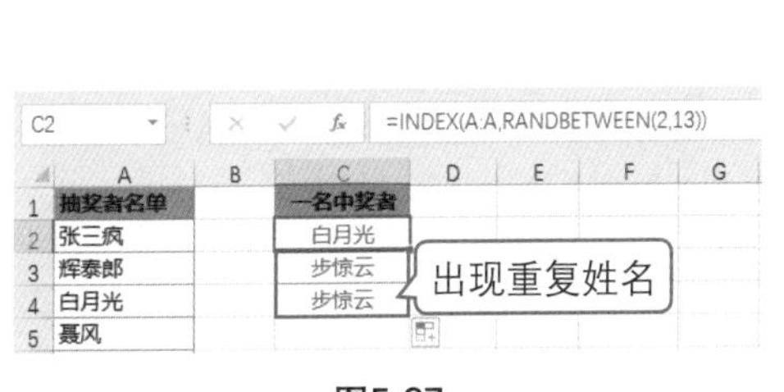

图5-27

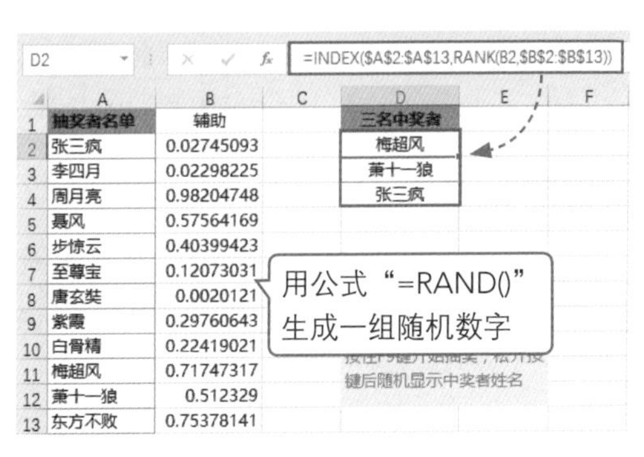

图5-28

[1] INDEX是一个引用函数，该函数的详细用法可查阅本书6.5节。

公式解析

“辅助”列中用 RAND 函数生成的随机数是小数，而且小数位数较多，因此重复的可能性非常小（不能完全排除重复的可能性），然后用 RANK 函数获取当前随机数字在该列数字中的排名，以此得到不重复的数字。

5.4.4 自动生成随机密码 | RANDBETWEEN

如果需要为大量的账号设置初始密码，一个一个地编写不仅麻烦，而且浪费时间。使用随机函数便能轻松完成这项任务。

假设要设置随机的6位数密码，最简单的一个方案是用RANDBETWEEN函数编写公式“=RANDBETWEEN(100000,999999)”。如此便可生成100000~999999之间的任意一个6位数，如图5-29所示。

B2 =RANDBETWEEN(100000,999999)

	A	B	C	D	E	F
1	账号	初始密码	使用部门			
2	dssf001	940766	业务部			
3	dssf002		财务部			

图5-29

但是使用这种方法有一定的局限性，例如无法生成以0开头的六位数。若让6位数组合出更多的可能性可使用公式“=TEXT(RANDBETWEEN(0,999999),"000000")”，如图5-30所示。

B2 =TEXT(RANDBETWEEN(0,999999),"000000")

	A	B	C	D	E	F	G
1	账号	初始密码	使用部门				
2	dssf001	007522	业务部				
3	dssf002	942306	财务部				
4	dssf003	848302	人事部				
5	dssf004	047674	仓储部				
6	dssf005	643727	后勤部				
7	dssf006	103863	营销部				
8	dssf007	564916	一车间				
9	dssf008	124526	二车间				
10	dssf009	380173	物流部				
11	dssf010	617385	客务部				

图5-30

公式解析

公式中的“RANDBETWEEN(0,999999)”可返回 0 和 999999 之间的随机整数，但这个数不一定是 6 位。TEXT[1] 函数的作用是将这个随机数转换成文本格式的 6 位数。“000000”是转换代码，当随机数不满 6 位时便在前面以 0 补齐。

用公式生成密码后一旦刷新，密码就变了，这个问题应该如何解决？

随机密码生成后，可以将公式清除掉，只保留密码。

如果删掉公式，那密码不就被删除了吗？

你可以先把包含公式的单元格复制下来，然后以“值”的方式粘贴，就可以去掉公式只保留结果值了，如图5-31所示。

如果想提高密码的安全性，可以设置更复杂的密码，例如使用数字和字母组合的密码。首先要记住两组公式：**“=CHAR(INT(RAND()*26+97))”可以生成一个随机的小写字母，“=CHAR(INT(RAND()*26+65))”可以生成一个随机的大写字母。**

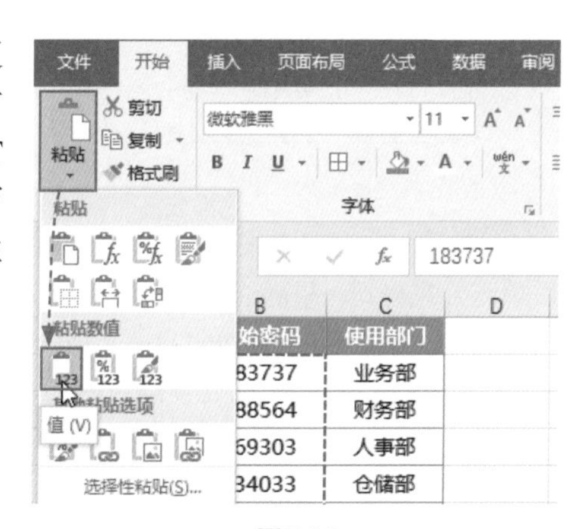

图5-31

现学现用

现在要求生成6位数的密码中第1位是大写字母，第3位是小写字母，其余为数字，思考如何编写公式。在此提供两种公式的编写方法。

公式1：

=CHAR(INT(RAND()*26+65))&RANDBETWEEN(0,9)&CHAR(INT(RAND()*26+97))&TEXT(RANDBETWEEN(0,999),"000")

公式2：

=CHAR(INT(RAND()*26+65))&INT(RAND()*9+1)&CHAR(INT(RAND()*26+97))&INT(RAND()*900+100)

拓展练习　随机安排不重复值班人员

假期公司通常会安排人员轮流值班，假设在5月1日—5月5日期间安排15个人值班，每天3个人，要求值班人员不能重复，此时应该如何随机安排值班表？如图5-32所示。

人员编号	人员姓名
1	董小姐
2	小猪佩奇
3	王者
4	安河桥
5	荣耀
6	嬛嬛
7	莉莉安
8	四郎
9	郭源潮
10	高渐离
11	兰陵王
12	一匹野马
13	范思哲
14	干将莫邪
15	李元芳

值班表	5月1日	5月2日	5月3日	5月4日	5月5日
值班人员					

如何按要求随机安排值班人员？

图5-32

Step 01　要完成本案例需要创建两个辅助列，先在辅助列1中输入公式“=RAND()”，然后填充公式得到一组随机值，如图5-33所示。

Step 02　在辅助列2中的D2单元格内输入公式“=RANK(C2,C:C)”，接着向下方填充公式，根据辅助列1中的随机数字得到1～15的数字排名，如图5-34所示。

C2　=RAND()

人员编号	人员姓名	辅助列1	辅助列2
1	董小姐	0.776126	
2	小猪佩奇	0.964038	
3	王者	0.393821	
4	安河桥	0.917911	
5	荣耀	0.842608	
6	嬛嬛	0.137709	
7	莉莉安	0.391453	
8	四郎	0.881595	
9	郭源潮	0.830772	
10	高渐离	0.198719	
11	兰陵王	0.596655	
12	一匹野马	0.746919	
13	范思哲	0.714717	
14	干将莫邪	0.088829	
15	李元芳	0.289461	

图5-33

D2　=RANK(C2,C:C)

人员编号	人员姓名	辅助列1	辅助列2
1	董小姐	0.067515	13
2	小猪佩奇	0.587014	4
3	王者	0.424957	8
4	安河桥	0.657238	3
5	荣耀	0.658975	2
6	嬛嬛	0.029496	15
7	莉莉安	0.58291	5
8	四郎	0.355531	10
9	郭源潮	0.090155	12
10	高渐离	0.445611	7
11	兰陵王	0.048111	14
12	一匹野马	0.200047	11
13	范思哲	0.472711	6
14	干将莫邪	0.821759	1
15	李元芳	0.360635	9

图5-34

Step 03 选择G2单元格，输入公式“=INDEX($B:$B,MATCH(ROW(A1)*5+COLUMN(A1)−5,$D:$D,0))”，随后按Enter键返回第一个随机值班人员，如图5-35所示。

=INDEX($B:$B,MATCH(ROW(A1)*5+COLUMN(A1)-5,$D:$D,0))

D	E	F	G	H	I	J	K
辅助列2		值班表	5月1日	5月2日	5月3日	5月4日	5月5日
11		值班人员	小猪佩奇				
1							
4							
3							

图5-35

Step 04 先将公式向右侧填充，如图5-36所示，然后再向下方填充即可得到不包含重复人员的值班表，如图5-37所示。

F	G	H	I	J	K
值班表	5月1日	5月2日	5月3日	5月4日	5月5日
值班人员	嬛嬛	董小姐	莉莉安	兰陵王	小猪佩奇

图5-36

F	G	H	I	J	K
值班表	5月1日	5月2日	5月3日	5月4日	5月5日
值班人员	高渐离	莉莉安	荣耀	小猪佩奇	兰陵王
	干将莫邪	嬛嬛	范思哲	董小姐	一匹野马
	郭源潮	王者	李元芳	四郎	安河桥

图5-37

Step 05 按F9键可对值班表进行刷新，如图5-38所示。

I3 =INDEX($B:$B,MATCH(ROW(C2)*5+COLUMN(C2)-5,$D:$D,0))

	A	B	C	D
1	人员编号	人员姓名	辅助列1	辅助列2
2	1	董小姐	0.158318	13
3	2	小猪佩奇	0.840328	3
4	3	王者	0.874202	2
5	4	安河桥	0.512851	10
6	5	荣耀	0.519072	9
7	6	嬛嬛	0.476672	11
8	7	莉莉安	0.767316	4
9	8	四郎	0.622256	7
10	9	郭源潮	0.944922	1
11	10	高渐离	0.352977	12
12	11	兰陵王	0.012942	15
13	12	一匹野马	0.750803	5
14	13	范思哲	0.705485	6
15	14	干将莫邪	0.618138	8
16	15	李元芳	0.072671	14

F	G	H	I	J	K
值班表	5月1日	5月2日	5月3日	5月4日	5月5日
值班人员	郭源潮	王者	小猪佩奇	莉莉安	一匹野马
	范思哲	四郎	干将莫邪	荣耀	安河桥
	嬛嬛	高渐离	董小姐	李元芳	兰陵王

按F9键刷新排班表

图5-38

知识总结

本章主要介绍了四舍五入函数和随机函数的应用。大家记住几个关键词，以加深对这些函数的记忆。四舍五入函数的关键词有四舍五入、截尾、向上、向下。随机函数就更简单了，本章只介绍了两个随机函数，需牢记随机小数用RAND，随机整数用RANDBETWEENS。

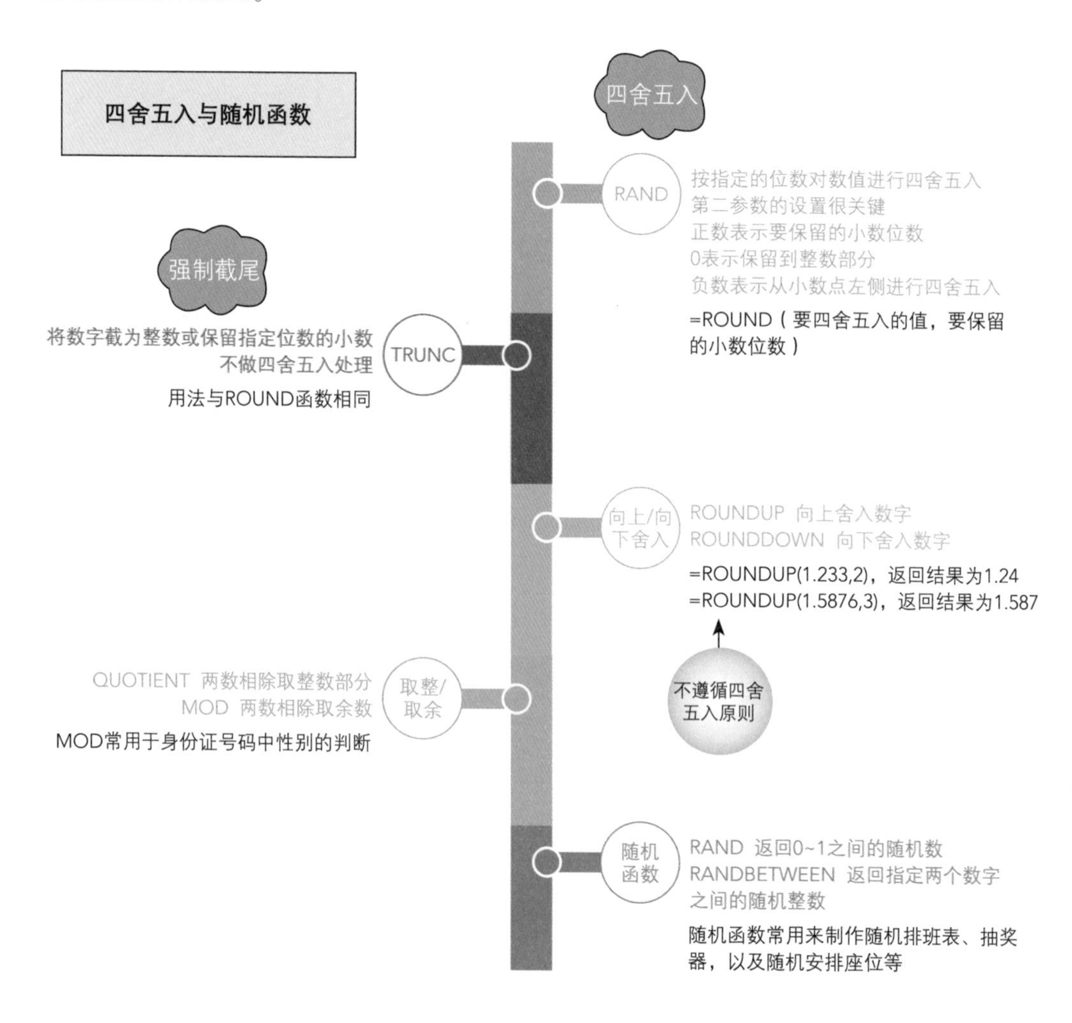

第6章

轻松实现数据查询

数据查询在数据处理和分析的过程中处于重要地位，而且查询的条件复杂，这更增加了查询的难度。使用公式和函数往往可以轻松应对各类复杂条件的查询。本章将对常用的查找和引用函数进行详细介绍。

6.1 使用VLOOKUP函数根据条件查找数据

VLOOKUP函数是一个非常经典的查询函数，使用率非常高，因此首先介绍VLOOKUP函数。

VLOOKUP函数可以根据已知条件从表区域中提取出指定位置的内容。

该函数有4个参数，语法格式如下：

=VLOOKUP(❶查找什么内容，❷在什么范围内查找，❸返回值在查找范围的第几列，❹使用精确匹配查找还是近似匹配查找)

参数说明：

- **参数1：**查找条件必须是在查询表的第一列。
- **参数2：**查找范围内必须包括查找条件和返回值，否则公式返回错误值。
- **参数3：**返回值的位置是根据指定的查询表来确定的，而不是根据整张工作表。
- **参数4：**逻辑值TRUE或FALSE。TRUE表示近似匹配查找，FALSE表示精确匹配查找。该参数可忽略，若忽略则表示使用近似匹配查找。

6.1.1 根据商品名称查询商品价格

下面将使用VLOOKUP函数从商品库存表中根据“商品名称”查询“商品单价”。假设现在要查询“VR眼镜”的价格，选中G2单元格，输入公式“=VLOOKUP(F2,B1:D16,3,FALSE)”，按下Enter键后即可返回该商品的价格，如图6-1所示。

G2 =VLOOKUP(F2,B1:D16,3,FALSE)

	A	B	C	D	E	F	G
1	品牌	商品名称	库存数量	商品单价		商品名称	商品单价
2	HUAWEI	平板电脑	10	¥3,500.00		VR眼镜	¥1,900.00
3	AiSleep	U型枕	15	¥80.00			
4	HUAWEI	智能手机	2	¥4,500.00			
5	小米	蓝牙音响	3	¥880.00			
6	瑞士军刀	双肩背包	5	¥180.00			
7	小米	VR眼镜	3	¥1,900.00			
8	恰恰	零食礼包	20	¥89.00			
9	富光	保温杯	5	¥59.00			
10	晨光	笔记本	20	¥20.00			
11	Midea	加湿器	10	¥80.00			
12	雅诚德	茶具7件套	3	¥120.00			
13	小米	智能台灯	2	¥350.00			
14	蕉下	雨伞	5	¥99.00			
15	华为	充电宝	6	¥80.00			
16	Midea	空气净化器	1	¥2,300.00			

图6-1

公式解析

本例公式使用 VLOOKUP 函数进行了一次精确匹配查找。如果将参数 1 更改成其他商品，则可查询到相应商品的单价。

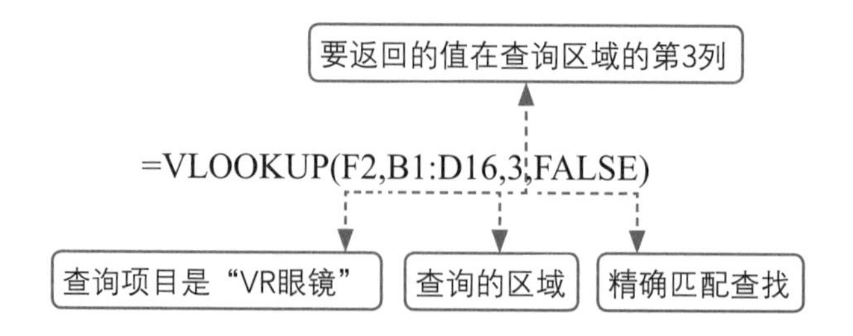

如果要查询的内容在查询表的首列中重复出现，VLOOKUP函数将如何返回查询结果？

VLOOKUP函数只会返回第一个查询到的结果（所有重复项目中第一次出现时的结果）。

6.1.2 根据身高自动查询服装尺码

某公司为了给员工定制合身的工作服，现需要根据员工的实际身高及参考表中提供的信息自动判断工作服尺码，此时可以使用VLOOKUP函数进行近似匹配查找。

在C2单元格中输入公式“=VLOOKUP(B2,$F$4:$G$10,2,TRUE)”，然后将公式向下方填充即可得到每个人的服装尺码，如图6-2所示。

C2　=VLOOKUP(B2,$F$4:$G$10,2,TRUE)

姓名	身高（cm）	服装尺码
董小姐	171	L
小猪佩奇	158	XS
王者	175	XL
安河桥	182	XXL
荣耀	178	XL
	163	S
	165	M
	174	L
	183	XXL
高渐离	187	XXXL
兰陵王	178	XL
一匹野马	176	XL
范思哲	172	L
干将莫邪	169	M
李元芳	178	XL

尺码参考表

身高范围	参考身高（cm）	参考尺码
145<身高<160	145	XS
160≤身高<165	160	S
165≤身高<170	165	M
170≤身高<175	170	L
175≤身高<180	175	XL
180≤身高<185	180	XXL
185≤身高<190	185	XXXL
190≤身高<195	190	XXXXL

要查询的值

查询表，返回值在第2列

图6-2

公式解析

本例公式的参数4是TRUE表示使用近似匹配查找。所谓近似匹配，即查询表中没有和要查询的值完全相同的值时，自动向下匹配到与其最接近的值，注意，只能向下匹配。

例如实际身高158cm，在尺码参考表中和158最接近的值是160，但是VLOOKUP函数只能向下匹配到比自己小且最接近的那个值，即145。与身高145cm对应的尺码是“XS”，因此公式返回“XS”。

注意事项 要准确地使用近似匹配查找，必须将VLOOKUP函数的参数2的第一列设置为升序，否则公式将无法返回正确的结果，如图6-3所示。

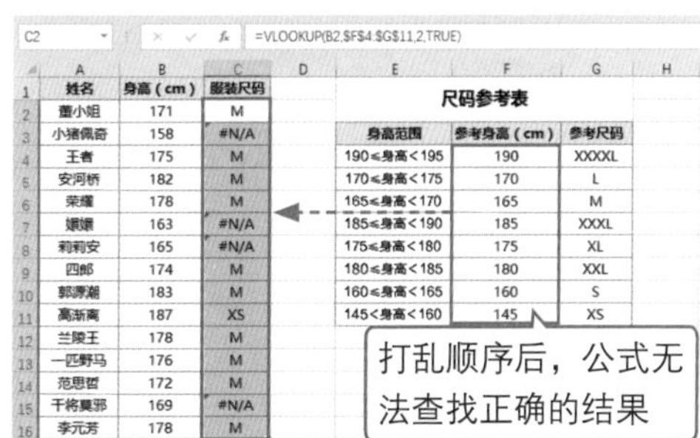

C2　=VLOOKUP(B2,$F$4:$G$11,2,TRUE)

姓名	身高（cm）	服装尺码
董小姐	171	M
小猪佩奇	158	#N/A
王者	175	M
安河桥	182	M
荣耀	178	M
嬛嬛	163	#N/A
莉莉安	165	#N/A
四郎	174	M
郭潇潮	183	M
高渐离	187	XS
兰陵王	178	M
一匹野马	176	M
范思哲	172	M
干将莫邪	169	#N/A
李元芳	178	M

尺码参考表

身高范围	参考身高（cm）	参考尺码
190≤身高<195	190	XXXXL
170≤身高<175	170	L
165≤身高<170	165	M
185≤身高<190	185	XXXL
175≤身高<180	175	XL
180≤身高<185	180	XXL
160≤身高<165	160	S
145<身高<160	145	XS

图6-3

6.1.3 根据工号自动查询员工信息

进行员工信息管理时经常会建立信息查询系统，使用VLOOKUP函数便能创建一个简单的信息查询表。

假设现在需要创建一个只要输入员工工号就能显示该员工所有信息的查询表。员工基本信息和查询表分别保存在两个工作表中，如图6-4所示。

工号	员工姓名	性别	出生年月	年龄	所属部门	职务
DS001	刘思明	男	1976/5/1	45	生产管理部	操作工
DS002	宋清风	男	1989/3/18	32	生产管理部	经理
DS003	牛敏	女	1989/2/5	32	采购部	
DS004	叶小倩	女	1990/3/13	31	采购部	
DS005	杰明	男	1970/4/10	51	生产管理部	
DS006	杨一涵	女	1980/8/1	40	生产管理部	
DS007	郝爱国	男	1981/10/29	39	质量管理部	
DS008	肖央	男	1980/9/7	40	采购部	
DS009	常尚霞	女	1991/12/14	29	采购部	
DS010	李华华	男	1994/5/28	27	生产管理部	

查询表	
工号	
员工姓名	
性别	
出生年月日	
年龄	
部门	
职务	

图6-4

工号可以创建下拉列表，通过下拉列表快速选择。这时便要用到“数据验证”功能，下面介绍其具体操作方法：

在“查询表”中选择B2单元格，打开“数据”选项卡，单击“数据验证”按钮，打开“数据验证”对话框，设置“验证条件”为“序列”，然后将光标放置在“来源”文本框中，单击“员工基本信息”工作表标签，在该工作表中选择所有包含工号的单元格区域，此时“来源”文本框中会自动出现“=员工基本信息!$A$2:$A$45”内容，最后单击“确定”按钮，关闭对话框，如图6-5所示。

“数据验证”设置完成后，查询表中的B2单元格右侧会出现一个▾按钮，单击该按钮，展示出的下拉列表中会显示所有员工的工号，单击某个工号即可将其输入到单元格中，如图6-6所示。

图6-5

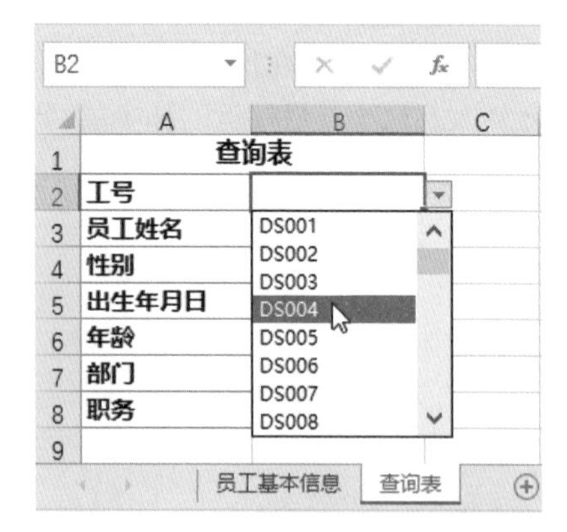

图6-6

接下来编写查找公式。在B3单元格中输入公式“=VLOOKUP(查询表!$B$2,员工基本信息!$A$1:$G$45,2,FALSE)”，返回与工号对应的员工姓名，如图6-7所示。

B3 =VLOOKUP(查询表!$B$2,员工基本信息!$A$1:$G$45,2,FALSE)

	A	B
1	查询表	
2	工号	DS004
3	员工姓名	叶小倩
4	性别	
5	出生年月日	
6	年龄	
7	部门	
8	职务	

图6-7

此时若直接向下方填充公式，则无法获得该员工的其他信息，如图6-8所示。

除非填充公式后逐一修改参数值3（要查询的信息在查询表中的列位置），否则无法返回正确的查询结果，如图6-9所示。

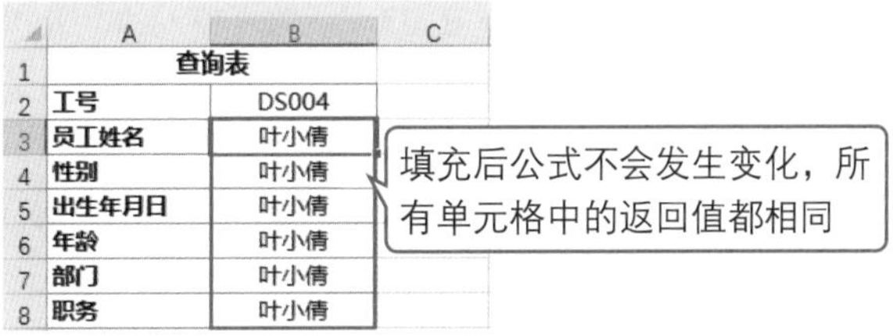

	A	B
1	查询表	
2	工号	DS004
3	员工姓名	叶小倩
4	性别	叶小倩
5	出生年月日	叶小倩
6	年龄	叶小倩
7	部门	叶小倩
8	职务	叶小倩

填充后公式不会发生变化，所有单元格中的返回值都相同

图6-8

	A	B	公式
1	查询表		
2	工号	DS004	
3	员工姓名	叶小倩	=VLOOKUP(查询表!$B$2,员工基本信息!$A$1:$G$45,2,FALSE)
4	性别	女	=VLOOKUP(查询表!$B$2,员工基本信息!$A$1:$G$45,3,FALSE)
5	出生年月日	1990/3/13	=VLOOKUP(查询表!$B$2,员工基本信息!$A$1:$G$45,4,FALSE)
6	年龄	31	=VLOOKUP(查询表!$B$2,员工基本信息!$A$1:$G$45,5,FALSE)
7	部门	采购部	=VLOOKUP(查询表!$B$2,员工基本信息!$A$1:$G$45,6,FALSE)
8	职务	采购员	=VLOOKUP(查询表!$B$2,员工基本信息!$A$1:$G$45,7,FALSE)

图6-9

若想省去逐一修改公式的麻烦，可以设置参数3使其自动变化。将B3单元格中的公式修改为“=VLOOKUP(查询表!$B$2,员工基本信息!$A$1:$G$45,ROW()-1,FALSE)”，随后再向下方填充公式，即可一次性返回所有对应信息，如图6-10所示。

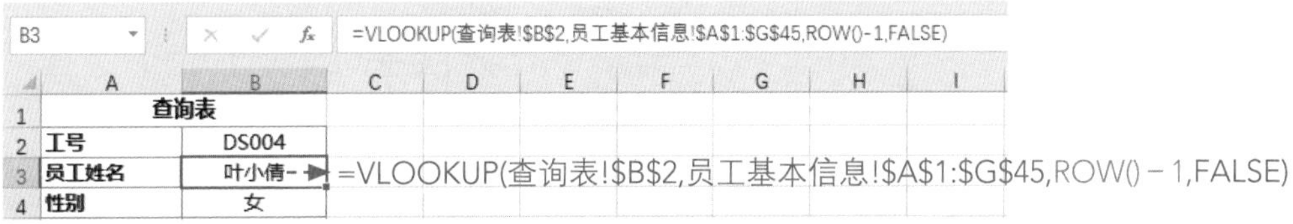

B3 =VLOOKUP(查询表!$B$2,员工基本信息!$A$1:$G$45,ROW()-1,FALSE)

	A	B	公式
1	查询表		
2	工号	DS004	
3	员工姓名	叶小倩	=VLOOKUP(查询表!$B$2,员工基本信息!$A$1:$G$45,ROW() − 1,FALSE)
4	性别	女	

图6-10

经验之谈

ROW函数可以返回一个引用的行号。该参数可以不设置参数。

当不设置参数时表示返回当前行号，例如在C12单元格中输入公式“=ROW()”，公式便会返“12”。

若设置参数则只能设置一个参数，且这个参数必须是单元格引用，例如在任意单元格中输入公式“=ROW(B3)”，公式将返回“3”。

与ROW函数相对应的是COLUMN函数，该函数返回引用的列号。COLUMN函数和ROW函数的用法完全相同，此处不再赘述。

公式解析

本例的第一个公式是在 B3 单元格中输入的，“ROW()”的返回结果是“3”，而“员工姓名”在查询表中的位置是第 2 列，因此需要用“ROW() - 1”。

公式每向下移动一个单元格，“ROW()-1”部分的返回值便会自动加1，从而实现参数3的自动变化。

若将本例查询表的结构更改成横向显示查询结果，那么可以将公式中的ROW函数换成COLUMN函数，然后根据公式的位置设置具体参数。

6.1.4 查询不同店铺同类产品的销量

某奶茶店有两家分店，各店的产品销售数据分别记录在不同的工作表中，而且不同店铺所销售的产品种类及数量也有一定差别，如图6-11所示。

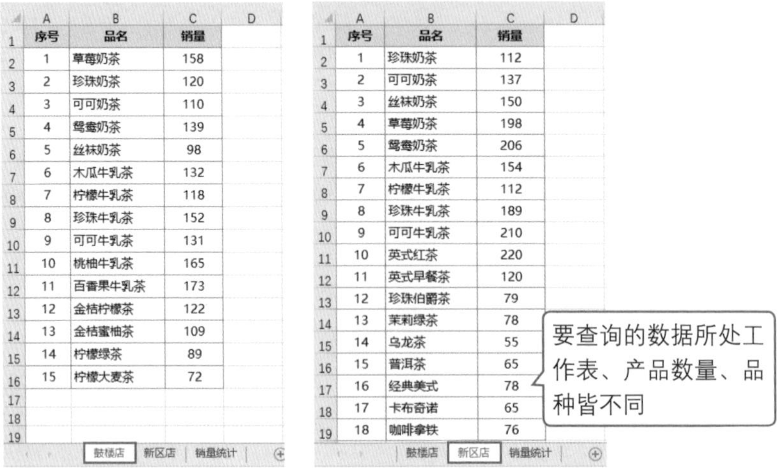

鼓楼店：

	A	B	C
1	序号	品名	销量
2	1	草莓奶茶	158
3	2	珍珠奶茶	120
4	3	可可奶茶	110
5	4	鸳鸯奶茶	139
6	5	丝袜奶茶	98
7	6	木瓜牛乳茶	132
8	7	柠檬牛乳茶	118
9	8	珍珠牛乳茶	152
10	9	可可牛乳茶	131
11	10	桃柚牛乳茶	165
12	11	百香果牛乳茶	173
13	12	金桔柠檬茶	122
14	13	金桔蜜柚茶	109
15	14	柠檬绿茶	89
16	15	柠檬大麦茶	72

新区店：

	A	B	C
1	序号	品名	销量
2	1	珍珠奶茶	112
3	2	可可奶茶	137
4	3	丝袜奶茶	150
5	4	草莓奶茶	198
6	5	鸳鸯奶茶	206
7	6	木瓜牛乳茶	154
8	7	柠檬牛乳茶	112
9	8	珍珠牛乳茶	189
10	9	可可牛乳茶	210
11	10	英式红茶	220
12	11	英式早餐茶	120
13	12	珍珠伯爵茶	79
14	13	茉莉绿茶	78
15	14	乌龙茶	55
16	15	普洱茶	65
17	16	经典美式	78
18	17	卡布奇诺	65
19	18	咖啡拿铁	76

要查询的数据所处工作表、产品数量、品种皆不同

图6-11

假设现在需要在“销量统计”表中查询两个店铺中指定产品的销量，可以在“销量统计”工作表中选择C2单元格，输入公式“=VLOOKUP(B2,INDIRECT(A2&"店!B2:C19"),2,FALSE)”，然后将公式向下方填充，即可从两张工作表中返回查询结果，如图6-12所示。

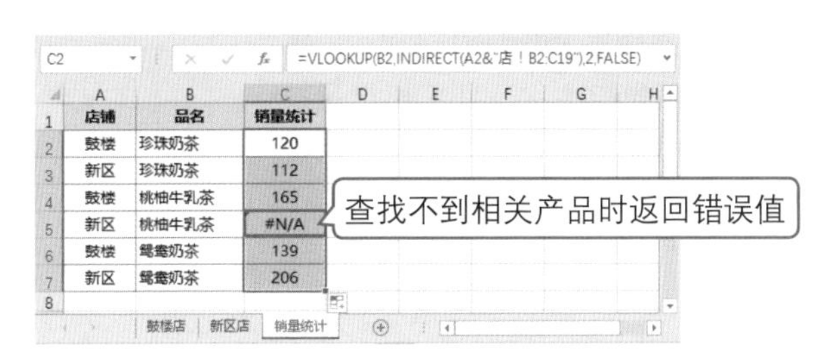

图6-12

公式解析

本例公式根据不同的店铺名称在不同的工作表中查找数据，“A2&"店！B2:C19"”的作用为将店铺名称和“店”这个字连接，即为对应的销量统计存放工作表名。INDIRECT函数的作用是将店铺名和“店”字连接，以及将工作表销量统计区域的地址转换成实际的区域引用，最后用VLOOKUP函数从对应的工作表区域中查找产品销量。

注意事项

① 由于两个工作表中的商品数量不同，引用区域应为商品数量较多的区域。

② “店”与数据区域的地址“B2:C19”之间有一个感叹号，用于区分工作表与单元格，若忽略感叹号公式则返回错误值“#REF!”。

6.1.5 根据考核分数自动评定等级

某公司制订了一套考核得分评估等级表，现需要将E列的评分转化为等级。按照常规的思路肯定有很多同学会想到使用IF函数，IF函数的确可以完成本次从分数到等级的转换，具体公式如下：

=IF(E2>=90,"卓越",IF(E2>=70,"优秀",IF(E2>=60,"一般","不及格")))

除了使用IF函数外，用VLOOKUP函数也能完成相应转换。在F2单元格中输入公式“=VLOOKUP(E2,{0,"不及格";60,"一般";70,"优秀";90,"卓越"},2)”，按下Enter键后再次选中F2单元格，双击填充柄将公式向下填充即可，如图6-13所示。

F2 =VLOOKUP(E2,{0,"不及格";60,"一般";70,"优秀";90,"卓越"},2)

考核结果评定参考表			姓名	评分	等级
评估等级	考核得分		嬛嬛	97	卓越
卓越	90~100		莉莉安	89	优秀
优秀	70~89		四郎	76	优秀
一般	60~69		郭源潮	63	一般
不及格	60以下		高渐离	42	不及格
			兰陵王	85	优秀
			一匹野马	72	优秀
			范思哲	100	卓越
			干将莫邪	66	一般
			李元芳	92	卓越

图6-13

公式解析

本例公式根据已知条件设置了一个 4 行 2 列的二维数组，若在工作表中表示则如图 6-14 所示。数组的第 1 列是成绩，第 2 列是每个成绩对应的等级。VLOOKUP 函数在该数组的第 1 列中查找得分，然后返回得分对应的等级。本例忽略了参数 4，即使用近似匹配查找，当 VLOOKUP 函数在数组的第 1 列中找不到相同数值时，就找比它小且最接近的值，最后返回该值同一行第 2 列中的等级。

0	不及格
60	一般
70	优秀
90	卓越

图6-14

6.2 HLOOKUP换个方向也能查找需要的数据

HLOOKUP函数和VLOOKUP函数不但拼写方法非常相似，而且作用也很相似。这两个函数都是查找函数，其语法格式和参数的设置方法也基本相同。具体区别为VLOOKUP函数是按纵向查找，HLOOKUP函数是按横向查找。

下面以一个简单的示例进行说明。在图6-15所示的销售记录表中,要查找指定产品的出库数量，可以使用VLOOKUP函数。假设要**查找"法式碎花连衣裙"的出库数量**，可编写如下公式：

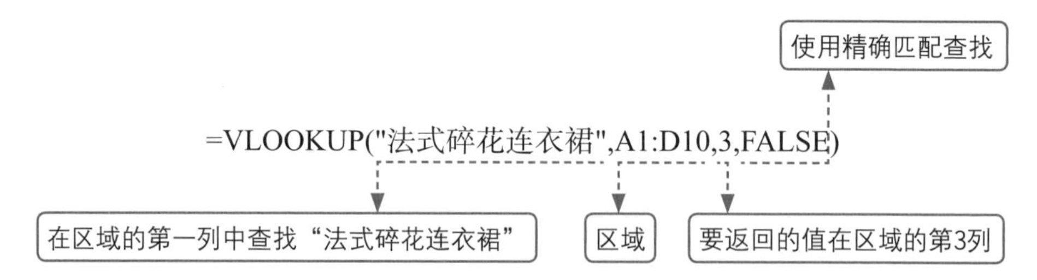

若要查找指定行中的出库总价则可使用HLOOKUP函数，假设现在要查**找第5行中的出库总价**，具体公式如下：

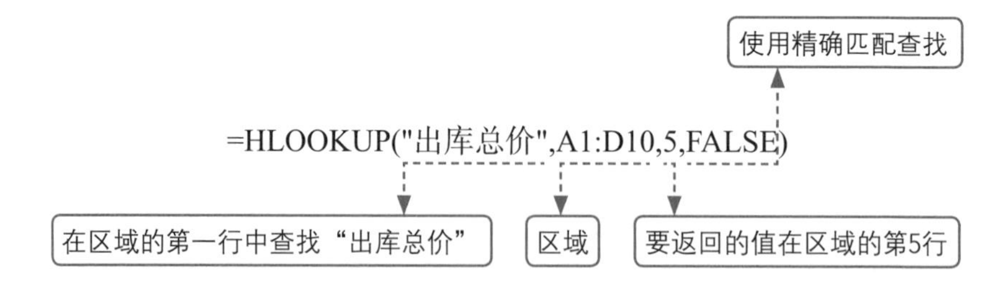

	A	B	C	D	E
1	产品名称	产品单价	出库数量	出库总价	
2	OL时装两件套	¥158.00	12	¥1,896.00	
3	大码冰丝阔腿裤	¥223.00	11	¥2,453.00	
4	法式碎花连衣裙	¥169.00	30	¥5,070.00	
5	蝴蝶结雪纺衬衫	¥112.00	15	¥1,680.00	
6	明星同款水晶凉鞋	¥155.00	16	¥2,480.00	
7	欧根纱泡泡袖T恤	¥56.00	25	¥1,400.00	
8	小香风短裙套装	¥223.00	3	¥669.00	
9	优雅桑蚕丝吊带衫	¥209.00	19	¥3,971.00	
10	坠珍珠牛仔喇叭裤	¥172.00	20	¥3,440.00	

图6-15

6.2.1 查找指定车间某日的生产量

▶扫一扫 看视频◀

在车间产量统计表中详细记录了每天不同车间的产量，下面将使用HLOOKUP函数查询“1车间”和“2车间”2021年7月5日的产量。

在F2单元格中输入公式“=HLOOKUP(E2,$A$1:$C$9,6,0)”，然后将公式向下方填充一个单元格即可查询出1车间和2车间在指定日期的产量，如图6-16所示。

F2 =HLOOKUP(E2,$A$1:$C$9,6,0)

	A	B	C	D	E	F	G
1	日期	1车间	2车间		车间	2021/7/5 产量	
2	2021/7/1	50	55		1车间	42	
3	2021/7/2	48	62		2车间	73	
4	2021/7/3	73	80				
5	2021/7/4	58	50				
6	2021/7/5	42	73				
7	2021/7/6	65	56				
8	2021/7/7	43	41				
9	2021/7/8	96	86				

图6-16

公式解析

本例公式使用 HLOOKUP 函数在指定区域的第一行中搜索“1 车间”，然后返回这个区域中与“1 车间”对应的第 6 行中的数据，参数 4 为“0”表示精确匹配查找。

6.2.2 查询产品不同时期的价格

如图6-17所示的表格中记录了店铺去年某个产品全年不同月份的价格，现在需要根据输入的日期查询当时的价格。

在D3单元格中输入一个日期，随后选择“E3”单元格，输入公式“=HLOOKUP(MONTH(D3),{1,4,6,7,10,12;118,123,98,115,159,88},2)”，按下Enter键后即可查询该日期所对应的价格，如图6-17所示。若重新输入一个日期，公式则会自动进行查询。

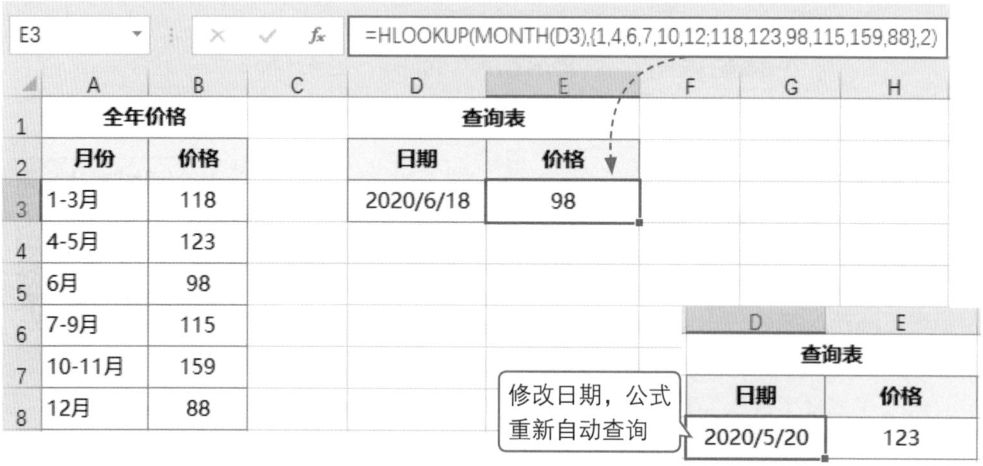

E3 =HLOOKUP(MONTH(D3),{1,4,6,7,10,12;118,123,98,115,159,88},2)

	A	B	C	D	E
1	全年价格			查询表	
2	月份	价格		日期	价格
3	1-3月	118		2020/6/18	98
4	4-5月	123			
5	6月	98			
6	7-9月	115			
7	10-11月	159			
8	12月	88			

修改日期，公式重新自动查询

D	E
查询表	
日期	价格
2020/5/20	123

图6-17

经验之谈

MONTH是一个日期函数，作用是返回日期中的月份，该函数只有一个参数，其返回结果为1~12的数字。

公式解析

本例公式首先用 MONTH 函数计算 D3 单元格中日期的月份。然后以一个二维常量数组作为每个月的价格参照表，如图 6-18 所示。参数 3 是“2”，表示返回数组第 2 行中的值。本公式忽略了参数 4，即使用近似匹配查找，若在数组中找不到对应月份，则返回比它小且与它最接近的那个值。

1	4	6	7	10	12
118	123	98	115	159	88

图6-18

6.3 MATCH函数根据数据位置进行查找

MATCH函数也是比较常用的查找函数，它的主要作用体现在以下几个方面。

- 用来确定列表中某个值的位置。
- 用来检验某个值是否存在于某个列表中。
- 用来判断某个列表中是否存在重复数据。
- 用来断定某一列表中最后一个非空单元格的位置。
- 用来处理VLOOKUP函数无法完成的查找工作。

MATCH函数有3个参数，语法格式如下：

=MATCH(❶要查找什么，❷在哪个区域查找，❸按照什么方式查找)

参数说明：

- **参数1：**可以是数字、文本、逻辑值或引用等，该参数不区分大小写。
- **参数2：**必须包含要查找的值，该参数可以是连续的单元格区域也可以是数组。
- **参数3：**可以设置为数字-1、0或1。0表示精确匹配查找，-1和1表示近似匹配查找，具体说明见表6-1。

表6-1

参数3	查找方式
0	精确匹配查找，查找指定内容在参数列表中第一次出现时的位置
1或省略	近似匹配查找，查找小于或等于指定内容的最大值，指定区域必须按升序排列
-1	近似匹配查找，查找大于或等于指定内容的最小值，指定区域必须按降序排列

MATCH函数不受方向限制，它既可以按照纵向查找也可以按照横向查找，如图6-19、图6-20所示。

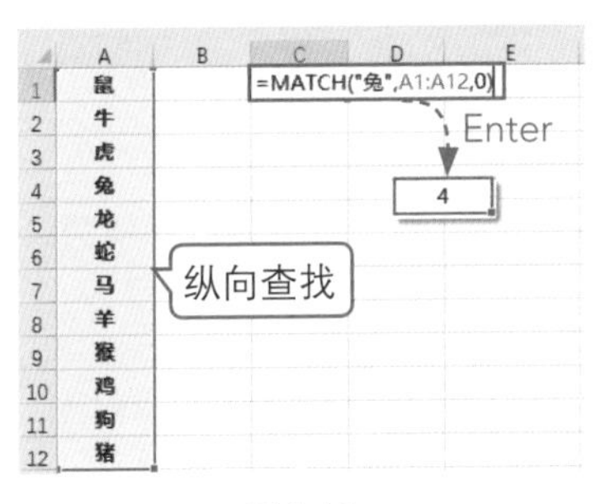

图6-19

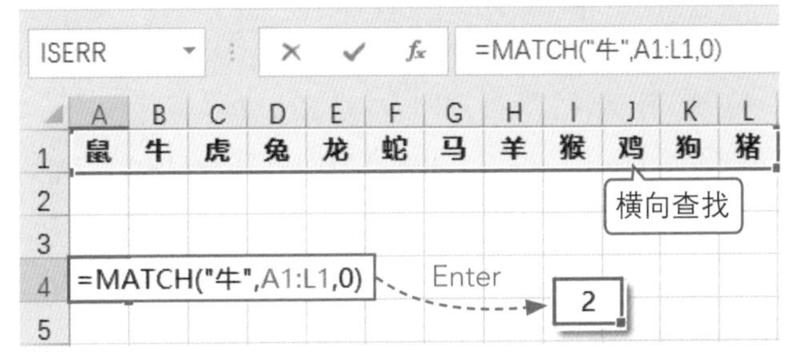

图6-20

6.3.1 查找指定演员的出场次序

假设在一场表演活动中，所有演员根据节目单中的顺序依次出场，下面将使用MATCH函数查找指定演员的出场次序。

在F2单元格中输入公式“=MATCH(E2,A2:A10,0)”，按下Enter键后即可返回查询结果，如图6-21所示。

公式解析

本例公式精确匹配查找指定的姓名在参数列表中出现的位置。

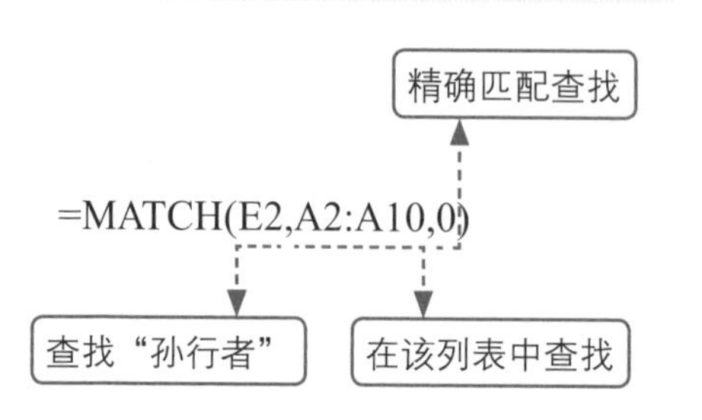

F2 =MATCH(E2,A2:A10,0)

	A	B	C	D	E	F
1	姓名	节目	节目时长		姓名	出场次序
2	王翠花	一首好歌	4分钟		行者孙	6
3	张酸菜	魔性舞蹈	8分钟			
4	武大郎	单口相声	12分钟			
5	猪八戒	民族舞	9分钟			
6	孙行者	大变活人	10分钟			
7	行者孙	诗歌朗诵	5分钟			
8	李天王	杂技顶缸	10分钟			
9	红孩儿	热歌串烧	4分钟			
10	牛魔王	民俗歌曲	4分钟			

图6-21

经验之谈

MATCH函数只能在一列或一行中进行查找，若要查找的内容存在重复项，则只能返回第一个查询到的项目在参数表中的位置。

6.3.2 查找列表中是否包含指定的产品

MATCH函数一般很少单独使用，大多数时候会和其他函数配合来完成任务。接下来将通过MATCH函数与多个函数配合，查询指定区域中是否包含某个产品，若不包含，则返回文本“搜索不到结果”；若包含，则返回该产品对应的难度系数。

在F2单元格中输入公式“=IF(ISNA[1](MATCH(E2,B2:B11,0)),"搜索不到结果",VLOOKUP(E2,B2:C11,2))”，按下Enter键后即可显示出搜索结果，如图6-22所示。

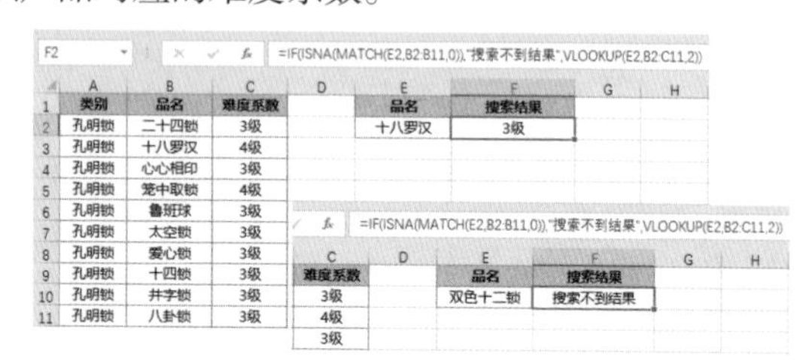

F2 =IF(ISNA(MATCH(E2,B2:B11,0)),"搜索不到结果",VLOOKUP(E2,B2:C11,2))

	A	B	C	D	E	F
1	类别	品名	难度系数		品名	搜索结果
2	孔明锁	二十四锁	3级		十八罗汉	3级
3	孔明锁	十八罗汉	4级			
4	孔明锁	心心相印	3级			
5	孔明锁	笼中取锁	4级			
6	孔明锁	鲁班球	3级			
7	孔明锁	太空锁	3级			
8	孔明锁	爱心锁	3级			
9	孔明锁	十四锁	3级			
10	孔明锁	井字锁	3级			
11	孔明锁	八卦锁	3级			

=IF(ISNA(MATCH(E2,B2:B11,0)),"搜索不到结果",VLOOKUP(E2,B2:C11,2))

C	D	E	F
难度系数		品名	搜索结果
3级		双色十二锁	搜索不到结果
4级			
3级			

图6-22

公式解析

这个公式中虽然使用了4个函数，但是经过一层层剖析很好理解。

首先用MATCH(E2,B2:B11,0)计算出要查询的品名在指定区域中出现的位置。其返回结

[1] ISNA函数的作用是判断，具体可查阅本书表3-1。

果有两种可能，若指定区域中包含该品名，则返回一个数字；若不包含，则会返回#N/A错误值。其次用ISNA函数将MATCH函数的查询结果转换成逻辑值TRUE或FALSE。最后用IF函数为逻辑值赋予最终返回结果，判断结果为TRUE时，公式返回文本“搜索不到结果”；否则返回“VLOOKUP(E2,B2:C11,2)”的计算结果，即与查询的品名相对应的难度系数。

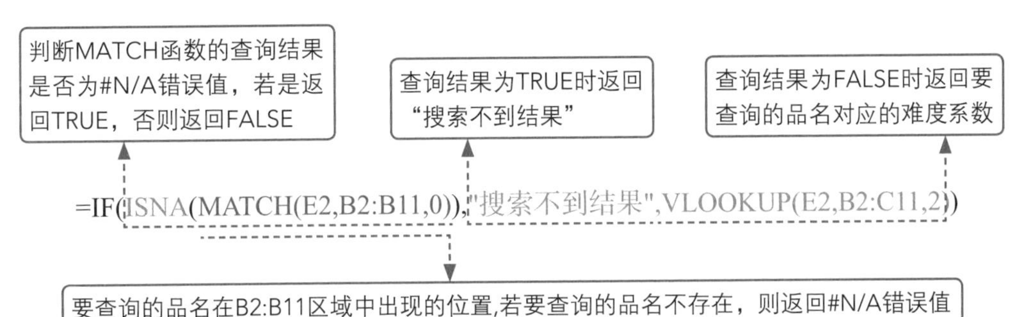

6.3.3 排查是否存在重复报销的项目

排查重复项是Excel中的高频操作，可执行此项操作的方法很多，例如使用“高级筛选”“删除重复值”“条件格式”“使用公式”等。下面介绍排查重复项的公式该如何编写。

假设现在需要排查报销单中是否存在重复的项目，并以文字的形式进行提示。可以在G2单元格中输入公式“=IF(MATCH(C2,$C$2:$C$12,0)=ROW()-1,"","重复，请核对！")”，随后将公式向下方填充，此时重复的项目即可被查找出来，如图6-23所示。

G2 =IF(MATCH(C2,$C$2:$C$12,0)=ROW()-1,"","重复，请核对！")

日期	报销类别	支出原由	报销金额	报销人	部门	重复项目排查
2021/6/1	交通费	车辆加油费用	500.00	熊大	综合部	
2021/6/1	办公费	订购6月份报刊杂志	1,000.00	熊大	财务部	
2021/6/5	培训费	新员工进行入职培训	500.00	翠花	综合部	
2021/6/5	培训费	新员工进行入职培训	500.00	翠花	综合部	重复，请核对！
2021/6/12	差旅费	去苏州出差，客户开发	800.00	翠花	销售部	
2021/6/15	交通费	车辆维修费用，车辆加油	900.00	熊二	技术部	
2021/6/20	会议费	第2季度销售部会议	2,000.00	熊大	财务部	
2021/6/22	其他费用	购买礼品，赠送客户	200.00	熊大	销售部	
2021/6/23	办公费	装订打印费用	500.00	翠花	技术部	
2021/6/5	培训费	新员工进行入职培训	500.00	翠花	综合部	重复，请核对！
2021/6/30	通讯费	6月份全体员工通讯报销	200.00	熊二	财务部	

图6-23

公式解析

本例公式利用 MATCH 函数只会返回要查询的数据在查询表中第一次出现时的位置这一特性完成判断。当存在重复项目时，其返回结果是相同的，如图 6-24 所示。

D2 =MATCH(C2,$C$2:$C$12,0)

日期	报销类别	支出原由	MATCH函数的查询结果
2021/6/1	交通费	车辆加油费用	1
2021/6/1	办公费	订购6月份报刊杂志	2
2021/6/5	培训费	新员工进行入职培训	3
2021/6/5	培训费	新员工进行入职培训	3
2021/6/12	差旅费	去苏州出差，客户开发	5
2021/6/15	交通费	车辆维修费用，车辆加油	6
2021/6/20	会议费	第2季度销售部会议	7
2021/6/22	其他费用	购买礼品，赠送客户	8
2021/6/23	办公费	装订打印费用	9
2021/6/5	培训费	新员工进行入职培训	3
2021/6/30	通讯费	6月份全体员工通讯报销	11

重复的项目只会返回第一次出现时的位置

图6-24

而公式中的“=ROW()－1”是为了得到一组从数字“1”开始的连续数字，如图6-25所示。若MATCH函数和ROW函数的返回结果不相等，则说明当前项目是重复的，最后用IF函数为判断结果赋予最终返回值。

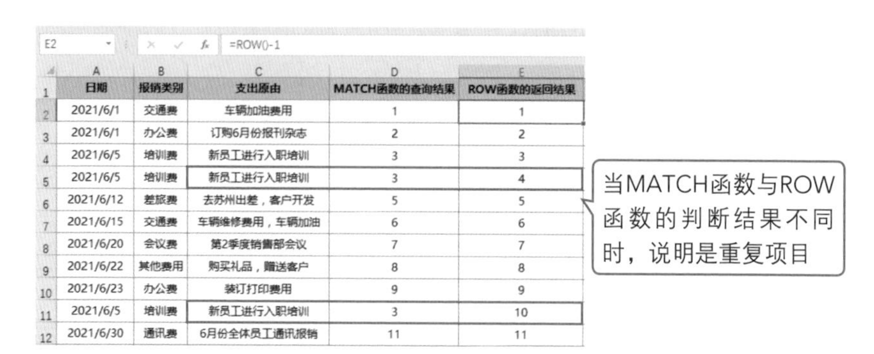

E2 =ROW()-1

日期	报销类别	支出原由	MATCH函数的查询结果	ROW函数的返回结果
2021/6/1	交通费	车辆加油费用	1	1
2021/6/1	办公费	订购6月份报刊杂志	2	2
2021/6/5	培训费	新员工进行入职培训	3	3
2021/6/5	培训费	新员工进行入职培训	3	4
2021/6/12	差旅费	去苏州出差，客户开发	5	5
2021/6/15	交通费	车辆维修费用，车辆加油	6	6
2021/6/20	会议费	第2季度销售部会议	7	7
2021/6/22	其他费用	购买礼品，赠送客户	8	8
2021/6/23	办公费	装订打印费用	9	9
2021/6/5	培训费	新员工进行入职培训	3	10
2021/6/30	通讯费	6月份全体员工通讯报销	11	11

图6-25

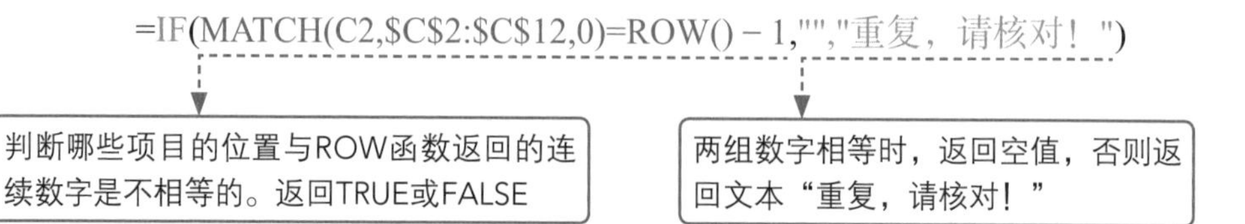

若将重复的项目全部标识出来（包含第一个重复项目），可以使用COUNTIF函数与IF函数嵌套完成。具体公式：**=IF(COUNTIF(C:C,C2)>1,"包含重复项","")**，如图6-26所示。

G2 =IF(COUNTIF(C:C,C2)>1,"包含重复项","")

日期	报销类别	支出原由	报销金额	报销人	部门	重复项目排查
2021/6/1	交通费	车辆加油费用	500.00	熊大	综合部	
2021/6/1	办公费	订购6月份报刊杂志	1,000.00	熊大	财务部	
2021/6/5	培训费	新员工进行入职培训	500.00	翠花	综合部	包含重复项
2021/6/5	培训费	新员工进行入职培训	500.00	翠花	综合部	包含重复项
2021/6/12	差旅费	去苏州出差，客户开发	800.00	翠花	销售部	
2021/6/15	交通费	车辆维修费用，车辆加油	900.00	熊二	技术部	
2021/6/20	会议费	第2季度销售部会议	2,000.00	熊大	财务部	
2021/6/22	其他费用	购买礼品，赠送客户	200.00	熊大	销售部	
2021/6/23	办公费	装订打印费用	500.00	翠花	技术部	
2021/6/5	培训费	新员工进行入职培训	500.00	翠花	综合部	包含重复项
2021/6/30	通讯费	6月份全体员工通讯报销	200.00	熊二	财务部	

图6-26

6.4 CHOOSE函数根据给定索引值查找数据

CHOOSE翻译成中文是“选择”的意思，顾名思义CHOOSE函数的作用就是从索引值中选择一个并返回对应的结果。

CHOOSE函数最少可以设置两个参数，最多可以设置255个参数，语法格式如下：

=CHOOSE(❶索引，❷数据1，❸数据2，…)

参数说明：

- **参数1：**索引值，是一个数字，作用是从后面的参数列表中指定一个要返回的值。
- **参数2：**参数列表中的第1个值。
- **参数3：**参数列表中的第2个值。参数列表中最多可以设置254个值。
- 参数列表中的值可以是数字、文本、引用、逻辑值、定义的名称、公式、函数等。

CHOOSE函数的基本用法如图6-27所示。

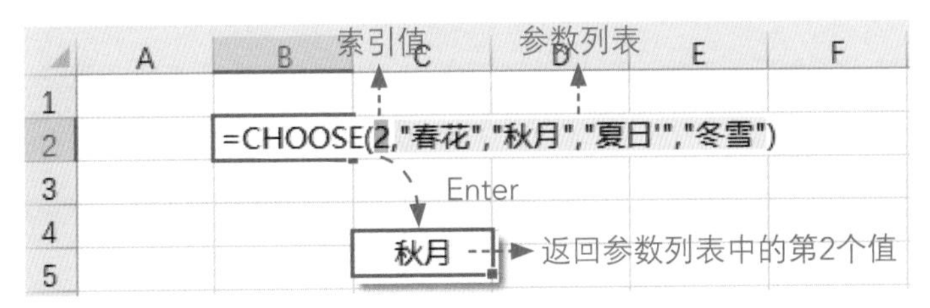

图6-27

索引值不能小于1，也不能超出参数列表中所包含的参数总数，否则会返回错误值，如图6-28所示。

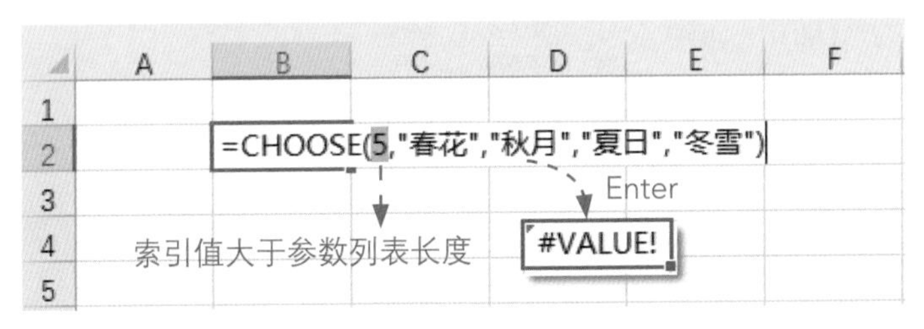

图6-28

6.4.1 随机安排家务

下面将使用CHOOSE函数进行一项有意思的操作，为家庭成员随机安排一项家务。

在B2单元格中输入公式“=CHOOSE(RANDBETWEEN(1,3),"拖地","洗碗","整理")”，输入完成后按Enter键即可随机返回一项任务，如图6-29所示。

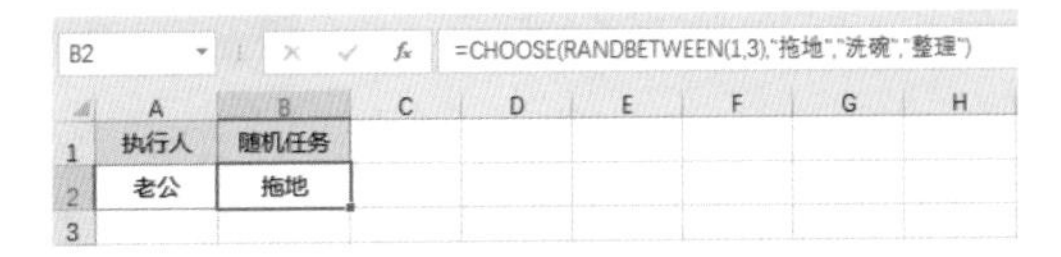

图6-29

公式解析

本例公式使用 RANDBETWEEN 函数生成 1 ~ 3 的任意一个随机数，将其作为索引值从后面的参数列表中提取相应位置的家务内容。

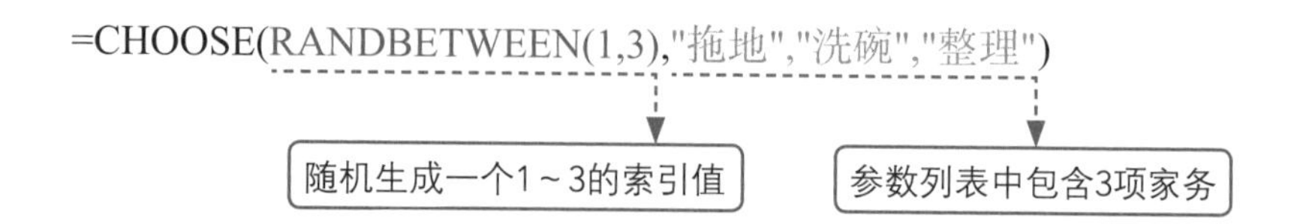

6.4.2 跳过周六和周日安排值日人员

假设公司某部门一共有6个人，每天随机安排一个值日人员，公司为单休制度，星期日休息，休息日不安排人员值日。

下面将使用CHOOSE函数编写公式，完成2021年7月的值日表。在B2单元格中输入公式“=CHOOSE(WEEKDAY(A2,2),$D$2,$D$3,$D$4,$D$5,$D$6,$D$7,"")”，随后将公式向下方填充至2021/7/31即可，如图6-30所示。

B2 =CHOOSE(WEEKDAY(A2,2),$D$2,$D$3,$D$4,$D$5,$D$6,$D$7,"")

	A	B	C	D	E	F	G	H
1	日期	值日人员		运营部人员				
2	2021/7/1	赵月		王大力				
3	2021/7/2	刘姝儿		姜恒				
4	2021/7/3	裴家栋		刘苗苗				
5	2021/7/4			赵月				
6	2021/7/5	王大力		刘姝儿				
7	2021/7/6	姜恒		裴家栋				
8	2021/7/7	刘苗苗						
9	2021/7/8	赵月						
10	2021/7/9	刘姝儿						
11	2021/7/10	裴家栋						
12	2021/7/11							

图6-30

WEEKDAY是日期函数，其作用是计算一个日期是星期几。该函数的详细使用方法请翻阅7.4.1节。

公式解析

本例公式使用 WEEKDAY 函数计算出 A 列中的日期分别是星期几，然后利用这个返回值从后面的参数列表中选择相应位置的人员姓名。参数列表中包含 7 个参数，最后一个参数是空值，表示当索引值为 7（星期日）时返该空值。

6.4.3 根据员工编号自动录入所属部门

假设某公司员工工号的第2位代表所属部门，在如图6-31所示的员工信息表中F列和G列中保存着每个代码所对应的部门，下面将根据员工编号自动录入所属部门。

选择D2单元格，输入公式“=CHOOSE(MID(A2,2,1),$G$2,$G$3,$G$4,$G$5,$G$6)”，随后将公式向下方填充即可根据工号自动录入所有员工的所属部门，如图6-31所示。

MID函数是字符截取函数，它可以从字符串的指定位置开始截取指定数量的字符，该函数的详细用法请翻阅8.2节。

D2 =CHOOSE(MID(A2,2,1),$G$2,$G$3,$G$4,$G$5,$G$6)

工号	姓名	性别	所属部门		部门代码	部门
12405	张三疯	男	运营部		1	人事部
23555	李四月	女	生产部		2	运营部
51140	周月亮	女	人事部		3	生产部
14256	聂风	男	销售部		4	销售部
22800	步惊云	男	运营部		5	财务部
31005	至尊宝	男	人事部			
32203	唐玄奘	男	运营部			
34211	紫霞	女	销售部			
25660	白骨精	女	财务部			
34922	梅超风	女	销售部			
35613	萧十一狼	男	财务部			
32000	东方不败	男	运营部			

图6-31

公式解析

本例公式使用 MID 函数提取出 1 号中的第 2 个数字，将其作为索引值。然后从由部门组成的参数列表中返回对应位置的部门。

注意事项

参数列表中所包含的部门顺序不能乱，必须是根据部门代码从1至5的顺序依次设置。

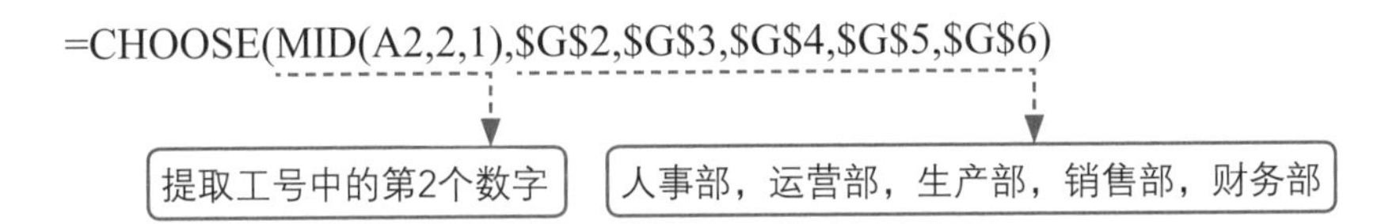

6.4.4 根据产品不良数量自动判断处理方式

根据车间生产规定，产品不良率低于0.3%时，允许“入库”；不良率为0.3%~1%，需要将不良品“挑选”出去；若不良率超过1%，则需要“返工”。

选择D2单元格，输入公式“=CHOOSE((SUM(N(C2/B2>={0,0.003,0.01}))),"入库","挑选","返工")”，按下Enter键后返回第一批次产品的处理方式，随后向下方填充公式，计算出所有批次产品的处理方式，如图6-32所示。

D2 =CHOOSE((SUM(N(C2/B2>={0,0.003,0.01}))),"入库","挑选","返工")

生产批次	生产数量	不良数量	处理方式
20210701	69854	561	挑选
20210701	53210	1372	返工
20210701	82653	210	入库
20210701	96320	798	挑选
20210701	45200	633	返工
20210701	65320	120	入库
20210701	75246	240	挑选
20210701	99020	260	入库

图6-32

经验之谈

N函数的作用是将不是数值的数据转换成数值，例如将逻辑值TRUE转换成1，将FALSE及其他数据转换成0，日期转换成序列值等。

公式解析

本例公式首先根据车间生产规定对不良率的三个要求创建一个常量数组“{0,0.003,0.01}”。其次用“N(C2/B2>={0,0.003,0.01})”判断当前生产批次的不良率是否大于等于该数组的每个不良率，N 函数将判断的逻辑值结果转换成数字，并用 SUM 函数统计个数。最后 CHOOSE 函数利用统计出的个数从参数列表中返回相应的处理方式。本公式的主要求值过程如图 6-33 所示

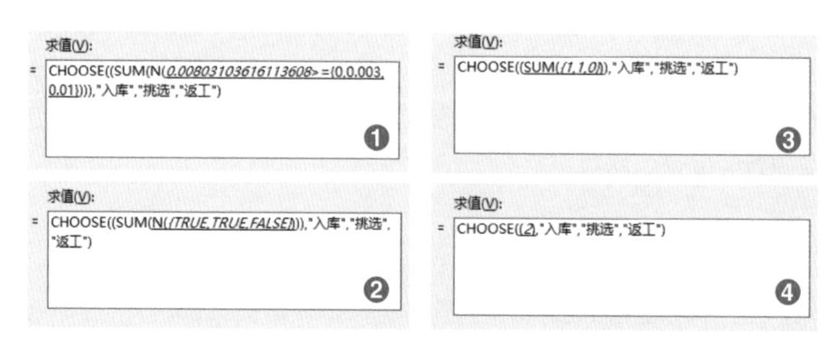

图6-33

6.4.5 根据书名和图书类别查询指定图书的价格

某书店按照图书的类别在不同区域内记录图书的价格。现在需要根据图书的名称和图书的类别在不同区域内查找指定图书的价格。

首先分别在B21和C21单元格内输入图书名称和类别，然后选中D21单元格，输入公式“=VLOOKUP(B21,CHOOSE(MATCH(C21,{"文学类","儿童文学","小说类"},0),B1:C14,E1:F18,H1:I16),2,0)”，按下Enter键后即可返回该图书的价格，如图6-34所示。

D21 =VLOOKUP(B21,CHOOSE(MATCH(C21,{"文学类","儿童文学","小说类"},0),B1:C14,E1:F18,H1:I16),2,0)

	A	B	C	D	E	F	G	H	I
1	序号	文学类	价格	序号	儿童文学	价格	序号	小说类	价格
2	1	安心即是归处	¥36.8	1	胡桃夹子	¥14.9	1	剑来	¥135.0
3	2	瓦尔登湖	¥26.3	2	一只想飞的猫	¥14.9	2	起风了	¥23.3
4	3	呼兰河转	¥16.8	3	细菌世界历险记	¥14.9	3	消失的13级台阶	¥21.0
5	4	人间失格	¥22.4	4	我去故宫看历史	¥85.0	4	牛虻	¥37.4
6	5	朱自清散文集	¥98.8	5	少年读资治通鉴	¥149.3	5	痴人之爱	¥37.4
7	6	自在独行	¥38.6	6	海底两万里	¥12.6	6	希望之线	¥55.9
8	7	幽默的生活家	¥34.5	7	下雨的书店	¥63.0	7	双城记	¥37.4
9	8	浮生六记	¥30.3	8	捣蛋鬼日记	¥14.9	8	绝对不在场证明	¥18.0
10	9	傲慢与偏见	¥19.8	9	哈利波特	¥39.8	9	解忧杂货铺	¥29.5
11	10	悲惨世界	¥23.8	10	夏日庭院	¥35.0	10	杀死一只知更鸟	¥47.5
12	11	爱你就像爱生命	¥33.2	11	米小圈上学记	¥28.5	11	毕业	¥46.9
13	12	消失的地平线	¥28.5	12	八十天环游地球	¥12.6	12	世界	¥38.7
14	13	西线无战事	¥44.5	13	福尔摩斯探案集	¥64.3	13	在轮下	¥37.4
15				14	星期三的战争	¥29.5	14	夜莺与玫瑰	¥34.5
16				15	父与子	¥14.9	15	寻找时间的人	¥27.0
17				16	小王子	¥12.6			
18				17	中华成语故事	¥25.8			
19									
20		图书名称	类别	价格					
21		哈利波特	儿童文学	¥39.8					
22									

图6-34

公式解析

本例公式先计算目标类别在常量数组“{“文学类”,”儿童文学”,”小说类”}”中的排位，然后利用CHOOSE函数根据该排位在三个引用区域中选择的对应区域供VLOOKUP函数查询价格。

“儿童文学”类别在“{"文学类","儿童文学","小说类"}”数组中的位置,此处返回数字2

=VLOOKUP(B21,CHOOSE(MATCH(C21,{"文学类","儿童文学","小说类"},0),
B1:C14,E1:F18,H1:I16),2,0)

从“B1:C14，E1:F18，H1:I16”这三个区域中**返回排在第2位的区域**，并将该区域作为VLOOKUP函数的第2个参数（查询区域）使用

6.4.6 计算工程完工日期是所在月份的上旬、中旬还是下旬

下面将判断工程的完工日期是所在月份的上旬、中旬还是下旬。选择C2单元格，输入公式“=CHOOSE(MIN(CEILING(DAY(B2)/10,1),3),"上旬","中旬","下旬")”，然后将公式向下方填充即可判断出所有项目完工日期的时间点，如图6-35所示。

C2 =CHOOSE(MIN(CEILING(DAY(B2)/10,1),3),"上旬","中旬","下旬")

	A	B	C	D	E	F
1	项目名称	完工日期	完工时间点			
2	碧水湾园林绿化	2021/2/6	上旬			
3	科技园路面修缮	2021/3/18	中旬			
4	康佳园路灯安装	2021/3/22	下旬			
5	儿童水上乐园装修	2021/5/20	中旬			
6						

图6-35

DAY函数是一个日期函数，它的作用是提取出一个日期中的天数，返回值介于1~31之间，该函数的详细用法请见7.2.4节。

CEILING函数是一个数值舍入函数，它的作用是将数字向上舍入到最接近的指定基数的倍数。该函数的详细用法请见5.2.3节。

公式解析

本例公式首先利用DAY函数提取出完工日期中的天数，然后将其除以10，用CEILING函数将结果值向上舍入。为了防止当前日期为31日而带来的错误，用MIN函数将其限制为最大不能超过3。最后用CHOOSE函数从参数列表中选择相应的字符串。

若当前日期为31日，CEILING函数将会把结果向上舍入为4，无法引用正确的结果，因此需要用MIN函数进行限制。

6.5 INDEX函数提取指定行列交叉处的值

INDEX是一个引用函数，它可以返回指定行列交叉处的值。它属于比较特殊的一类函数，原因为该函数有两种语法格式：一种是数组形式；另一种是引用形式。数组形式通常返回数值或数值数组；引用形式通常返回引用。这两种语法格式的区别如图6-36所示。

INDEX（数组形式）

- **语法格式：**=INDEX(❶单元格区域，❷行位置，❸列位置)
- **参数释义：**
- 参数1：可以是单元格区域或数组常量
- 参数2：用于在单元格区域中指定要提取的数据在区域中所处的行位置
- 参数3：用于在单元格区域中指定要提取的数据在区域中所处的列位置
- **注意：**
- 参数2和参数3可忽略其中一个，若这两个参数同时设置，则表示返回行列交叉处的值
- 当参数2或参数3设置为0时，将分别返回整行或整列的值数组。

INDEX（引用形式）

- **语法格式：**=INDEX(❶一个或多个单元格区域，❷行位置，❸列位置，❹从参数1中指定区域)
- **参数释义：**
- 参数1：可以设置一个区域或多个不连续的区域，当引用不连续区域时必须将这些区域输入在括号中
- 参数2：同数组形式
- 参数3：同数组形式
- 参数4：当参数1引用了多个区域时，指明返回第几个区域中的值。若选择第一个区域，则设置该参数为数字“1”，第二个区域为数字“2”，依次类推；若省略默认使用第一个区域

图6-36

通过语法格式的对比不难发现，这两种语法格式的区别仅在于数组形式只有一个查询区域，而引用形式则可以设置多个查询区域。

6.5.1 了解两种参数的设置方法

在进行案例讲解之前先简单介绍INDEX函数的两种语法格式的使用方法。首先介绍数组形式,根据设定好的3个要求，分别编写公式，得到提取结果，如图6-37所示。

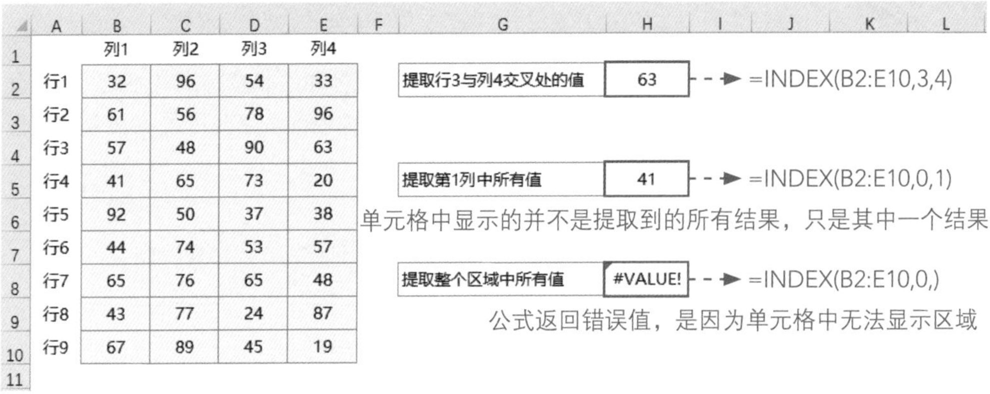

	A	B	C	D	E	F	G	H	I	J	K	L
1		列1	列2	列3	列4							
2	行1	32	96	54	33		提取行3与列4交叉处的值	63				
3	行2	61	56	78	96							
4	行3	57	48	90	63							
5	行4	41	65	73	20		提取第1列中所有值	41				
6	行5	92	50	37	38							
7	行6	44	74	53	57							
8	行7	65	76	65	48		提取整个区域中所有值	#VALUE!				
9	行8	43	77	24	87							
10	行9	67	89	45	19							
11												

=INDEX(B2:E10,3,4)

=INDEX(B2:E10,0,1)

单元格中显示的并不是提取到的所有结果，只是其中一个结果

=INDEX(B2:E10,0,)

公式返回错误值，是因为单元格中无法显示区域

图6-37

INDEX提取出的区域结果往往是作为另一个函数的参数值使用，例如对所提取的区域值进行求和、求平均值、计数等。为INDEX函数嵌套一个SUM函数，即可对所提取的区域中的所有值进行求和计算，如图6-38所示。

	A	B	C	D	E	F	G	H	I	J	K
1		列1	列2	列3	列4						
2	行1	32	96	54	33		提取行3与列4交叉处的值	63			
3	行2	61	56	78	96						
4	行3	57	48	90	63						
5	行4	41	65	73	20		提取第1列中所有值	502			
6	行5	92	50	37	38						
7	行6	44	74	53	57						
8	行7	65	76	65	48		提取整个区域中所有值	2113			
9	行8	43	77	24	87						
10	行9	67	89	45	19						
11											

图6-38

掌握了INDEX函数数组形式的参数设置方法后再设置引用形式的参数就会简单很多，如图6-39所示。

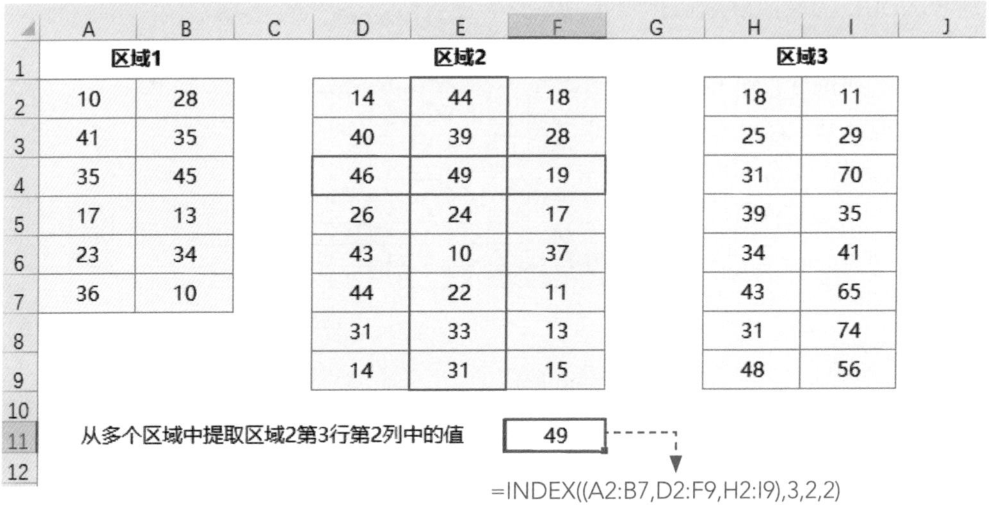

	A	B	C	D	E	F	G	H	I	J
1	区域1				区域2			区域3		
2	10	28		14	44	18		18	11	
3	41	35		40	39	28		25	29	
4	35	45		46	49	19		31	70	
5	17	13		26	24	17		39	35	
6	23	34		43	10	37		34	41	
7	36	10		44	22	11		43	65	
8				31	33	13		31	74	
9				14	31	15		48	56	
10										
11	从多个区域中提取区域2第3行第2列中的值					49				
12										

=INDEX((A2:B7,D2:F9,H2:I9),3,2,2)

图6-39

6.5.2 根据收发地自动查询首重价格

物流一般是根据收发地来确定收费价格的，每个物流公司的收费标准并不统一，假设某物流公司需要在Excel中制作一份可以根据收货地和发货地自动查询首重收费金额的查询表，可以按照以下方法进行操作。

首先制作好基础价格表，下面以查询从“杭州”发往“上海”的价格为例。选中N10单元格，输入公式“=INDEX(C3:K11,6,2)”，按下Enter键后便可自动显示从杭州到上海的首重收费金额，如图6-40所示。

N10 =INDEX(C3:K11,6,2)

发货地/代码 \ 收货地/代码		北京	上海	深圳	南京	温州	杭州	苏州	辽宁	芜湖
		1	2	3	4	5	6	7	8	9
北京	1	5	8	12	11	15	13	11	16	12
上海	2	6	9	11	9	7	11	12	13	12
深圳	3	8	9	13	13	12	14	14	15	12
南京	4	12	7	8	8	7	6	8	9	8
温州	5	14	11	12	13	13	15	13	16	14
杭州	6	11	6	8	7	8	6	8	7	8
苏州	7	16	9	7	9	8	12	9	9	11
辽宁	8	11	9	9	12	11	13	16	8	11
芜湖	9	13	9	12	13	12	11	13	13	8

发货地	杭州
收货地	上海
首重收费	6

图6-40

公式解析

本例公式在价格区域“C3:K11”中提取发货地“杭州”（在价格区域的第 6 行）与收货地“上海”（在价格区域的第 2 列）交叉处的值，返回值即为这两个城市的首重收费价格。

细心的用户可能会发现，这个公式虽然能解决价格查询的问题，但是却不智能。每次查询不同收发地的首重收费价格时都要修改公式，而且要在价格表中确认好收发地的代码。

那么有没有什么方法能够让这个公式根据收发地自动查询？让公式实现真正的自动化并不难，例如利用INDEX函数自动计算收发地的位置，下面将N10单元格中的公式修改为“=INDEX(C3:K11,MATCH(N8,A3:A11,0),MATCH(N9,C1:K1,0))”，然后只要在“发货地”和“收货地”右侧的单元格中输入城市的名称即可自动查询出对应的首重收费价格，如图6-41所示。

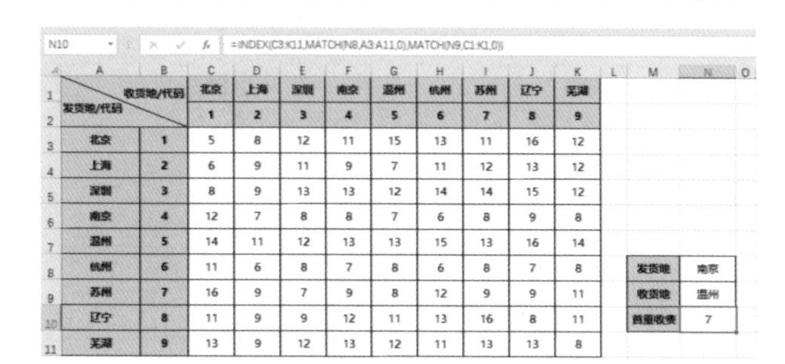

N10 =INDEX(C3:K11,MATCH(N8,A3:A11,0),MATCH(N9,C1:K1,0))

发货地/代码 \ 收货地/代码		北京	上海	深圳	南京	温州	杭州	苏州	辽宁	芜湖
		1	2	3	4	5	6	7	8	9
北京	1	5	8	12	11	15	13	11	16	12
上海	2	6	9	11	9	7	11	12	13	12
深圳	3	8	9	13	13	12	14	14	15	12
南京	4	12	7	8	8	7	6	8	9	8
温州	5	14	11	12	13	13	15	13	16	14
杭州	6	11	6	8	7	8	6	8	7	8
苏州	7	16	9	7	9	8	12	9	9	11
辽宁	8	11	9	9	12	11	13	16	8	11
芜湖	9	13	9	12	13	12	11	13	13	8

发货地	南京
收货地	温州
首重收费	7

图6-41

公式解析

修改后的公式用两个MATCH函数分别从发货地和收货地区域中提取要查询的城市代码（所处行、列位置），以此实现自动查询。

6.5.3 根据月份自动查询销售金额

若只在一个方向上查询并提取数据，即查询区域只有一行或一列，则可忽略INDEX函数的参数2或参数3，下面将根据月份查询销售金额。

在E2单元格中输入公式"=INDEX(B2:B13,MATCH(D2,A2:A13,0))"，按下Enter键后即可返回查询结果，如图6-42所示。

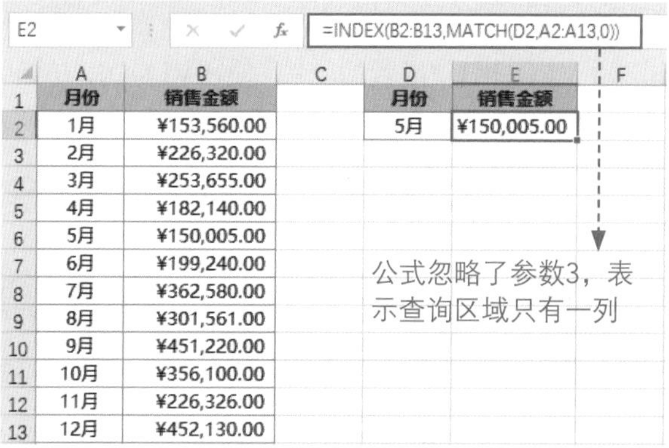

E2 =INDEX(B2:B13,MATCH(D2,A2:A13,0))

	A	B	C	D	E	F
1	月份	销售金额		月份	销售金额	
2	1月	¥153,560.00		5月	¥150,005.00	
3	2月	¥226,320.00				
4	3月	¥253,655.00				
5	4月	¥182,140.00				
6	5月	¥150,005.00				
7	6月	¥199,240.00				
8	7月	¥362,580.00				
9	8月	¥301,561.00				
10	9月	¥451,220.00				
11	10月	¥356,100.00				
12	11月	¥226,326.00				
13	12月	¥452,130.00				

公式忽略了参数3，表示查询区域只有一列

图6-42

6.5.4 隔行提取客户名称

有些查询表并不是行列分明的，例如在客户信息表中，奇数行中记录的是区域，偶数行中记录的是客户名称，现在需要将所有客户名称提取出来。下面依然使用INDEX函数编写公式。选择D2单元格，输入公式"=INDEX(B:B,ROW(A1)*2)&"""，随后将公式向下填充即可提取出B列中的所有客户名称，如图6-43所示。

D2 =INDEX(B:B,ROW(A1)*2)&""

	A	B	C	D	E	F
1	区域	苏北地区		客户		
2	客户	霸王海鲜		霸王海鲜		
3	区域	淮南地区		连越商贸		
4	客户	连越商贸		海码头		
5	区域	淮北地区		雪莲商行		
6	客户	海码头		大王食品		
7	区域	苏南地区		润宇火锅		
8	客户	雪莲商行				
9	区域	华东地区				
10	客户	大王食品				
11	区域	华中地区				
12	客户	润宇火锅				

图6-43

公式解析

本例公式通过"ROW(A1)"得到数字 1，乘以 2 则可以得到以 2 开始的偶数序列。INDEX 函数通过该序列产生 B 列的所有偶数行的引用。公式最后的"&"""是为了隐藏引用到空白单元格时所产生的 0 值结果。

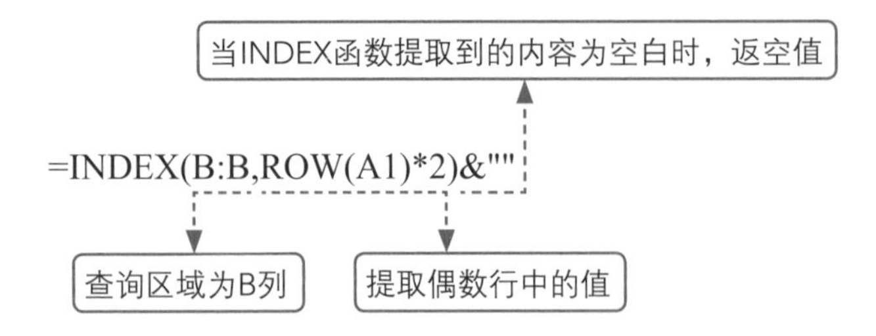

6.5.5 根据姓名逆向查询节目名称

6.1节中曾详细讲解了VLOOKUP函数的应用。使用VLOOKUP函数有一个前提，即要查询的内容必须在查询表的第一列，否则无法查询到结果，如图6-44所示。

G2 =VLOOKUP(F2,$A$1:$D$10,1,0)

	A	B	C	D	E	F	G
1	节目名称	节目类别	节目时长	演员姓名		演员姓名	节目名称
2	一首好歌	歌曲	4分钟	王翠花		武大郎	#N/A
3	魔性舞蹈	舞蹈	8分钟	张酸菜		王翠花	#N/A
4	单口相声	相声	12分钟	武大郎		猪八戒	#N/A
5	民族舞	舞蹈	9分钟	猪八戒		牛魔王	#N/A
6	大变活人	魔术	10分钟	孙行者		李天王	#N/A
7	诗歌朗诵	朗诵	5分钟	行者孙		孙行者	#N/A
8	杂技顶缸	杂技	10分钟	李天王		红孩儿	#N/A
9	热歌串烧	歌曲	4分钟	红孩儿		张酸菜	#N/A
10	民俗歌曲	歌曲	4分钟	牛魔王		行者孙	#N/A

数据区域的首列是要返回的节目名称而不是要查询的演员姓名，VLOOKUP函数在首列中找不到要查询的内容，因此返回错误值

图6-44

INDEX和MATCH函数嵌套使用，便能轻松解决VLOOKUP函数无法完成的逆向查询操作问题，如图6-45所示。

G2 =INDEX(A:A,MATCH(F2,D:D,0))

	A	B	C	D	E	F	G
1	节目名称	节目类别	节目时长	演员姓名		演员姓名	节目名称
2	一首好歌	歌曲	4分钟	王翠花		武大郎	单口相声
3	魔性舞蹈	舞蹈	8分钟	张酸菜		王翠花	一首好歌
4	单口相声	相声	12分钟	武大郎		猪八戒	民族舞
5	民族舞	舞蹈	9分钟	猪八戒		牛魔王	民俗歌曲
6	大变活人	魔术	10分钟	孙行者		李天王	杂技顶缸
7	诗歌朗诵	朗诵	5分钟	行者孙		孙行者	大变活人
8	杂技顶缸	杂技	10分钟	李天王		红孩儿	热歌串烧
9	热歌串烧	歌曲	4分钟	红孩儿		张酸菜	魔性舞蹈
10	民俗歌曲	歌曲	4分钟	牛魔王		行者孙	诗歌朗诵

图6-45

6.6 OFFSET函数根据指定偏移量查找数据

OFFSET是一个偏移引用函数，它能够以指定的单元格为参照，通过给定的偏移量得到新的引用。

OFFSET函数有5个参数，语法格式如下：

=OFFSET(❶单元格引用，❷上下偏移量，❸左右偏移量，❹偏移引用的行数，❺偏移引用的列数)

参数说明：

- **参数1：**表示偏移引用的起始单元格或单元格区域。若引用的是单元格区域，则将该区域的左上角单元格作为起始位置，且单元格区域必须是连续的。
- **参数2：**表示从参数1所指定的起始单元格向上或向下偏移的行数。
- **参数3：**表示从参数1所指定的起始单元格向左或向右偏移的列数。
- **参数4：**表示要返回的新区域的行数。
- **参数5：**表示要返回的新区域的列数。

6.6.1 OFFSET 函数的详细应用分析

OFFSET函数的参数较多，为了方便用户理解，下面先通过一个最直观的案例介绍该函数的基本应用方法。

假设现在将B2单元格作为偏移引用的起始单元格，偏移的尺寸为：向下偏移4行，向右偏移2列，要返回的新引用区域为4行3列。公式即为“=OFFSET(B2,4,2,4,3)”，公式所返回的新引用区域是“D6:F9”单元格区域，如图6-46所示。

	A	B	C	D	E	F	G	H	I	J
1	1	11	21	31	41	51		**公式**	**返回的新引用区域**	
2	2	12	22	32	42	52		=OFFSET(B2,4,2,4,3)	D6:F9	
3	3	13	23	33	43	53				
4	4	14	24	34	44	54				
5	5	15	25	35	45	55				
6	6	16	26	36	46	56				
7	7	17	27	37	47	57				
8	8	18	28	38	48	58				
9	9	19	29	39	49	59				
10	10	20	30	40	50	60				
11										

起始单元格
向下偏移4行
向右偏移2列
返回向下和向右扩展的4行、3列的新区域

图6-46

若从起始单元格向上或向左偏移，则需要将相应偏移量设置为负数。例如，偏移引用的起始单元格是D7，偏移的尺寸为：向上偏移3行，向左偏移3列。最后返回一个向上和向右偏移的2行、2列的新区域。公式可以编写为“=OFFSET(D7,−3,−3,−2,2)”，返回的新引用区域是“A3:B4”，如图6-47所示。

	A	B	C	D	E	F	G	H	I
1	1	11	21	31	41	51		公式	返回的新引用区域
2	2	12	22	32	42	52		=OFFSET(D7,-3,-3,-2,2)	A3:B4
3	3	13	23	33	43	53			
4	4	14	24	34	44	54			
5	5	15	25	35	45	55			
6	6	16	26	36	46	56			
7	7	17	27	37	47	57			
8	8	18	28	38	48	58			
9	9	19	29	39	49	59			
10	10	20	30	40	50	60			
11									

返回向上和向右扩展的2行、2列的新引用区域
向左偏移3列
向上偏移3行
起始单元格

图6-47

除了参数1外其他参数全部可以忽略，但是用于分隔参数的逗号必须正常输入。例如从C2单元格开始偏移，向下的偏移量为5，列方向上不偏移，最终要返回一个4列的新引用区域。公式可以编写为“=OFFSET(C2,5,,,4)”，返回的新引用区域为“C7:F7”，如图6-48所示。

Q17

	A	B	C	D	E	F	G	H	I
1	1	11	21	31	41	51		公式	返回的新引用区域
2	2	12	22	32	42	52		=OFFSET(C2,5,,,4)	C7:F7
3	3	13	23	33	43	53			
4	4	14	24	34	44	54			
5	5	15	25	35	45	55			
6	6	16	26	36	46	56			
7	7	17	27	37	47	57			
8	8	18	28	38	48	58			
9	9	19	29	39	49	59			
10	10	20	30	40	50	60			
11									

起始单元格
向下偏移5行
返回向右偏移4列的新引用区域

图6-48

6.6.2 查询指定日期之前的出库总量

出库记录表中根据日期记录了男装和女装的出库数量，现在需要计算某个指定日期之前（包含指定日期）男装和女装的出库总量。

选择F2单元格，输入公式“=SUM(OFFSET(A2,,1,MATCH(E2,A2:A16,0),2))”，按下Enter键后便可计算出指定日期之前(包含指定日期)的出库总量，如图6-49所示。

F2 =SUM(OFFSET(A2,,1,MATCH(E2,A2:A16,0),2))

日期	男装出库数量	女装出库数量
2021/5/1	325	443
2021/5/6	617	1239
2021/5/8	485	1146
2021/5/10	391	307
2021/5/20	226	1482
2021/5/23	318	1312
2021/5/28	936	1215
2021/6/8	463	1447
2021/6/10	917	1112
2021/6/13	106	1280
2021/6/15	705	876
2021/6/25	337	1287
2021/6/27	574	245
2021/7/14	531	226
2021/7/15	645	458

计算指定日期之前的出库总量	
2021/6/10	14381

从A2单元格向右偏移1列后返回9行2列的新引用区域

图6-49

公式解析

本例公式首先使用 OFFSET 函数确定要求和的数据区域，然后用 SUM 函数对这些区域中的值进行求和。

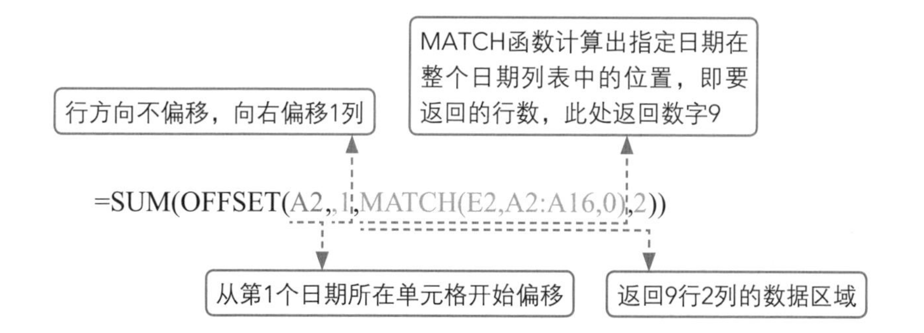

6.6.3 根据准考证号查询考生成绩

下面将在考试成绩表中根据准考证号查询公共科目总成绩。选择H3单元格，输入公式“=OFFSET(A1,MATCH(G3,A2:A16,0),MATCH(H2,B1:E1,0))”，按下Enter键即可显示查询结果，如图6-50所示。

H3 =OFFSET(A1,MATCH(G3,A2:A16,0),MATCH(H2,B1:E1,0))

准考证号	姓名	行政职业能力测验	申论	公共科目总成绩
04536	安琪拉	73.5	74	147.5
12365	白起	70	66	136
98652	老夫子	89	90	179
02359	妲己	72.5	75.5	148
00123	狄仁杰	88	63	151
95655	典韦	96	98	194
65566	韩信	86.5	83	169.5
98645	刘邦	89	92.5	181.5
06623	李元芳	63	79	142
36565	花木兰	53	62	115
65112	墨子	79	77	156
78452	孙膑	42	61	103
32064	孙悟空	68	72	140
98079	项羽	95	93	188
95602	亚瑟	88	76.5	164.5

成绩查询

准考证号	公共科目总成绩
00123	151

图6-50

公式解析

本例公式使用两个 MATCH 函数分别计算单元格 G3 中的准考证号在所有准考证号中的位置，以及单元格 H2 中的“公共科目总成绩”在第 1 行中的位置，然后将这两个返回结果作为 OFFSET 函数的行偏移与列偏移。公式忽略了返回区域的行列数，则只返回行偏移与列偏移后所引用的那一个单元格。

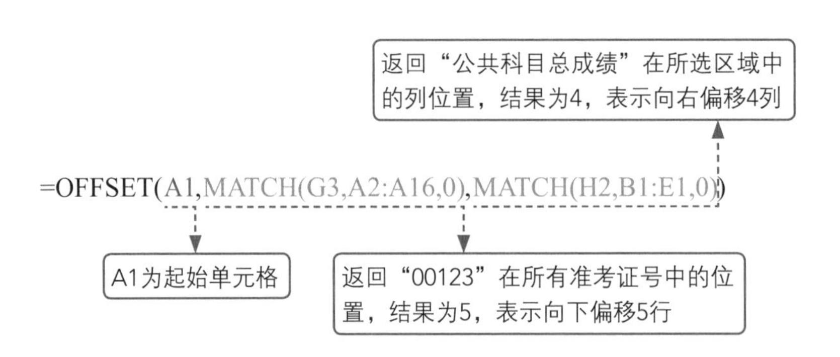

6.6.4 在合并单元格中填充序列

一般情况下在单元格区域中填充序列是非常简单的操作。例如在A列中填充1~10的序列，可以先在A1单元格中输入数字“1”，然后将光标放在A1单元格的右下角，当光标变成“+”形状时，同时按住Ctrl键和鼠标左键，向下拖动填充柄，当光标位置出现数字“10”的提示时，松开鼠标即可完成此次序列填充操作，如图6-51所示。

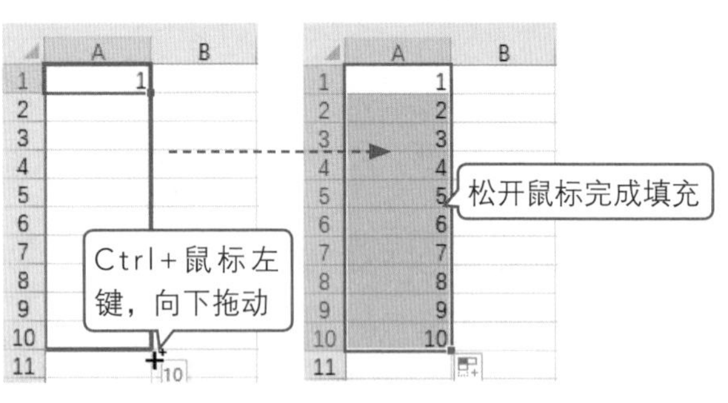

图6-51

然而，如果需要在合并单元格中自动填充序列，而且合并单元格的大小不同，则不能再使用自动填充功能，否则将会出现如图6-52所示的警告对话框。

图6-52

这种情况下应该使用公式来操作以向合并单元格中自动输入序列号。例如在商品利润分析表中，需要在A列包含合并单元格的区域中输入1、2、3、…的连续序号。

首先选中A2:A23单元格区域，在编辑栏中输入公式“=1+COUNT(OFFSET($A$1,,,ROW()-1,))”，如图6-53所示。

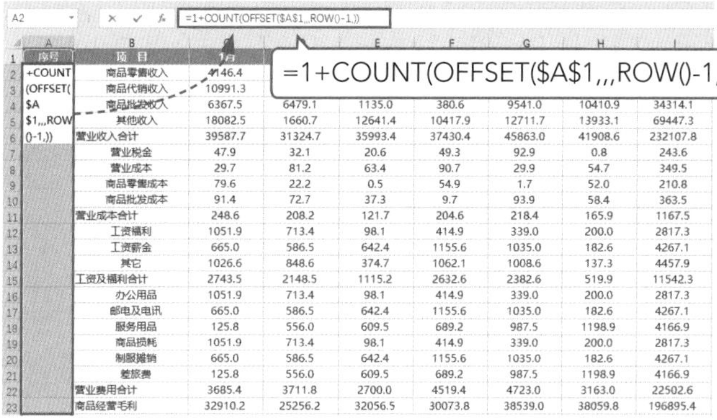

	A	B	C	D	E	F	G	H	I
1	序号	项 目	1月						
2	+COUNT	商品零售收入	4146.4						
3	(OFFSET(	商品代销收入	10991.3						
4	$A	商品批发收入	6367.5	6479.1	1135.0	380.6	9541.0	10410.9	34314.1
5	$1,,,ROW	其他收入	18082.5	1660.7	12641.4	10417.9	12711.7	13933.1	69447.3
6	()-1,))	营业收入合计	39587.7	31324.7	35993.4	37430.4	45863.0	41908.6	232107.8
7		营业税金	47.9	32.1	20.6	49.3	92.9	0.8	243.6
8		营业成本	29.7	81.2	63.4	90.7	29.9	54.7	349.5
9		商品零售成本	79.6	22.2	0.5	54.9	1.7	52.0	210.8
10		商品批发成本	91.4	72.7	37.3	9.7	93.9	58.4	363.5
11		营业成本合计	248.6	208.2	121.7	204.6	218.4	165.9	1167.5
12		工资福利	1051.9	713.4	98.1	414.9	339.0	200.0	2817.3
13		工资薪金	665.0	586.5	642.4	1155.6	1035.0	182.6	4267.1
14		其它	1026.6	848.6	374.7	1062.1	1008.6	137.3	4457.9
15		工资及福利合计	2743.5	2148.5	1115.2	2632.6	2382.6	519.9	11542.3
16		办公用品	1051.9	713.4	98.1	414.9	339.0	200.0	2817.3
17		邮电及电讯	665.0	586.5	642.4	1155.6	1035.0	182.6	4267.1
18		服务用品	125.8	556.0	609.5	689.2	987.5	1198.9	4166.9
19		商品损耗	1051.9	713.4	98.1	414.9	339.0	200.0	2817.3
20		制服摊销	665.0	586.5	642.4	1155.6	1035.0	182.6	4267.1
21		差旅费	125.8	556.0	609.5	689.2	987.5	1198.9	4166.9
22		营业费用合计	3685.4	3711.8	2700.0	4519.4	4723.0	3163.0	22502.6
23		商品经营毛利	32910.2	25256.2	32056.5	30073.8	38539.0	38059.8	196895.4

图6-53

公式输入完成后，按Ctrl+Enter组合键，所选单元格区域中随即自动填充1~5的序列，如图6-54所示。

	A	B	C	D	E	F	G	H	I
1	序号	项 目	1月	2月	3月	4月	5月	6月	上半年合计
2	1	商品零售收入	4146.4	18317.6	13397.3	14828.5	8379.2	12488.9	71557.9
3		商品代销收入	10991.3	4867.3	8819.7	11803.4	15231.1	5075.7	56788.5
4		商品批发收入	6367.5	6479.1	1135.0	380.6	9541.0	10410.9	34314.1
5		其他收入	18082.5	1660.7	12641.4	10417.9	12711.7	13933.1	69447.3
6		营业收入合计	39587.7	31324.7	35993.4	37430.4	45863.0	41908.6	232107.8
7	2	营业税金	47.9	32.1	20.6	49.3	92.9	0.8	243.6
8		营业成本	29.7	81.2	63.4	90.7	29.9	54.7	349.5
9		商品零售成本	79.6	22.2	0.5	54.9	1.7	52.0	210.8
10					37.3	9.7	93.9	58.4	363.5
11	3				21.7	204.6	218.4	165.9	1167.5
12					98.1	414.9	339.0	200.0	2817.3
13					42.4	1155.6	1035.0	182.6	4267.1
14					74.7	1062.1	1008.6	137.3	4457.9
15		工			115.2	2632.6	2382.6	519.9	11542.3
16	4				98.1	414.9	339.0	200.0	2817.3
17					42.4	1155.6	1035.0	182.6	4267.1
18					609.5	689.2	987.5	1198.9	4166.9
19		商品损耗	1051.9	713.4	98.1	414.9	339.0	200.0	2817.3
20		制服摊销	665.0	586.5	642.4	1155.6	1035.0	182.6	4267.1
21		差旅费	125.8	556.0	609.5	689.2	987.5	1198.9	4166.9
22		营业费用合计	3685.4	3711.8	2700.0	4519.4	4723.0	3163.0	22502.6
23	5	商品经营毛利	32910.2	25256.2	32056.5	30073.8	38539.0	38059.8	196895.4

图6-54

公式解析

本例公式以绝对引用 A1 单元格作为偏移引用的起始单元格，偏移 0 行 1 列，返回的新引用区域为当前行号减 1 的区域。然后用 COUNT 函数计算 OFFSET 函数引用的区域中数字的个数，再加上 1 即为每个单元格（包括合并单元格）的序号，OFFSET 函数的参数 5 随着公式向下填充呈递增状态，COUNT 函数的结果也会相应累加 1，从而实现序列填充的效果。

6.6.5 将合并区域中的值拆分到多个单元格中

当直接从合并单元格中引用内容时，随着公式的填充，将会产生部分0值。例如，A2:A6为合并单元格，在D2单元格中输入公式“=A2”并向下填充公式，除了D2单元格以外，其他单元格中全部返回0，如图6-55所示。

若想在引用合并单元格时不返回0值，可以在D2单元格中输入公式“=IF(A2<>"",A2,OFFSET(D2,-1,))”，随后向下方填充公式，填充结果如图6-56所示。

D2　=A2

	A	B	C	D	E
1	商品系列	商品名称	销售金额	商品系列	
2	招牌奶茶	草莓奶茶	3,360.00	招牌奶茶	
3		珍珠奶茶	5,172.00	0	
4		可可奶茶	3,920.00	0	
5		鸳鸯奶茶	4,876.00	0	
6		丝袜奶茶	2,389.00	0	

图6-55

D2　=IF(A2<>"",A2,OFFSET(D2,-1,))

	A	B	C	D	E
1	商品系列	商品名称	销售金额	商品系列	
2	招牌奶茶	草莓奶茶	3,360.00	招牌奶茶	
3		珍珠奶茶	5,172.00	招牌奶茶	
4		可可奶茶	3,920.00	招牌奶茶	
5		鸳鸯奶茶	4,876.00	招牌奶茶	
6		丝袜奶茶	2,389.00	招牌奶茶	
7	鲜牛乳茶	木瓜牛乳茶	2,404.00	鲜牛乳茶	
8		柠檬牛乳茶	1,520.00	鲜牛乳茶	
9		珍珠牛乳茶	1,590.00	鲜牛乳茶	
10		可可牛乳茶	1,681.00	鲜牛乳茶	
11		桃柚牛乳茶	455.00	鲜牛乳茶	
12		百香果牛乳茶	1,476.00	鲜牛乳茶	

图6-56

公式解析

本例公式首先使用IF函数检查A2单元格是否为非空单元格，如果非空则引用A2的值，否则引用当前单元格向上移动一行的值。

现学现用

若在合并单元格的原区域取消合并，并在每个空白单元格中自动填充相应的数据应该如何操作？大家可以先思考一下，然后打开素材文件跟着下列步骤一起操作。

Step 01 首先选中包含合并单元格的区域，单击“合并后居中”按钮，批量取消合并单元格，如图6-57所示。

Step 02 保持单元格区域的选中状态，定位所选区域中的所有空值，如图6-58所示。

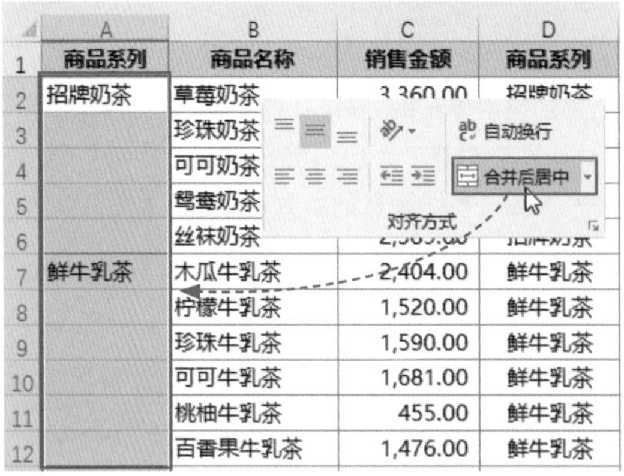

图6-57

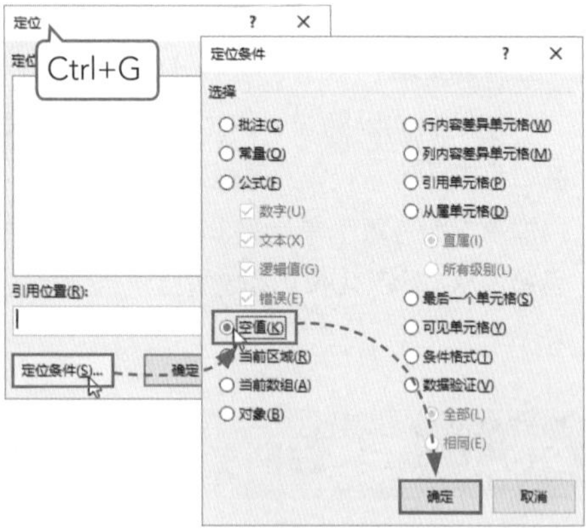

图6-58

Step 03 选定空白单元格后，此时的活动单元格是A3单元格，直接输入公式“=A2”，如图6-59所示。

Step 04 按Ctrl+Enter组合键完成操作，如图6-60所示。

	A	B	C	D
1	商品系列	商品名称	销售金额	商品系列
2	招牌奶茶	草莓奶茶	3,360.00	招牌奶茶
3	=A2	珍珠奶茶	5,172.00	招牌奶茶
4		可可奶茶	3,920.00	招牌奶茶
5		鸳鸯奶茶	4,876.00	招牌奶茶
6		丝袜奶茶	2,389.00	招牌奶茶
7	鲜牛乳茶	木瓜牛乳茶	2,404.00	鲜牛乳茶
8		柠檬牛乳茶	1,520.00	鲜牛乳茶
9		珍珠牛乳茶	1,590.00	鲜牛乳茶
10		可可牛乳茶	1,681.00	鲜牛乳茶
11		桃柚牛乳茶	455.00	鲜牛乳茶
12		百香果牛乳茶	1,476.00	鲜牛乳茶

图6-59

	A	B	C	D
1	商品系列	商品名称	销售金额	商品系列
2	招牌奶茶	草莓奶茶	3,360.00	招牌奶茶
3	招牌奶茶	珍珠奶茶	5,172.00	招牌奶茶
4	招牌奶茶	可可奶茶	3,920.00	招牌奶茶
5	招牌奶茶	鸳鸯奶茶	4,876.00	招牌奶茶
6	招牌奶茶	丝[illegible]	[illegible]00	招牌奶茶
7	鲜牛乳茶	[illegible]	[illegible]00	鲜牛乳茶
8	鲜牛乳茶	柠[illegible]	[illegible]00	鲜牛乳茶
9	鲜牛乳茶	珍珠牛乳茶	1,590.00	鲜牛乳茶
10	鲜牛乳茶	可可牛乳茶	1,681.00	鲜牛乳茶
11	鲜牛乳茶	桃柚牛乳茶	455.00	鲜牛乳茶
12	鲜牛乳茶	百香果牛乳茶	1,476.00	鲜牛乳茶

图6-60

6.6.6 根据工资表制作工资条

工资条是反映员工各项工资明细的纸条，记录着每个员工的月收入分项和收入总额。下面介绍如何在Excel中根据员工工资表制作工资条，如图6-61所示。

	A	B	C	D	E	F	G	H	I	J
1	工号	姓名	职位	基本工资	奖金	养老保险	医疗保险	考勤工资	所得税	税后工资
2	XZ001	罗憬	财务会计	¥5,300.00	¥2,200.00	¥-424.00	¥-106.00	¥-300.00	¥795.00	¥5,875.00
3	XZ002	朱滦张	销售经理	¥4,500.00	¥2,300.00	¥-360.00	¥-90.00	¥-400.00	¥0.00	¥5,950.00
4	XZ003	朱政纲	销售代表	¥2,000.00	¥2,300.00	¥-160.00	¥-40.00	¥-400.00	¥0.00	¥3,700.00
5	XZ004	胡勤	销售代表	¥2,000.00	¥3,300.00	¥-160.00	¥-40.00	¥300.00	¥0.00	¥5,400.00
6	XZ005	穆兮	销售代表	¥2,000.00	¥2,300.00	¥-160.00	¥-40.00	¥-100.00	¥0.00	¥4,000.00
7	XZ006	刘乐	销售代表	¥2,000.00	¥2,000.00	¥-160.00	¥-40.00	¥-40.00	¥0.00	¥3,760.00
8	XZ007	周菁	一车间主任	¥6,800.00	¥3,500.00	¥-544.00	¥-136.00	¥-400.00	¥1,020.00	¥8,200.00
9	XZ008	蒋天海	二车间主任	¥6,800.00	¥3,800.00	¥-544.00	¥-136.00	¥-300.00	¥1,020.00	¥8,600.00
10	XZ009	吴倩莲	三车间主任	¥6,800.00	¥3,000.00	¥-544.00	¥-136.00	¥-100.00	¥1,020.00	¥8,000.00
11	XZ010	李青云	四车间主任	¥6,800.00	¥3,200.00	¥-544.00	¥-136.00	¥300.00	¥1,020.00	¥8,600.00
12	XZ011	赵子新	企划部长	¥8,000.00	¥2,000.00	¥-640.00	¥-16[illegible]	[illegible]	[illegible]	[illegible]
13	XZ012	张洁	企划员	¥3,000.00	¥1,500.00	¥-240.00	¥-60[illegible]	[illegible]	[illegible]	[illegible]
14	XZ013	吴亭	广告部长	¥7,000.00	¥1,500.00	¥-560.00	¥-14[illegible]	[illegible]	[illegible]	[illegible]
15	XZ014	计芳	广告设计	¥4,000.00	¥700.00	¥-320.00	¥-80.00	¥-400.00	¥0.00	¥3,900.00

图6-61

将“工资表”中的表头复制到“工资条”工作表中，然后选中A2单元格，输入公式“=OFFSET(工资表!$A$1,ROW()/3+1,COLUMN()−1)”，接着将公式向右侧填充，得到第一位员工的工资条，如图6-62所示

	A	B	C	D	E	F	G	H	I	J
1	工号	姓名	职位	基本工资	奖金	养老保险	医疗保险	考勤工资	所得税	税后工资
2	XZ001	罗憬	财务会计	5300	2200	-424	-106	-300	795	5875

图6-62

最后选中A1:J3单元格区域，按住填充柄，将公式向下方填充即可自动生成所有员工的工资条，如图6-63所示。

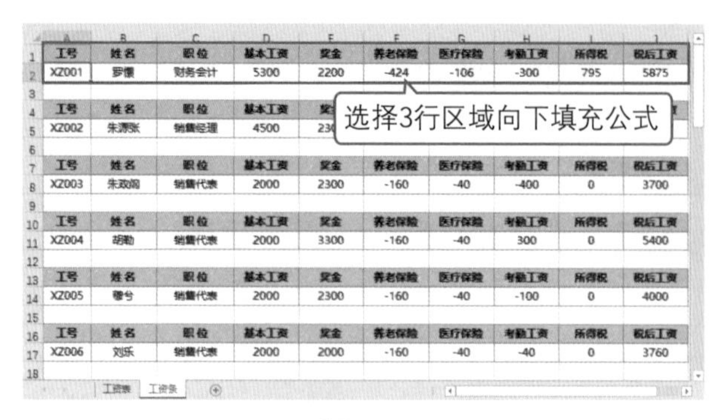

图6-63

① 向下填充公式时要注意所选择的单元格区域。对于本例公式而言，必须要选择标题行、公式行及下方相邻的空白行3行内容。这是为了避免引用重复内容，以及在每个工资条后面显示一个空行，方便打印后进行裁剪。

② 本例公式中的“ROW()”和“COLUMN()”是变量，公式的位置直接影响偏移引用的结果，用户需要灵活应用，不可生搬硬套。当在不同位置输入公式或有其他条件时，需要适当修改公式中的参数。

③ 若不需要显示空行可对公式做如下修改：

=OFFSET(工资表!$A$1,ROW()/2,COLUMN() − 1)

公式解析

本例公式利用 OFFSET 函数生成数据区域的动态引用，然后嵌套 ROW 及 COLUMN 函数引用“工资统计”表中的行和列位置，最终为每位员工生成独立的数据条。

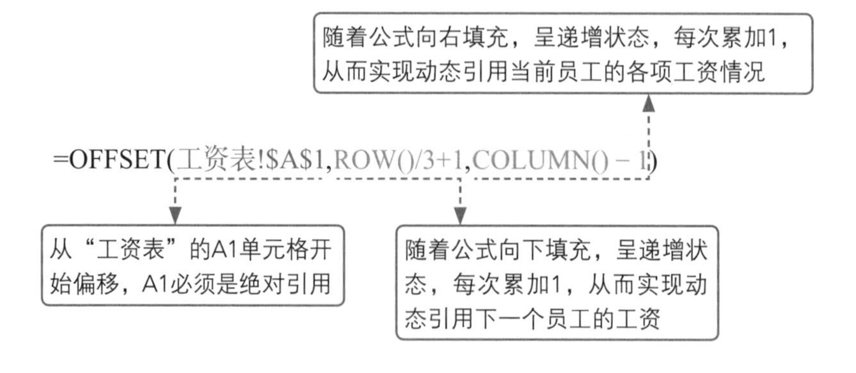

拓展练习　制作可自动显示新增数据的动态图表

公式在动态图表的制作过程中起着至关重要的作用，下面将通过此次拓展练习详细介绍如何制作可以实时显示每日最高气温的动态天气图表。

Step 01 首先创建数据源。输入基础数据后可以通过自定义单元格格式在气温后面显示“℃”单位。在B列中选择好需要输入气温的单元格区域，按Ctrl+1组合键打开“设置单元格格式”对话框，设置“自定义”类型为“#"℃"”，最后单击“确定”按钮即可，如图6-64所示。

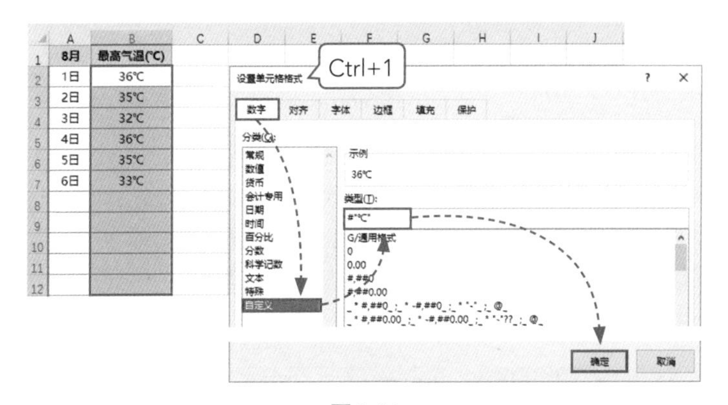

图6-64

Step 02 然后根据数据源创建图表。选择A1:B7单元格区域，打开“插入”选项卡，在“图表”组中单击“插入折线图或面积图”下拉按钮，在展开的列表中选择“带数据标记的折线图”选项，如图6-65所示。

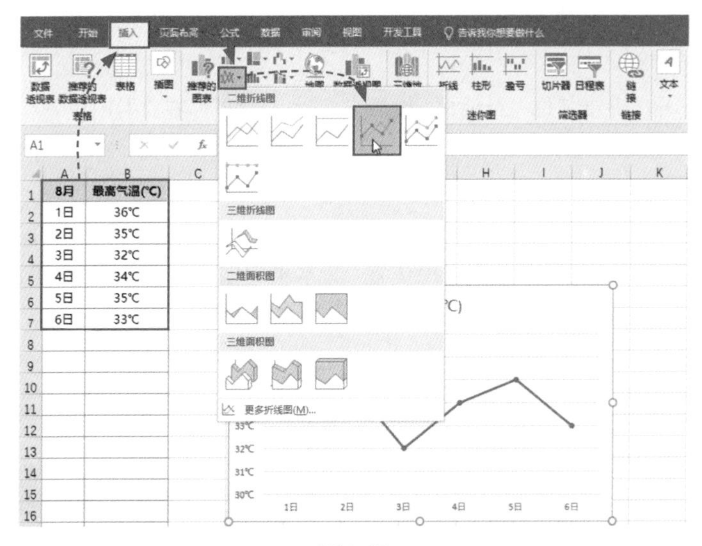

图6-65

Step 03 删减图表元素。依次选择图表上的图表标题、垂直坐标轴、水平坐标轴和网格线，按Delete键将这些图表元素全部删除。随后单击图表右上角的“图表元素”按钮，通过展开的列表为折线系列添加数据标签，如图6-66所示。

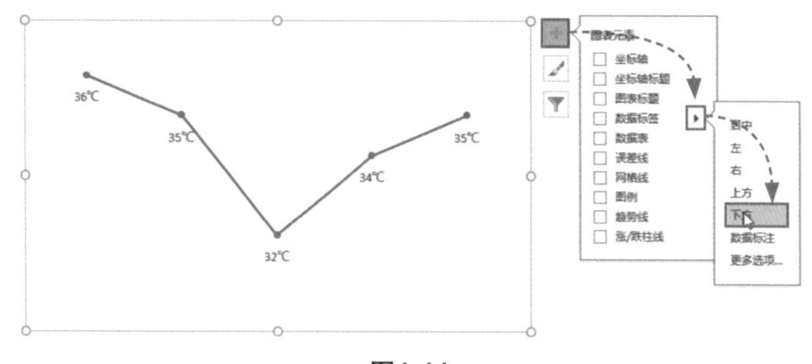

图6-66

Step 04 美化图表。为图表添加图片背景并适当调整背景的透明度；将折线系列设置成渐变色，从预设效果中选择一个满意的渐变效果；选择一张云朵和太阳的图片，将该图片复制粘贴为系列标记；最后设置数据标签的效果，如图6-67所示。

Step 05 创建名称。按Ctrl+F3组合键，打开“名称管理器”对话框，单击“新建”按钮，如图6-68所示。

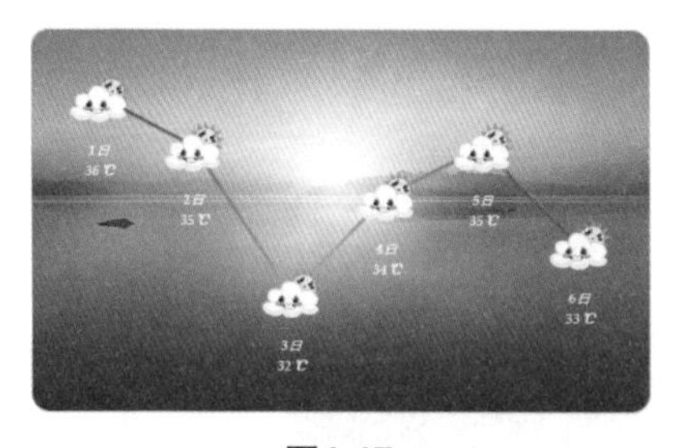

图6-67

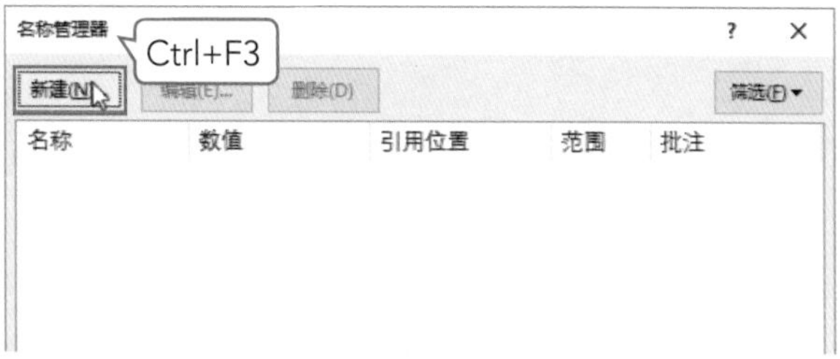

图6-68

Step 06 打开“新建名称”对话框，设置名称为“日期”，在“引用位置”文本框中输入公式“=OFFSET(Sheet1!$A$2,0,0,COUNTA(Sheet1!$A:$A)−1,1)”，单击“确定”按钮，如图6-69所示。

Step 07 返回“名称管理器”对话框，再次单击“新建”按钮，在弹出的“新建名称”对话框中设置“名称”为“气温”，在“引用位置”文本框中输入公式“=OFFSET(Sheet1!$B$2,0,0,COUNTA(Sheet1!$B:$B)−1,1)”，单击“确定”按钮，如图6-70所示。

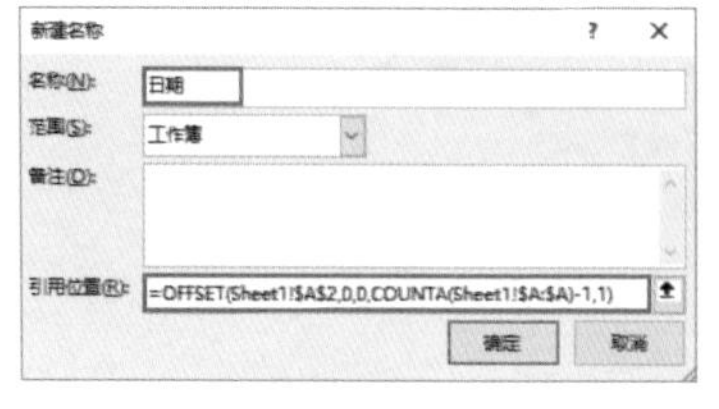

图6-69

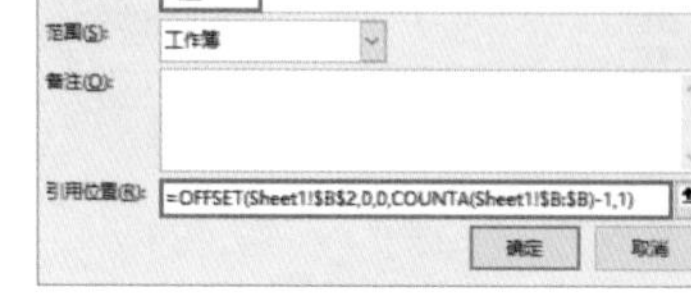

图6-70

Step 08 名称设置完成后，在“名称管理器”对话框中可以看到刚刚设置好的这两项名称选项，单击“关闭”对话框，完成为公式定义名称的操作，如图6-71所示。

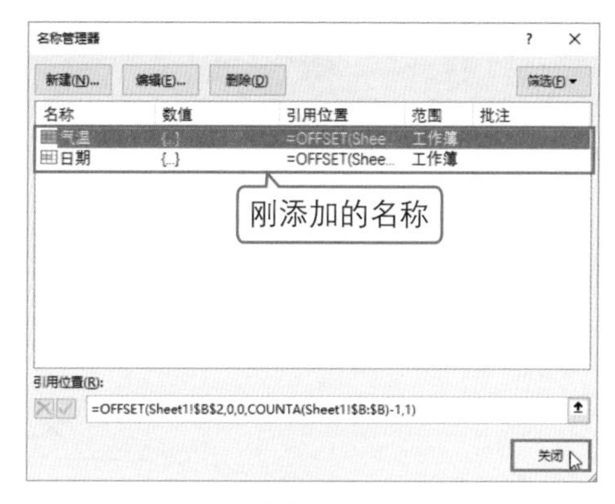

图6-71

Step 09 修改图表数据系列公式。选中图表中的任意一个数据系列标记，此时编辑栏中会显示一条公式，将该公式中的“$A$2:$A$7”部分修改为“日期”，将“$B$2:$B$7”部分修改为“气温”，修改完成后按Enter键进行确认，如图6-72所示。

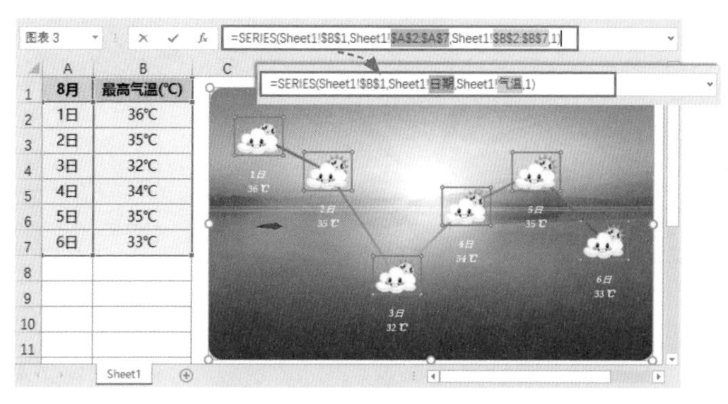

图6-72

Step 10 至此，动态图表已经设计完成。继续向A列和B列中输入日期和气温，图表会随着数据源中数据的增加自动显示相应的数据系列，如图6-73所示。

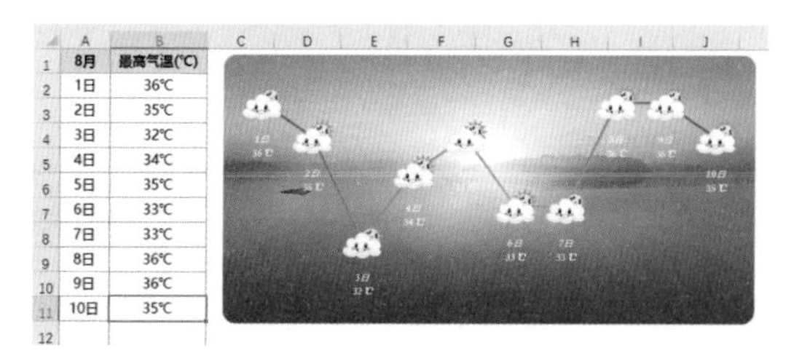

图6-73

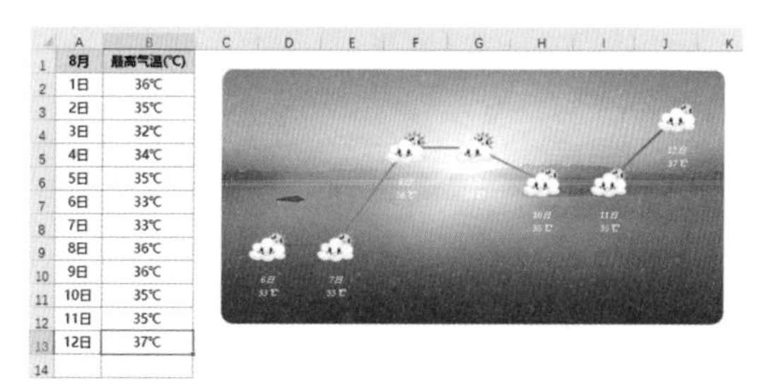

图6-74

经验之谈

若想让动态图表中始终保持只显示最近7天的数据，如图6-74所示，可以将“日期”名称的公式修改为“=OFFSET(Sheet1!$A$1,COUNTA(Sheet1!$A:$A)−1,0,−7)”；将“气温”名称的公式修改为“=OFFSET(Sheet1!$B$1,COUNTA(Sheet1!$B:$B)−1,0,−7)”。

知识总结

本章学习的函数虽然数量不多，但是每一个都是查找与引用类函数的典型代表。同时，本章列举了大量的应用实例，目的就是将理论应用到实践中去，用一个函数解决不同类型的问题才能算是真正掌握了这个函数的用法。大家在学习了这些函数后对哪个函数的印象最深刻?

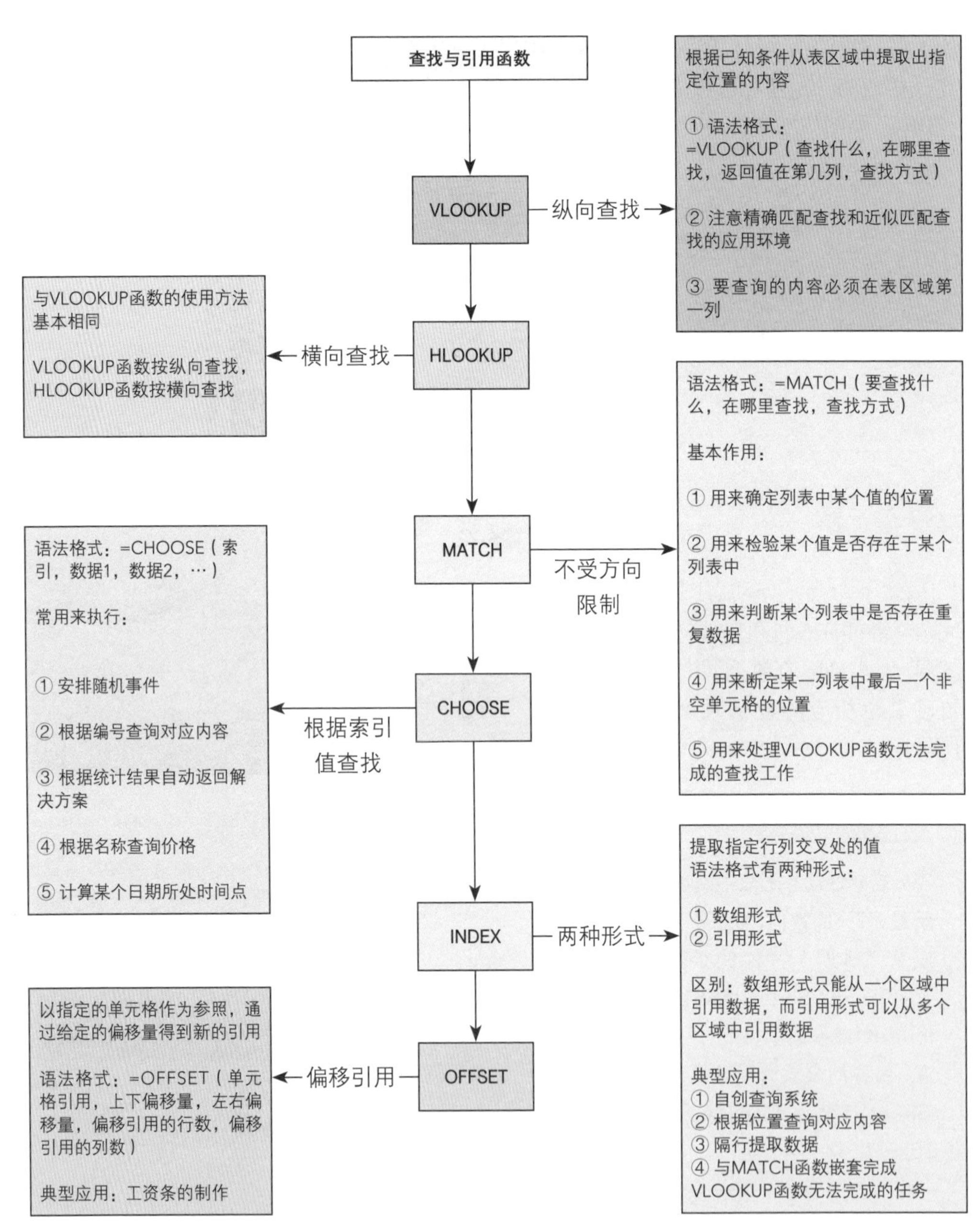

第7章

用函数分析日期和时间函数

日期函数和时间函数是用来处理日期和时间值的一类函数，Excel中包含种类繁多的日期与时间函数，一种类型的函数负责处理一种日期或时间问题，例如用TODAY函数计算当前日期、用YEAR函数提取年份值、用MONTH函数提取月份值等。本章将对常用的日期和时间函数进行详细讲解。

7.1 根据日期推算其他相关数据

常用的日期函数包括NOW、TODAY、DATE、YEAR、MONTH、DAY、EDAT等。接下来将逐一对这些函数的语法格式和使用方法进行介绍。

▶扫一扫　看视频◀

7.1.1 计算距离活动结束还剩多少天 | NOW

NOW函数的作用是返回系统当前日期和时间。NOW函数是少数没有参数的函数之一。其基本用法十分简单，单元格中输入“=NOW()”，按下Enter键后即可返回当前日期和时间，如图7-1所示。

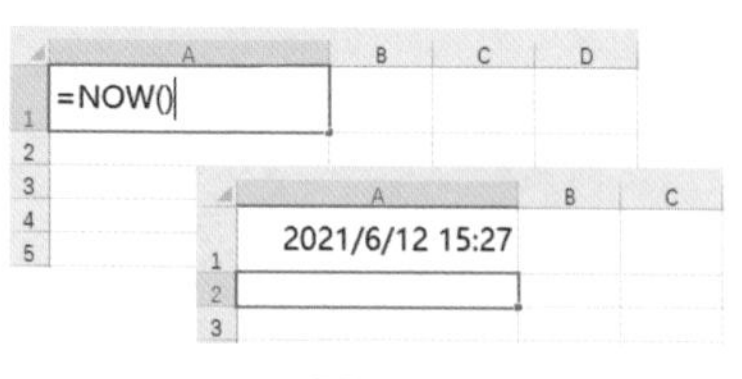

图7-1

NOW函数虽然没有参数，但是函数后面的括号不可以省略，也不可强行为其设置参数，否则将会返回错误值或无法返回结果。

下面使用NOW函数计算促销活动距离结束还剩多少天。选择E2单元格，输入公式“=D2−NOW()”，按下Enter键后，此时公式会自动返回一个日期格式的值，如图7-2所示。

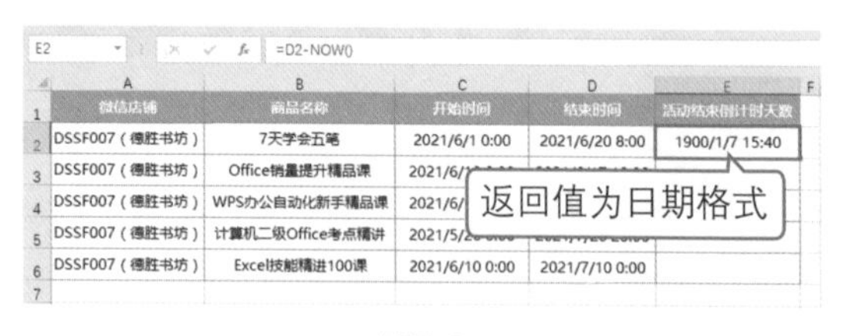

图7-2

将E2单元格的格式设置成“数值”并保留两位小数，然后将公式向下方填充即可计算出从现在开始所有商品距离活动结束还剩多少天，如图7-3所示。

E2　=D2-NOW()

	A	B	C	D	E
1	微信店铺	商品名称	开始时间	结束时间	活动结束倒计时天数
2	DSSF007（德胜书坊）	7天学会五笔	2021/6/1 0:00	2021/6/20 8:00	7.65
3	DSSF007（德胜书坊）	Office销量提升精品课	2021/6/10 0:00	2021/6/17 10:00	4.74
4	DSSF007（德胜书坊）	WPS办公自动化新手精品课	2021/6/10 0:00	2021/6/30 0:00	17.32
5	DSSF007（德胜书坊）	计算机二级Office考点精讲	2021/5/20 0:00	2021/7/20 20:00	38.15
6	DSSF007（德胜书坊）	Excel技能精进100课	2021/6/10 0:00	2021/7/10 0:00	27.32

图7-3

此时计算出的天数包含小数，可以利用向上取舍函数ROUNDUP，修改公式为“=ROUNDUP(D2−NOW(),0)”，将计算结果向上舍入成整数，如图7-4所示。

E2　=ROUNDUP(D2-NOW(),0)

	A	B	C	D	E
1	微信店铺	商品名称	开始时间	结束时间	活动结束倒计时天数
2	DSSF007（德胜书坊）	7天学会五笔	2021/6/1 0:00	2021/6/20 8:00	8
3	DSSF007（德胜书坊）	Office销量提升精品课	2021/6/10 0:00	2021/6/17 10:00	5
4	DSSF007（德胜书坊）	WPS办公自动化新手精品课	2021/6/10 0:00	2021/6/30 0:00	18
5	DSSF007（德胜书坊）	计算机二级Office考点精讲	2021/5/20 0:00	2021/7/20 20:00	39
6	DSSF007（德胜书坊）	Excel技能精进100课	2021/6/10 0:00	2021/7/10 0:00	28

图7-4

7.1.2 设置合同状态提醒 | TODAY

TODAY函数可以返回当前日期，它和NOW函数作用非常相似，TODAY函数也没有参数。直接在单元格中输入公式“=TODAY()”，按下Enter键后便会返回系统当前日期，如图7-5所示。

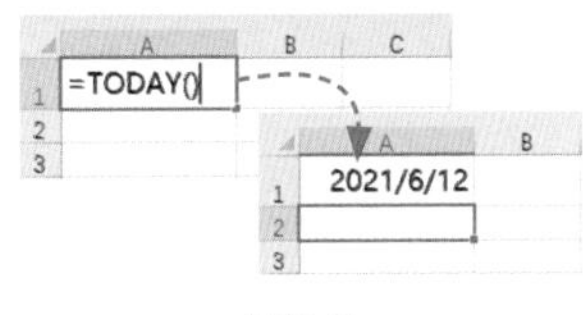

图7-5

下面将使用TODAY函数设置合同状态提醒。假设需要将最近30天内到期的合同以“临期”显示，将已经到期的合同以“过期”显示，将不符合以上两种条件的合同以“正常”显示，具体操作方法如下。

选择D2单元格，输入公式“=IF((C2−TODAY())<0,"过期",IF((C2−TODAY())<=30,"临期","正常"))”，随后将公式向下方填充即可返回每个合同的当前状态，如图7-6所示。

D2 =IF((C2-TODAY())<0,"过期",IF((C2-TODAY())<=30,"临期","正常"))

合同编号	生效日期	截止日期	合同状态
18065531	2018/5/1	2022/5/1	正常
19665302	2019/10/15	2025/10/15	正常
20201673	2020/1/20	2021/6/20	临期
19721388	2019/8/3	2020/8/3	过期
21236554	2021/6/12	2021/12/30	正常
16589798	2016/5/20	2020/5/20	过期
15369877	2015/7/8	2021/7/8	临期

图7-6

公式解析

本例公式用合同截止日期减去当前日期，返回相差的天数，然后用 IF 函数对相差的天数进行判断，当相差天数小于 0 时，返回“过期”；当相差天数大于 0 小于等 30 时，返回“临期”；剩余的返回“正常”。

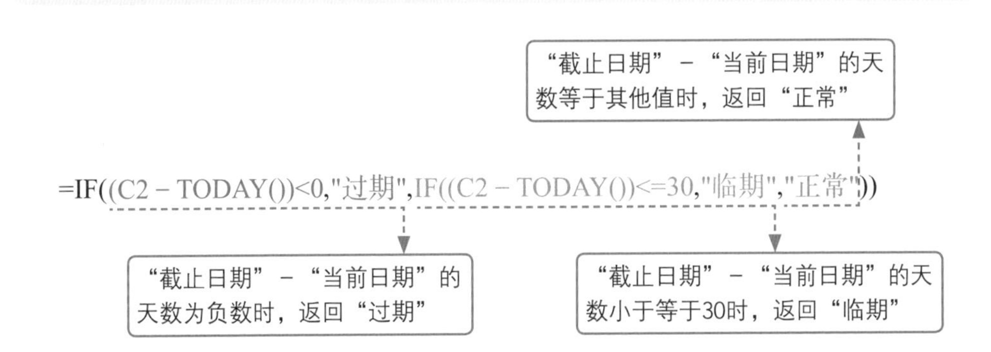

7.1.3 统计临期合同的数量 | TODAY

在同一个案例中TODAY函数和不同的函数嵌套可以得到不同的计算结果。例如使用TODAY函数，根据已知的合同截止日期，统计将在30天之内到期的合同数量。

此时可以在E2单元格中输入公式“=COUNTIFS(C2:C8,">="&TODAY(),C2:C8,"<="&(TODAY()+30))”，按下Enter键后即可返回统计结果，如图7-7所示。

E2 =COUNTIFS(C2:C8,">="&TODAY(),C2:C8,"<="&(TODAY()+30))

	A	B	C	D	E
1	合同编号	生效日期	截止日期		临期合同数量统计
2	18065531	2018/5/1	2022/5/1		2
3	19665302	2019/10/15	2025/10/15		
4	20201673	2020/1/20	2021/6/20		
5	19721388	2019/8/3	2020/8/3		
6	21236554	2021/6/12	2021/12/30		
7	16589798	2016/5/20	2020/5/20		
8	15369877	2015/7/8	2021/7/8		

图7-7

公式解析

本例公式使用 COUNTIFS 函数为“截止日期”设置了两个条件：一个是大于等于当前日期；另一个是小于等于当前日期加 30 天所对应的那个日期。只有同时满足这两个条件才会被统计。

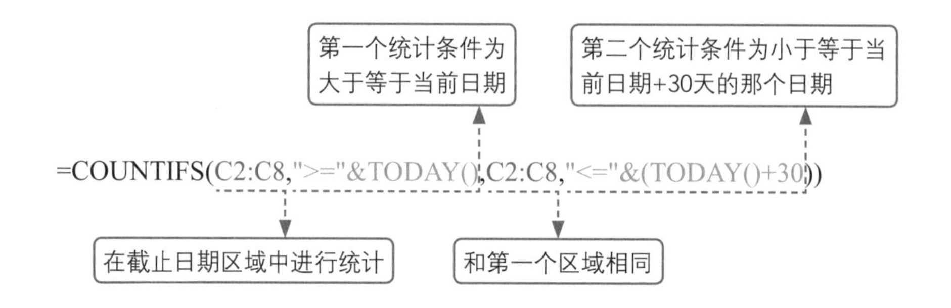

7.1.4 日期处理利器 DATE 函数应用分析 | DATE

DATE函数的作用是返回某个代表特定日期的序列号。该函数有3个参数，语法格式如下：

=DATE(❶年, ❷月, ❸日)

参数说明：

- **参数1：** 代表日期中的年份，可以是一到四位数字。默认情况下Microsoft Excel for Windows 使用1900日期系统，而Microsoft Excel for Macintosh使用1904日期系统。
- **参数2：** 代表日期中的月份，当所输入的月份大于12，将向年份中加算。例如DATE(2020,14,5)将返回2021年2月5日的日期序列号。
- **参数3：** 表示日期中代表天数的数字。当该参数大于当前月份的最大天数时，将向月份中加算。例如DATE(2021,4,35)将返回2021年5月5日的日期序列号。

1900和1904日期系统有何区别？

Excel支持1900和1904日期系统。在1900日期系统中，受支持的第一天是1900年1月1日，若将该日期转换为序列号（数字）则是“1”，反之亦然，详情见表7-1。如果输入2020年1月1日，Excel会将日期转换为序列号43831，表示从1900年1月1日开始已用的天数。

表7-1

日期系统	开始日期	结束日期
1900	1900年1月1日（序列号1）	9999年12月31日（序列号2958465）
1904	1904年1月2日（序列号1）	9999年12月31日（序列号2957003）

而在1904日期系统中，受支持的第一天是1904年1月1日。该日期可转换为序列号“0”。

既然这两个日期系统使用不同的开始日期，是不是就说明同一个日期在不同日期系统中返回的序列号是不同的?

的确如此，这两个日期系统之间的差值是1462天，也就是说，1900日期系统中日期的序列号总是比1904日期系统中同一日期的序列号大1462。1462天等于四年零一天。

应该如何切换日期系统?

在“Excel选项”对话框中的“高级”界面内勾选“使用1904日期系统”复选框即可，如图7-8所示。

假设现在已知代表年份、月份和天数的三组序列号，使用DATE函数便可将这些序列号组合成一个日期，如图7-9所示。该公式也可写作“=DATE("2022","8","20")”。

当DATE函数的参数1（年份）超出有效年份（数字0~9999）时会返回错误值；参数2（月份）的正常范围是1~12，当该参数值大于12或小于1时，会自动转换

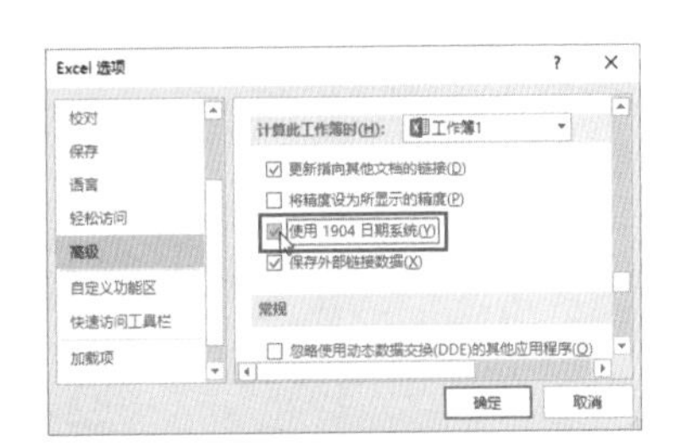

图7-8

成有效日期范围；参数3（天数值）和月份一样，当超过当月的有效范围时，会自动转换成前月或累加到后月。相当于数字运算中的进位，只不过月份值以12为单位向年份累加，天数值以当月的最大天数为单位向月份累加。具体应用示例见表7-2。

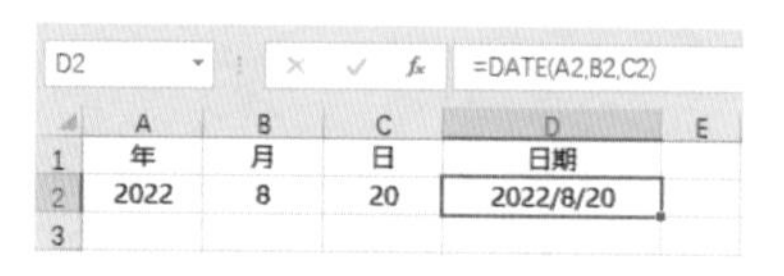

图7-9

表7-2

示例公式	返回结果
=DATE(0,5,1)	1900/5/1
=DATE(10000,5,1)	#NUM!
=DATE(2022,5,35)	2022/5/4
=DATE(2022,5,56)	2022/6/25
=DATE(2022,2,29)	2022/3/1
=DATE(2022,2,0)	2022/1/31
=DATE(2022,13,6)	2023/1/6
=DATE(2022,30,6)	2024/6/6
=DATE(2022,5,-3)	2022/4/27
=DATE(2022,-2,5)	2021/10/5

7.1.5 根据年份和月份计算第一天和最后一天 | DATE

根据给定的年份和月份信息可以计算出相应月份的第一天和最后一天的日期。选择C2单元格，输入公式“=DATE(A2,B2,)+1”，按下Enter键后，再次选中C2单元格，将公式向下方填充，即可返回第一天的日期，如图7-10所示。

选中D2单元格，输入公式“=DATE(A2,B2+1,)”，随后将公式向下方添加，即可返回所有月份最后一天的日期，如图7-11所示。

C2 =DATE(A2,B2,)+1

年份	月份	第一天	最后一天
2021	1	2021/1/1	
2021	2	2021/2/1	
2021	3	2021/3/1	
2021	4	2021/4/1	
2021	5	2021/5/1	
2021	6	2021/6/1	
2021	7	2021/7/1	
2021	8	2021/8/1	
2021	9	2021/9/1	
2021	10	2021/10/1	
2021	11	2021/11/1	
2021	12	2021/12/1	

图7-10

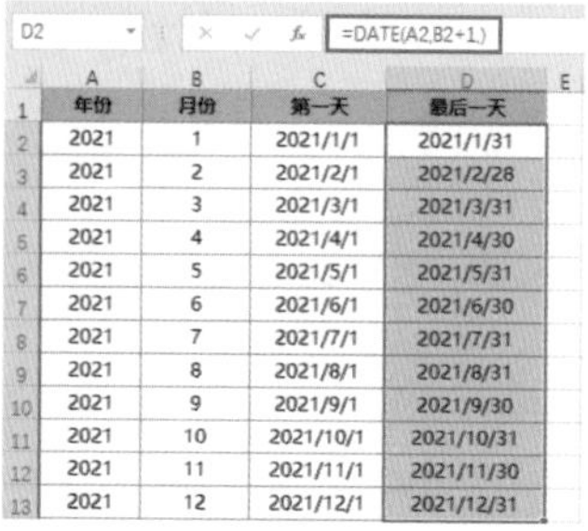

D2 =DATE(A2,B2+1,)

年份	月份	第一天	最后一天
2021	1	2021/1/1	2021/1/31
2021	2	2021/2/1	2021/2/28
2021	3	2021/3/1	2021/3/31
2021	4	2021/4/1	2021/4/30
2021	5	2021/5/1	2021/5/31
2021	6	2021/6/1	2021/6/30
2021	7	2021/7/1	2021/7/31
2021	8	2021/8/1	2021/8/31
2021	9	2021/9/1	2021/9/30
2021	10	2021/10/1	2021/10/31
2021	11	2021/11/1	2021/11/30
2021	12	2021/12/1	2021/12/31

图7-11

公式解析

计算第一天和最后一天的公式都只设置了2个参数(忽略了参数3)。DATE函数在缺少参数3时,会返回给定月份的上一个月的最后一天的日期,例如公式"=DATE("2021","5",)"所返回的日期为"2021年4月30日"。

因此在公式的最后加"1",就表示上个月的最后一天再加1天,返回结果为当前月的第一天;而在"月"参数后面加"1"则表示加1个月,公式返回当前月的最后一天。

7.2 从日期中提取年、月、日信息

完整的日期由年、月、日三部分组成,这三部分信息可以分别利用YEAR、MONTH及DAY函数进行提取。它们都只有一个参数,语法格式基本相同,作用分别是从一个指定的日期中提取出年份、月份或天数值。

下面先简单介绍这三个函数的作用及语法格式,如图7-12所示。

YEAR

- **函数作用:** 返回日期中的年份值,结果是介于1990和9999之间的数字
- **语法格式:** =YEAR(❶日期或时间代码)
- **参数说明:**
- 参数可以是手动输入的日期或时间代码及包含日期或时间代码的单元格引用
- 当参数为文本或超出当前日期系统的范围时会返回错误值
- **应用示例:**
- 公式"=YEAR("2022/5/20")",返回结果为"2022"
- 公式"=YEAR(1)",返回结果为"1900"
- **注意事项:** 当参数为日期常量时要加双引号

MONTH

- **函数作用:** 返回日期中的月份值,结果是一个介于1和12之间的数字
- **语法格式:** =MONTH(❶日期或时间代码)
- **参数说明:** 同YEAR函数
- **应用示例:** 公式"=MONTH("2022/5/20")",返回结果为"5"

DAY

- **函数作用:** 返回日期中的数值,结果是介于1和31之间的数字
- **语法格式:** =DAY(❶日期或时间代码)
- **参数说明:** 同YEAR函数
- **应用示例:** 公式"=DAY("2022/5/20")",返回结果为"20"

图7-12

7.2.1 根据员工入职日期计算工龄 | YEAR

本案例将利用YEAR函数根据入职日期计算员工的工龄。根据“工龄=当前年份–入职年份”编写公式计算员工工龄。在E2单元格中输入公式“=YEAR(TODAY())-YEAR(D2)”，此时公式返回的是一个日期，将E2单元格的格式设置成“常规”，如图7-13所示。

然后再向下方填充公式，即可根据所有入职日期计算出工龄，如图7-14所示。

工号	姓名	性别	入职日期	工龄
12405	张三疯	男	2005/6/10	1900/1/16
23555	李四月	女	2019/8/3	

图7-13

工号	姓名	性别	入职日期	工龄
12405	张三疯	男	2005/6/10	16
23555	李四月	女	2019/8/3	2
51140	周月亮	女	2016/7/1	5
14256	聂风	男	2020/5/20	1
22800	步惊云	男	2015/3/18	6
31005	至尊宝	男	2009/6/5	12
32203	唐玄奘	男	2018/8/16	3
34211	紫霞	女	2021/5/8	0
25660	白骨精	女	2017/9/1	4
34922	梅超风	女	2004/3/15	17
35613	萧十一狼	男	2018/3/10	3
32000	东方不败	男	2005/4/23	16

图7-14

本例公式在计算两个日期相差的年份时忽略了月份和天数因素，因此结果不是十分精确，若要得到更精确的计算结果，可使用DATEDIF[1]函数编写公式“=DATEDIF(D2,TODAY(),"Y")”。

现学现用

通过以上案例的学习计算新中国成立至今多少周年，应该如何编写公式？

首先新中国成立时间是1949年；利用TODAY函数生成当前日期序列，然后用YEAR函数提取出当前年份；用当前年份减去1949所获得的便是建国周年数。具体公式为“**=YEAR(TODAY())−1949**”。

7.2.2 计算 2021 年之前的总成交额 | SUM，IF，YEAR

现在一份打乱了销售日期的销售表中计算2021年之前的总成交额。在F2单元格中输入数组公式“=SUM(IF(YEAR(B2:B13)<2021,D2:D13))”，然后按Ctrl+Shift+Enter组合键返回计算结果，如图7-15所示。

[1] DATEDIF 函数的使用方法可查阅 3.4.3 节。

F2 {=SUM(IF(YEAR(B2:B13)<2021,D2:D13))} ← 数组公式

	A	B	C	D	E	F
1	销售平台	下单日期	商品名称	成交价格		2021年之前的总成交额
2	德胜书坊	2020/5/8	7天学会五笔	¥99.00		¥678.00
3	德胜书坊	2021/3/6	Office销量提升精品课			
4	德胜书坊	2019/5/6	WPS办公自动化新手精品课			
5	德胜书坊	2019/9/12	WPS办公自动化新手精品课			
6	德胜书坊	2021/7/3	Excel技能精进100课	¥199.00		
7	德胜书坊	2021/6/12	7天学会五笔	¥49.00		
8	德胜书坊	2020/7/20	Office销量提升精品课	¥89.00		
9	德胜书坊	2019/12/30	计算机二级Office考点精讲	¥159.00		
10	德胜书坊	2021/6/1	计算机二级Office考点精讲	¥199.00		
11	德胜书坊	2021/2/11	Excel技能精进100课	¥99.00		
12	德胜书坊	2020/9/16	7天学会五笔	¥78.00		
13	德胜书坊	2020/10/18	Office销量提升精品课	¥65.00		

按Ctrl+Shift+Enter组合键返回结果

图7-15

公式解析

本例公式使用 YEAR 函数提取每个下单日期，然后用 IF 函数排除 2021 年之后的日期，仅对符合条件的成交价格进行求和。本例公式为数组公式，必须按 Ctrl+Shift+Enter 组合键才能返回正确结果。

7.2.3 统计本月过生日的员工人数 | MONTH

下面使用MONTH函数编写一个数组公式，统计本月（6月）过生日的员工人数。选择F2单元格，输入公式“=SUM((MONTH(D2:D13)=MONTH(TODAY()))*1)”，按下Ctrl+Shift+Enter组合键，即可返回本月过生日的人数，如图7-16所示。

F2 {=SUM((MONTH(D2:D13)=MONTH(TODAY()))*1)}

	A	B	C	D	E	F
1	工号	姓名	性别	出生日期		本月过生日的人数
2	12405	张三疯	男	1988/5/12		3
3	23555	李四月	女	1993/3/1		
4	51140	周月亮	女	1990/6/23		
5	14256	聂风	男	1995/10/18		
6	22800	步惊云	男	1987/6/9		
7	31005	至尊宝	男	1985/3/4		
8	32203	唐玄奘	男	1997/4/9		
9	34211	紫霞	女	1996/11/12		
10	25660	白骨精	女	1980/6/11		
11	34922	梅超风	女	1995/10/8		
12	35613	萧十一狼	男	1984/3/17		
13	32000	东方不败	男	1992/1/29		

Ctrl+Shift+Enter

图7-16

公式解析

本例公式利用 MONTH 函数提取每位员工的出生月份，再与本月进行比较，比较的结果是逻辑值 TRUE 或 FALSE。“*1”可以将逻辑值 TRUE 转换成数字 1，将 FALSE 转换成数字 0，最后用 SUM 函数进行求和，得到出生月份与本月相同的人数总和。公式主要计算过程如图 7-17 所示。

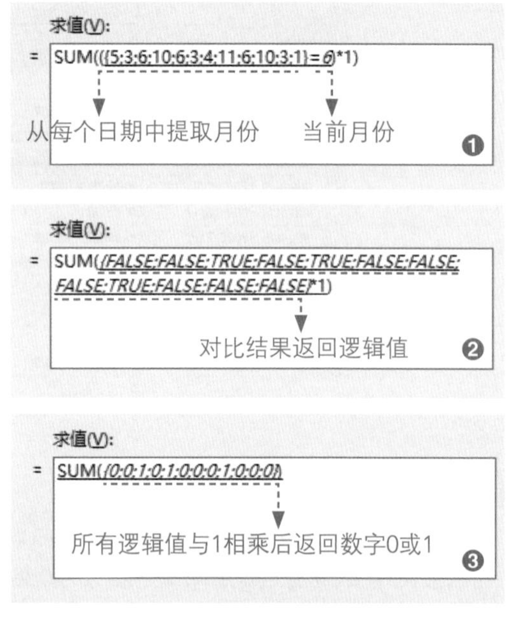

图7-17

7.2.4 根据入职日期计算新员工转正日期 | DAY

某公司规定员工进入公司三个月后转为正式员工，每月从11日开始计算，到下个月10日算一个月，若在本月11日之前进入公司，那么到下个月10日为一个月。若本月10日之后进入公司，则从下个月11日开始计算，现需根据新员工的入职日期计算转正日期。

选择C2单元格，输入公式“=DATE(YEAR(B2),MONTH(B2)+3+(DAY(B2)>10),11)”，随后将公式向下方填充，计算出所有员工的转正日期，如图7-18所示。

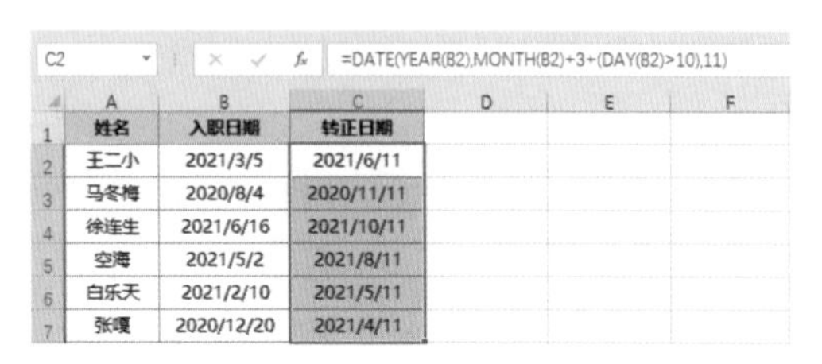

C2 =DATE(YEAR(B2),MONTH(B2)+3+(DAY(B2)>10),11)

	A	B	C	D	E	F
1	姓名	入职日期	转正日期			
2	王二小	2021/3/5	2021/6/11			
3	马冬梅	2020/8/4	2020/11/11			
4	徐连生	2021/6/16	2021/10/11			
5	空海	2021/5/2	2021/8/11			
6	白乐天	2021/2/10	2021/5/11			
7	张嘎	2020/12/20	2021/4/11			

图7-18

公式解析

本例公式使用 DATE 函数获取转正日期中的年、月、日信息。其中年份采用入职日期的年份，若转正日期跨年了，Excel 会自动累加；MONTH 函数提取员工入职月份，然后加 3，表示转正的月份。由于公司规定 10 日之前入职需要延后一个月转正，因此需通过 DAY 函数提取是几日入职的，若大于 10 则累加一个月；DATE 函数的参数 3 为固定的转正日，也就是 11 日。

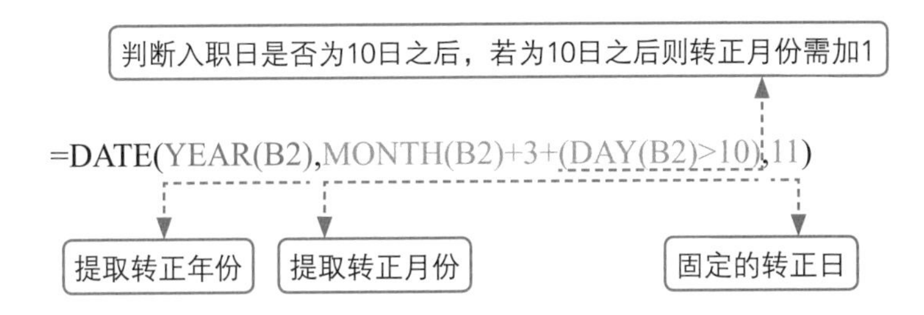

7.2.5 计算分期付款的最后一个还款日 | EDATE

若要计算某个起始日期在指定月份之前或之后的日期可以使用EDATE函数。例如计算2022年10月20日之后18个月的日期，可以使用EDATE函数。

EDATE函数有两个参数，语法格式如下：

=EDATE(❶起始日期，❷向前或向后推算的月数)

参数说明：

- **参数1：**当使用手动输入的日期常量时，需要添加英文双引号，且日期格式必须为Excel可以识别的标准日期格式。
- **参数2：**可以是数字、包含数字的引用或名称。正数表示向后推算，负数表示向前推算。若设置为小数，只会使用小数点左侧的整数部分。若设置该参数为文本或逻辑值则会返回错误值。EDATE函数的具体使用示例见表7-3。

表7-3

公式示例	返回结果
=EDATE("1990/5/3",2)	1990/7/3
=EDATE("2000/12/20",5)	2001/5/20
=EDATE("2021/6/11",－3)	2021/3/11
=EDATE("2005年8月15日",2)	2005/10/15
=EDATE("2020/5/1",2.99)	2020/7/1
=EDATE("2005.8.15",2)	#VALUE!（日期格式不正确）
=EDATE("2020/5/1",TRUE)	#VALUE!(月份值不是数字)

计算2022年10月20日之后18个月的日期，可以使用公式“=EDATE("2022年10月20日",18)",返回结果为“2024年4月20日”。

经验之谈

默认情况下EDATE函数返回的是日期序列代码，用户若要让这些日期代码以日期格式显示，需要将单元格格式修改成日期格式。

接下来将使用EDATE函数根据每月固定还款日和分期付款期限计算最后一个还款日期。这里假设当月消费从下月开始还款，每月20日为还款日。

选择D2单元格，输入公式“=EDATE(DATE(YEAR(B2),MONTH(B2),20),C2)”，随后将公式向下方填充即可计算出所有消费项目的最后还款日期，如图7-19所示。

D2 =EDATE(DATE(YEAR(B2),MONTH(B2),20),C2)

	A	B	C	D	E
1	消费项目	交易日期	还款期数（月）	最后还款日期	
2	日用品	2021/1/12	3	2021/4/20	
3	服饰	2021/2/18	6	2021/8/20	
4	家电	2021/2/22	12	2022/2/20	
5	电子设备	2021/3/9	24	2023/3/20	
6	家具	2021/4/22	5	2021/9/20	
7	护肤品	2021/5/16	2	2021/7/20	

图7-19

公式解析

根据要求每月的还款日为 20 日，因此不能直接使用交易日期作为起始日期，而是分别使用 YEAR 和 MONTH 函数从交易日期中提取年份和月份，然后用 DATE 函数将年、月、日（固定值 20）组合成起始日期。最后用 EDATE 函数计算起始日期之后的指定月数的日期。

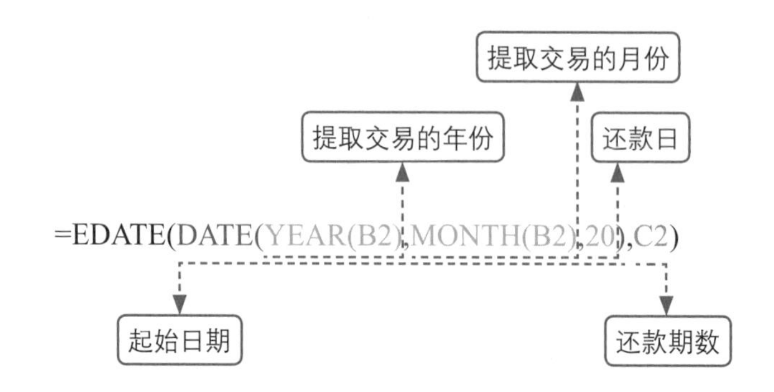

7.3 有效利用时间信息完成数据分析和计算

常用的时间函数包括HOUR、MINUTE、SECOND等。这三个函数可以分别从时间中提取小时、分钟和秒数信息。接下来介绍这三个时间函数的作用及语法格式，如图7-20所示。

HOUR

- **函数作用：** 从时间中提取小时数。结果值是介于0和23之间的整数
- **语法格式：** =HOUR(❶日期或时间代码)
- **参数说明：**
- 允许设置不同格式的时间，例如"8:15:45""9:20 PM""下午5时16分""2021/3/15 9:20:15"等
- 当参数为时间常量时需要添加英文双引号
- **应用示例：**
- 公式“=HOUR("下午7时30分")”，返回结果为“19”
- 公式“=HOUR("8:30:15")”，返回结果为“8”

MINUTE

- **函数作用：** 从时间中提取分钟数，结果值是介于0和59之间的整数
- **语法格式：** =MINUTE(❶日期或时间代码)
- **参数说明：** 同HOUR函数
- **应用示例：**
- 公式“=MINUTE("16:32:50")”，返回结果为“32”
- 公式“=MINUTE("9:15 AM")”，返回结果为“9”

SECOND

- **函数作用：** 从时间中提取秒数值，结果值是介于0和59之间的整数
- **语法格式：** =SECOND(❶日期或时间代码)
- **参数说明：** 同HOUR函数
- **应用示例：** 公式“=SECOND("10:30 PM")”，返回结果为“0”
- **应用示例：** 公式“=SECOND("2022/6/18 24:30:59")”，返回结果为“59”

图7-20

7.3.1 计算员工工时工资 | HOUR

假设某车间是按照工作时长计算工资。上下班时间以打卡时间为准，去除中午休息1小时，每小时工资20元。下面将计算每位员工每天的工资。

选择E2单元格，输入公式“=((HOUR(D2－C2)－1)+(MINUTE(D2－C2)/60))*20”，按下Enter键，返回第一位员工的工时工资后，将公式向下方填充即可计算出所有员工的工时工资，如图7-21所示。

由于有些员工的工时工资包含很长的小数位数，我们可以对以上公式进行优化，将工时工资保留一位小数。将E2单元格中的公式修改为“=ROUND(((HOUR(D2－C2)－

1)+(MINUTE(D2－C2)/60))*20,1)”，随后重新向下方填充公式得到四舍五入后的工时工资，如图7-22所示。

E2 =((HOUR(D2-C2)-1)+(MINUTE(D2-C2)/60))*20

	A	B	C	D	E
1	打卡日期	员工姓名	上班时间	下班时间	工时工资
2	2021/7/10	张三疯	9:00	17:33	151
3	2021/7/10	李四月	9:00	18:00	160
4	2021/7/10	周月亮	9:15	19:50	191.6666667
5	2021/7/10	聂风	9:00	18:00	160
6	2021/7/10	步惊云	9:08	20:30	207.3333333
7	2021/7/10	至尊宝	10:20	22:00	213.3333333
8	2021/7/10	唐玄奘	12:00	18:00	100
9	2021/7/10	紫霞	9:00	17:00	140
10	2021/7/10	白骨精	8:30	18:00	170
11	2021/7/10	梅超风	9:00	19:30	190
12	2021/7/10	萧十一郎	8:00	18:00	180
13	2021/7/10	东方不败	9:00	18:00	160

图7-21

E2 =ROUND(((HOUR(D2-C2)-1)+(MINUTE(D2-C2)/60))*20,1)

	A	B	C	D	E
1	打卡日期	员工姓名	上班时间	下班时间	工时工资
2	2021/7/10	张三疯	9:00	17:33	151
3	2021/7/10	李四月	9:00	18:00	160
4	2021/7/10	周月亮	9:15	19:50	191.7
5	2021/7/10	聂风	9:00	18:00	160
6	2021/7/10	步惊云	9:08	20:30	207.3
7	2021/7/10	至尊宝	10:20	22:00	213.3
8	2021/7/10	唐玄奘	12:00	18:00	100
9	2021/7/10	紫霞	9:00	17:00	140
10	2021/7/10	白骨精	8:30	18:00	170
11	2021/7/10	梅超风	9:00	19:30	190
12	2021/7/10	萧十一郎	8:00	18:00	180
13	2021/7/10	东方不败	9:00	18:00	160

图7-22

公式解析

本例公式先用“(HOUR(D2－C2)－1)”提取工作的整小时的数值，再用“(MINUTE(D2－C2)”提取不满整小时的分钟部分，除以60是为了将分钟转换成小时来表示。两者相加得到总工作时长（小时），最后乘以每小时工资20元，得到一天的工时工资。ROUND函数将小数位数较多的工资四舍五入保留一位小数。

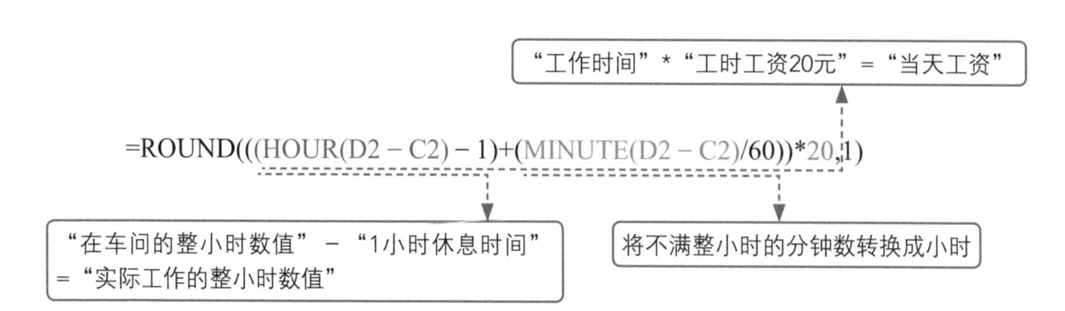

7.3.2 根据任务完成时间计算积分 | MINUTE

假设在智力游戏比赛中采用积分制，规定如下：游戏任务从规定时间开始，到指定的时间结束。若刚好在规定的结束时间点提交答案则不做奖罚；若提前完成任务，那么提前10分钟以内忽略不计，10～20分钟（不含）之间加3分，20～30分钟（不含）之间加6分；以此推算；若晚于规定的结束时间完成任务，那么1～10分钟之内扣3分，10～20分钟扣6分，以此推算，如图7-23所示。

任务开始时间	14:00:00
任务结束时间	15:00:00

提前	积分	延后	积分
10分钟	0	10分钟	-3
10~20分钟	+3	10~20分钟	-6
20~30分钟	+6	...	...
...	...	...	...

图7-23

选择E2单元格，输入公式“=IF(HOUR(D2)>=15,ROUNDUP((HOUR(D2-$H$3)*60+MINUTE(D2))/10,0)*-3,ROUNDDOWN((HOUR($H$3-D2)*60+60-MINUTE(D2))/10,0)*3)”，随后将公式向下方填充即可根据任务的提交时间计算出所有选手的积分，如图7-24所示。

注意事项

公式较长，在输入公式时一定要注意括号及参数分隔符号（逗号）的位置和数量，输入多或者输入少了都会造成公式无法计算的情况发生。对于这种长公式，要具备一些耐心。

E2 =IF(HOUR(D2)>=15,ROUNDUP((HOUR(D2-$H$3)*60+MINUTE(D2))/10,0)*-3,ROUNDDOWN((HOUR($H$3-D2)*60+60-MINUTE(D2))/10,0)*3)

NO	网名	地区	任务提交时间	本轮积分
1	一匹野马	上海	14:46:00	3
2	少年张三疯	天津	14:55:00	0
3	一枝独秀	广州	15:00:00	0
4	半糖不加冰	江苏	14:31:00	6
5	唐太宗	上海	14:20:00	12
6	总有刁民想害朕	北京	15:11:00	-6
7	中暑山庄	北京	15:02:00	-3
8	帅的被人砍	广州	14:41:00	3
9	鲁智深三打白骨精	天津	14:30:00	9
10	中国制造	厦门	14:22:00	9
11	他们逼我做卧底	武汉	15:08:00	-3
12	我要一桶浆糊	武汉	14:52:00	0
13	嗯嗯酒跳跳舞	厦门	14:38:00	6
14	武大娘	北京	14:16:00	12
15	西门吹雪	天津	15:31:00	-12
16	唐伯虎点蚊香	天津	15:00:00	0

任务开始时间	14:00:00
任务结束时间	15:00:00

Sheet1

图7-24

公式解析

这个公式很长，对新手来说理解起来可能比较困难，这也更能检验大家的学习成果，若是这样的公式都能理解，则说明本阶段的学习很有成效。

本例公式从整体上看是使用IF函数判断任务的提交时间是否大于等于15时（任务结束时间）。若超出，则返回超出的分钟时间段对应的积分，其返回结果为负数；若未超出，则用类似的方法计算应得的积分，其返回结果为正数。

- HOUR函数提取超出的小时数，然后乘以60，将小时转换成分钟，与MINUTE函数提取超出的分钟数相加得到超出的总分钟数
- 用超出的总分钟数除以10可以计算出超出了几个10分钟（一个10分钟为一个时间段）
- 当总分钟数除以10返回了小数时，ROUNDUP函数将结果值向上取舍
- 最后用超出的时间段乘以“-3”（一个时间段需要扣除的积分），得到超时应扣的积分

=IF(HOUR(D2)>=15,ROUNDUP((HOUR(D2-$H$3)*60+MINUTE(D2))/10,0)*-3,ROUNDDOWN((HOUR($H$3-D2)*60+60-MINUTE(D2))/10,0)*3)

- “60-MINUTE(D2)”用于计算出提前的分钟数
- 其他部分可与超出部分做同样理解，其中ROUNDDOWN表示向下取舍

7.3.3 计算提前完成任务的人数 | SUM，HOUR

若要计算提前完成任务的人数，也就是小时数小于15的人数，可以使用SUM函数和HOUR函数编写数组公式。

在F6单元格中输入公式“=SUM((HOUR(D2:D17)<15)*1)”，按Ctrl+Shift+Enter组合键即可返回计算结果，如图7-25所示。

F6　{=SUM((HOUR(D2:D17)<15)*1)}

NO	网名	地区	任务提交时间
1	一匹野马	上海	14:46:00
2	少年张三疯	天津	14:55:00
3	一枝独秀	广州	15:00:00
4	半糖不加冰	江苏	14:31:00
5	唐太宗	上海	14:20:00
6	总有刁民想害朕	北京	15:11:00
7	中暑山庄	北京	15:02:00
8	帅的被人砍	广州	14:41:00
9	鲁智深三打白骨精	天津	14:30:00
10	中国制造	厦门	14:22:00
11	他们逼我做卧底	武汉	15:08:00
12	我要一桶浆糊	武汉	14:52:00
13	喝喝酒跳跳舞	厦门	14:38:00
14	武大娘	北京	14:16:00
15	西门吹雪	天津	15:31:00
16	唐伯虎点蚊香	天津	15:00:00

任务开始时间	14:00:00
任务结束时间	15:00:00

提前完成任务的人数
10

Ctrl+Shift+Enter

图7-25

公式解析

本例公式利用HOUR函数提取所有时间的小时数，首先与任务的结束时间15时进行比较，返回一组逻辑值。其次乘以1将逻辑值转换成数字，TRUE转换成数字1，FALSE转换成数字0。最后用SUM函数进行求和。

经验之谈

本例公式也可以不使用时间函数，直接使用数组公式“=SUM((D2:D17<G2)*1)”，可得到相同的计算结果。

7.3.4 计算借车时长 | HOUR，MINUTE，SECOND

共享汽车的借车时间和还车时间都有详细的时间记录，现在需要统计每辆车的借车分钟数，要求秒数超过0时直接按1分钟计算。

选择D2单元格，输入公式“=HOUR(C2−B2)*60+MINUTE(C2−B2)+(SECOND(C2−B2)>0)”，然后将公式向下方填充，即可计算出每辆车的借车分钟数，如图7-26所示。

D2　=HOUR(C2-B2)*60+MINUTE(C2-B2)+(SECOND(C2-B2)>0)

车牌号	借车时间	还车时间	借车时长(分钟)
A005	12:35:41	13:15:08	40
A006	15:12:03	15:40:03	28
A007	6:18:52	10:32:18	254
A008	9:30:20	12:12:06	162
A009	19:15:50	22:26:50	191
A010	18:22:19	19:20:25	59
A011	7:05:16	7:32:55	28
A012	16:02:18	16:53:49	52

图7-26

公式解析

本例公式首先从借车时长中提取小时数，将其乘以60，将小时转换成分钟，其次提取分钟数，再次提取大于零的秒数，并将大于零的秒数转换成1，最后将提取结果相加，返回总分钟数。

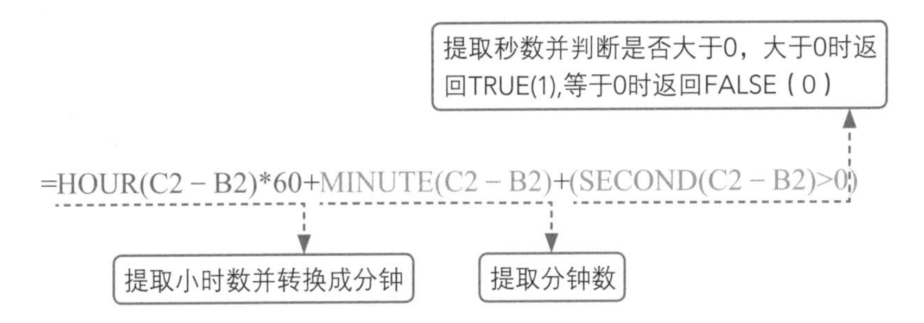

7.4 星期函数的应用

Excel中用于计算星期的函数主要有WEEKDAY和WEEKNUM等，本节将对这些函数进行详细介绍。

7.4.1 计算指定日期是星期几 | WEEKDAY

WEEKDAY是一个标准的星期函数，它能够判断一个日期是一周中的第几天。其返回结果是1~7的整数。

WEEKDAY有两个参数，语法格式如下：

=WEEKDAY(❶日期或时间代码，❷返回值类型)

参数说明：

返回值类型包括10种类型，分别由10个不同的数字表示，如图7-27所示。

在手动输入公式时，当输入到参数2时，屏幕中会出现该参数选项列表，用户可从该列表中选择需要使用的返回值类型。

通常，中国人习惯将星期一看作是一周的第1天，将星期日看作是一周的最后一天，也就是第7天。因此，若无特殊要求，一般会将WEEKDAY函数的参数2设置成“2”，即星期一返回数字1、星期二返回数字2……星期日返回数字7。

下面将对WEEKDAY函数的应用进行简单的示范，判断A列中的日期分别是星期几。在B2单元格中输入公式“=WEEKDAY(A2,2)”，随后将公式向下方填充即可判断出所有日期是一周中的第几天，如图7-28所示。

1 - 从 1 (星期日)到 7 (星期六)的数字
2 - 从 1 (星期一)到 7 (星期日)的数字
3 - 从 0 (星期一)到 6 (星期日)的数字
11 - 数字 1 (星期一)至 7 (星期日)
12 - 数字 1 (星期二)至 7 (星期一)
13 - 数字 1 (星期三)至 7 (星期二)
14 - 数字 1 (星期四)至 7 (星期三)
15 - 数字 1 (星期五)至 7 (星期四)
16 - 数字 1 (星期六)至 7 (星期五)
17 - 数字 1 (星期日)至 7 (星期六)

图7-27

B2 =WEEKDAY(A2,2)

	A	B	C	D
1	日期	星期几		
2	2018/9/10	1		
3	2020/7/12	7		
4	2021/6/18	5		

图7-28

7.4.2 判断演出时间是星期几 | TEXT，WEEKDAY

默认情况下WEEKDAY函数只能用小写数字表示星期几，若想用中文大写形式表示星期几，可以用TEXT[1]函数（文本转换函数）。

下面将判断演出时间表中的演出日期分别是星期几，并用中文大写形式进行表示。选择B2单元格，输入公式“=TEXT(WEEKDAY(A2),"aaaa")”，随后向下填充公式即可返回中文大写的星期几，如图7-29所示。

=TEXT(WEEKDAY(A2),"aaaa")

演出日期	星期	演出地点	演出内容	演出时长（分钟）
2021/10/1	星期五	音乐厅	声乐专场	90
2021/10/2	星期六	古典戏剧场	《苏秦》	180
2021/10/3	星期日	体育馆	明星演唱会	180
2021/10/5	星期二	梨园剧院	《红楼梦》	240
2021/10/7	星期四	体育馆	明星演唱会	120
2021/10/16	星期六	梨园剧院	《霸王别姬》	120
2021/10/17	星期日	音乐厅	综合晚会	90
2021/10/20	星期三	古典戏剧场	小戏专场	120

图7-29

公式解析

本例公式先使用 WEEKDAY 函数提取演出时间对应的星期数字，然后用 TEXT 函数将数字转换成指定的代码格式。“aaaa” 表示在 Excel 中将日期转换成中文的星期形式。

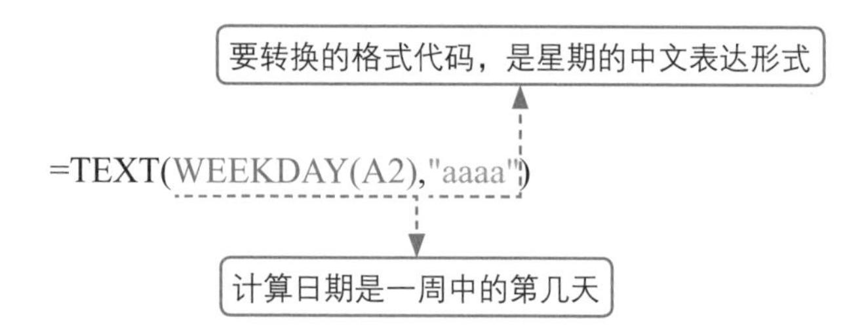

注意事项

① 当WEEKDAY函数的参数 2 为“1”时可以忽略，本例公式便是忽略了该参数，将公式写成“=TEXT(WEEKDAY(A2，1),"aaaa")”也是成立的。

② 对于本公式而言，WEEKDAY函数的参数 2 必须是“1”或省略，若使用其他参数则会返回错误的计算结果。

7.4.3 判断演出时间是周末还是工作日 | IF，WEEKDAY

WEEKDAY函数不仅可以判断指定日期是星期几，当它和不同函数组合使用时，还可以体现出不同的功能，例如判断指定日期是周末还是工作日。

选择E2单元格，输入公式“=IF(WEEKDAY(A2,2)>5,"周末","工作日")”，按Enter键返回结果后再次选中E2单元格，将公式向下方填充便可计算出所有演出日期是周末还是工作日，如图7-30所示。

=IF(WEEKDAY(A2,2)>5,"周末","工作日")

演出日期	演出地点	演出内容	演出时长（分钟）	周末/工作日
2021/10/1	音乐厅	声乐专场	90	工作日
2021/10/2	古典戏剧场	《苏秦》	180	周末
2021/10/3	体育馆	明星演唱会	180	周末
2021/10/5	梨园剧院	《红楼梦》	240	工作日
2021/10/7	体育馆	明星演唱会	120	工作日
2021/10/16	梨园剧院	《霸王别姬》	120	周末
2021/10/17	音乐厅	综合晚会	90	周末
2021/10/20	古典戏剧场	小戏专场	120	工作日

图7-30

[1] TEXT 函数是一个文本转换函数，该函数的详细介绍可查看 8.5 节。

公式解析

本例公式用WEEKDAY函数提取演出日期对应的星期数字,用IF函数判断该数字是否大于5,若是则返回“周末”,否则返回“工作日”。

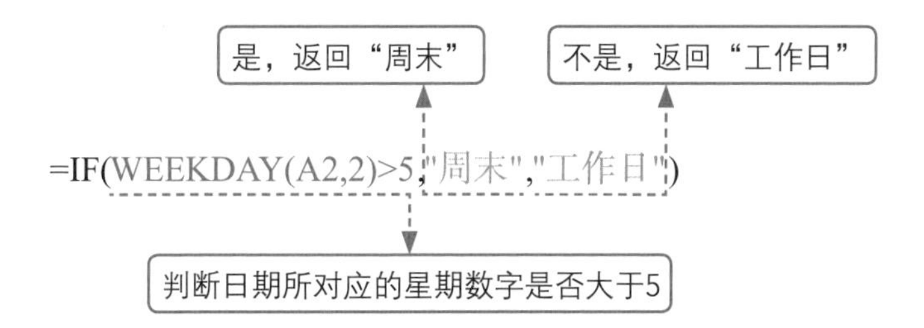

7.4.4 统计所有星期一至星期五的消费金额 | SUM，WEEKDAY

通过WEEKDAY函数判断某个日期是星期几，继而对符合条件的星期几进行更多计算。例如计算所有星期一至星期五的消费总金额。

本例可以使用数组公式进行计算，选择F2单元格，输入公式“=SUM((WEEKDAY(B2:B19,2)<6)*(D2:D19))”，随后按Ctrl+Shift+Enter组合键返回统计结果，如图7-31所示。

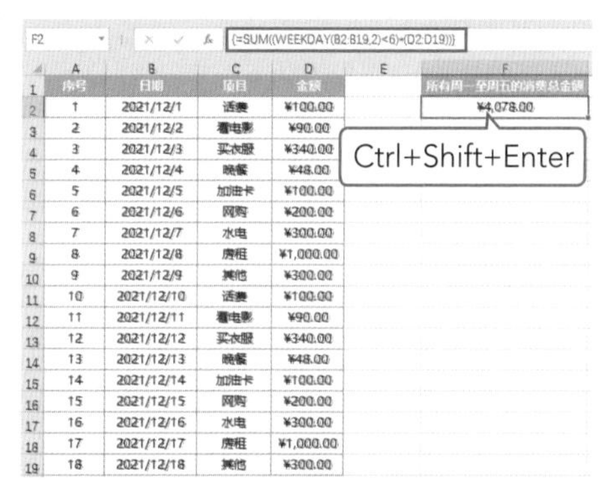

序号	日期	项目	金额		所有周一至周五的消费总金额
1	2021/12/1	话费	¥100.00		¥4,078.00
2	2021/12/2	看电影	¥90.00		
3	2021/12/3	买衣服	¥340.00		
4	2021/12/4	晚餐	¥48.00		
5	2021/12/5	加油卡	¥100.00		
6	2021/12/6	网购	¥200.00		
7	2021/12/7	水电	¥300.00		
8	2021/12/8	房租	¥1,000.00		
9	2021/12/9	其他	¥300.00		
10	2021/12/10	话费	¥100.00		
11	2021/12/11	看电影	¥90.00		
12	2021/12/12	买衣服	¥340.00		
13	2021/12/13	晚餐	¥48.00		
14	2021/12/14	加油卡	¥100.00		
15	2021/12/15	网购	¥200.00		
16	2021/12/16	水电	¥300.00		
17	2021/12/17	房租	¥1,000.00		
18	2021/12/18	其他	¥300.00		

图7-31

输入该数组公式时要注意括号的数量，不能少输，否则无法返回正确的计算结果。

公式解析

本例公式首先用WEEKDAY函数判断每个日期对应的星期数字是否小于6,返回一个由逻辑值TRUE和FALSE组成的数组；然后用这个数组乘以金额区域“(D2:D19)”，产生一个包含星期一至星期五的金额组成的新数组；最后用SUM函数对这个数组中的值进行求和。该公式的主要计算过程如图7-32所示。

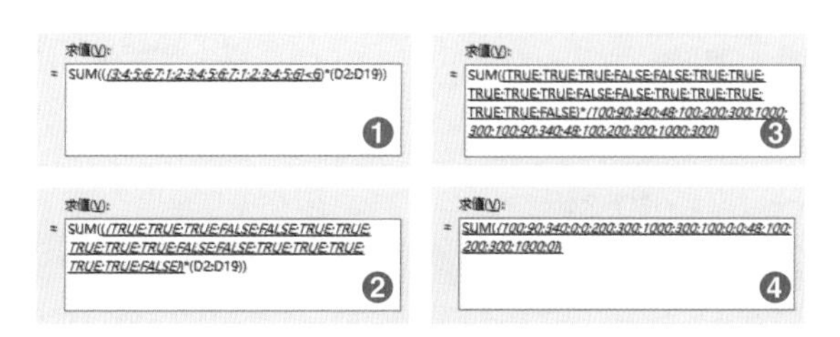

图7-32

本例公式也可以使用以下普通公式来表达：

=SUMPRODUCT((WEEKDAY(B2:B19,2)<6)*(D2:D19))

SUMPRODUCT是一个求和函数，其作用是对数组区域的乘积进行求和。该函数最多可设置255个数组参数。

现学现用

针对本例，现在若要改变要求，即统计所有星期日的消费总额，应该如何修改公式？

提示一下：只要将公式中的“<6”改为“=7”便可。大家动手试一下吧。

7.4.5 计算今年秋季开学是第几周 | WEEKNUM

WEEKNUM也是一个星期函数，它的作用是计算指定日期在所属年份中的第几周。

WEEKNUM函数有两个参数，语法格式如下：

=WEEKNUM(❶日期或时间代码, ❷返回值类型)

参数说明：

WEEKNUM函数和WEEKDAY函数的参数设置方法相似。参数2的类型决定了一周的第一天是从星期几开始的。若是手动输入公式，当输入到参数2时屏幕中会出现选项列表，如图7-33所示。通常情况下将周一作为一周的第1天，WEEKNUM函数的参数2一般设置为“2”。

若要计算今年暑期过后的9月1日是本年度的第几周，则可以输入公式“=WEEKNUM(A2,2)”进行计算，如图7-34所示。

如果直接输入公式“=WEEKNUM("9月1日",2)”，其返回结果也是相同的。

经验之谈

当输入的日期没有年份只有月和日时，Excel会默认它是当前年份。例如，在单元格中输入“9月1日”，按下Enter键后虽然单元格中显示的是“9月1日”，但是在编辑栏中显示的是“2021/9/1”。Excel默认这个日期的年份为当前年份，如图7-35所示。

图7-33

B2 =WEEKNUM(A2,2)

	A	B	C	D	E
1	开学日期	第几周			
2	9月1日	36			
3					

图7-34

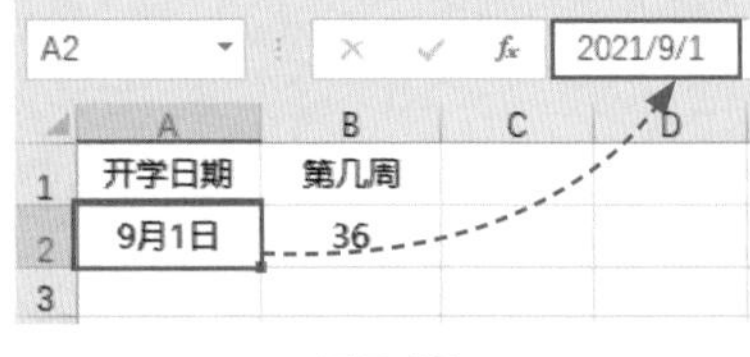

图7-35

7.4.6 计算项目历时多少周完成 | WEEKNUM

了解了WEEKNUM函数的用法后，如果给出起始日期和结束日期，则如何计算这两个日期的间隔周数？例如根据项目的开始和结束日期计算任务历时总周数。

选择E2单元格，输入公式“=WEEKNUM(C12,2)-WEEKNUM(B2,2)”，按下Enter键即可返回计算结果，如图7-36所示。

E2 =WEEKNUM(C12,2)-WEEKNUM(B2,2)

	A	B	C	D	E	F
1	任务名称	开始日期	结束日期		任务历时总周数	
2	确定方向	2021/10/1	2021/10/3		4	
3	市场调研	2021/10/4	2021/10/7			
4	市场调查	2021/10/6	2021/10/10			
5	市场分析	2021/10/8	2021/10/14			
6	产品分析	2021/10/10	2021/10/15			
7	产品测试	2021/10/12	2021/10/20			
8	投入市场	2021/10/14	2021/10/19			
9	产品销售	2021/10/15	2021/10/24			
10	后期跟进	2021/10/18	2021/10/29			
11	产品售后	2021/10/15	2021/10/31			
12	确定利润	2021/10/29	2021/10/31			

图7-36

使用上述公式统计出的结果不是十分精确。若要精确计算两个日期间隔的周数，可以使用DATEDIF函数，具体公式如下：

=DATEDIF(B2,C12,"d")/7

为了防止计算结果为小数，可以为这个公式嵌套一层向上舍入函数：

=ROUNDUP(DATEDIF(B2,C12,"d")/7,0)

7.4.7 计算项目的实际工作天数 | NETWORKDAYS

NETWORKDAYS函数可以计算起始日期和结束日期之间的工作日天数。该函数默认星期一至星期五为工作日。

NETWORKDAYS函数共有3个参数，语法格式如下：

=NETWORKDAYS(❶起始日期, ❷结束日期, ❸节假日)

参数说明：

参数3为可选参数，表示除了固定的周末外其他的非工作日，例如法定假期、一些非固定的假期等。若在起始日期和结束日期之间没有节假日可忽略该参数。

下面将使用NETWORKDAYS函数统计去除节假日后，项目每个环节的实际工作天数。选择D2单元格，输入公式“=NETWORKDAYS(B2,C2,$F$2:$F$8)”，随后将公式向下方填充，即可计算出每个项目环节实际的工作日天数，如图7-37所示。

若在项目进行过程中除了周末正常休息，免除其他一切节假日，那么可将公式修改为“=NETWORKDAYS(B2,C2)”，如图7-38所示。

D2 =NETWORKDAYS(B2,C2,$F$2:$F$8)

	A	B	C	D	E	F	G
1	任务名称	开始日期	结束日期	工作日天数		国庆假期	
2	调研分析	2021/9/1	2021/9/14	10		2021/10/1	
3	产品测试	2021/9/15	2021/9/20	4		2021/10/2	
4	投入市场	2021/9/20	2021/9/22	3		2021/10/3	
5	产品销售	2021/9/22	2021/11/30	45		2021/10/4	
6	后期跟进	2021/10/1	2021/10/15	6		2021/10/5	
7	产品售后	2021/10/15	2022/1/15	66		2021/10/6	
8	确定利润	2022/1/16	2022/1/20	4		2021/10/7	

图7-37

D2 =NETWORKDAYS(B2,C2)

	A	B	C	D	E
1	任务名称	开始日期	结束日期	工作日天数	
2	调研分析	2021/9/1	2021/9/14	10	
3	产品测试	2021/9/15	2021/9/20	4	
4	投入市场	2021/9/20	2021/9/22	3	
5	产品销售	2021/9/22	2021/11/30	50	
6	后期跟进	2021/10/1	2021/10/15	11	
7	产品售后	2021/10/15	2022/1/15	66	
8	确定利润	2022/1/16	2022/1/20	4	

图7-38

7.4.8 单休制度如何统计工作天数

NETWORKDAYS函数将星期一至星期五作为固定的工作日是不可改变的。但是在现实中很多公司是单休制度，这时的工作日就变成了星期一至星期六。还有一些公司是调休制度，这样一来就不能使用固定的某一天作为休息日了。针对这种情况，Excel也有专门应对的函数，即NETWORKDAYS.INTL函数。

NETWORKDAYS.INTL函数拼写起来有些长，但使用并不难。该函数的作用是自定义周末，计算两个日期之间的工作日天数。

NETWORKDAYS.INTL函数有4个参数，语法格式如下：

=NETWORKDAYS.INTL(❶起始日期，❷结束日期，❸自定义周末代码，❹节假日)

参数说明：

这里重点介绍参数3，该参数一共有12种类型，分别用数字1、2、3、4、5、6、7、11、12、13、14、15表示，每个数字代表不同自定义的周末，设置该参数时屏幕中会出现相应列表，如图7-39所示。

假设某公司是单休制度，每周仅星期日休息，法定节假日正常休息。下面将计算该公司在进行某个项目期间一共使用了多少个工作日。

选择C10单元格，输入公式"=NETWORKDAYS.INTL(B2,C8,11,E2:E8)"，按下Enter键便可得到星期日单休且去除节假日的工作总天数，如图7-40所示。

1 - 星期六、星期日
2 - 星期日和星期一
3 - 星期一、星期二
4 - 星期二、星期三
5 - 星期三、星期四
6 - 星期四、星期五
7 - 星期五、星期六
11 - 仅星期日
12 - 仅星期一
13 - 仅星期二
14 - 仅星期三
15 - 仅星期四

图7-39

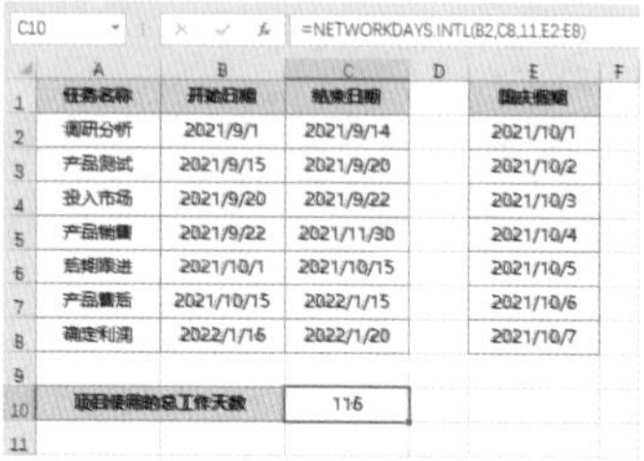

C10 =NETWORKDAYS.INTL(B2,C8,11,E2:E8)

	A	B	C	D	E
1	任务名称	开始日期	结束日期		国庆假期
2	调研分析	2021/9/1	2021/9/14		2021/10/1
3	产品测试	2021/9/15	2021/9/20		2021/10/2
4	投入市场	2021/9/20	2021/9/22		2021/10/3
5	产品销售	2021/9/22	2021/11/30		2021/10/4
6	后期跟进	2021/10/1	2021/10/15		2021/10/5
7	产品售后	2021/10/15	2022/1/15		2021/10/6
8	确定利润	2022/1/16	2022/1/20		2021/10/7
9					
10	项目使用的总工作天数		116		

图7-40

7.4.9 统计每个工作阶段休息的天数 | NETWORKDAYS.INTL

NETWORKDAYS.INTL函数也可以单独统计两个日期之间休息日的天数。假设每周仅星期日休息一天，下面将计算每个任务阶段休息的天数。

选择D2单元格，输入公式"=NETWORKDAYS.INTL(B2,C2,"1111110")"，随后将公式向下方填充，即可得到每个任务阶段星期日的天数，如图7-41所示。

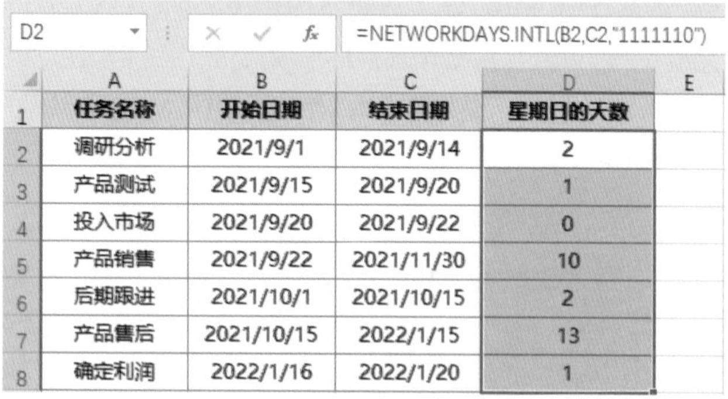

D2 =NETWORKDAYS.INTL(B2,C2,"1111110")

	A	B	C	D
1	任务名称	开始日期	结束日期	星期日的天数
2	调研分析	2021/9/1	2021/9/14	2
3	产品测试	2021/9/15	2021/9/20	1
4	投入市场	2021/9/20	2021/9/22	0
5	产品销售	2021/9/22	2021/11/30	10
6	后期跟进	2021/10/1	2021/10/15	2
7	产品售后	2021/10/15	2022/1/15	13
8	确定利润	2022/1/16	2022/1/20	1

图7-41

公式解析

本例公式能够提取星期日天数的关键在于“1111110”这个参数，可以把它理解成一个代码，这个代码中共包含7个数字，代表星期一至星期日，其中数字1表示工作日，数字0表示休息日。0出现在星期几的位置就表示星期几为休息日，可以设置多个休息日。若是星期一和星期三休息，则需要将代码修改为“0101111”，公式的返回结果也会发生相应变化，如图7-42所示。

D2 =NETWORKDAYS.INTL(B2,C2,"0101111")

任务名称	开始日期	结束日期	星期日的天数
调研分析	2021/9/1	2021/9/14	4
产品测试	2021/9/15	2021/9/20	2
投入市场	2021/9/20	2021/9/22	2
产品销售	2021/9/22	2021/11/30	20
后期跟进	2021/10/1	2021/10/15	4
产品售后	2021/10/15	2022/1/15	26
确定利润	2022/1/16	2022/1/20	2

图7-42

拓展练习　根据出生日期计算其他相关信息

根据出生日期能够计算出其他相关信息，例如年龄、出生月份、星座、退休日期等。下面将介绍从出生日期中提取上述相关信息的公式编写方法。

Step 01 选中F2单元格，输入公式“=DATEDIF(E2,TODAY(),"y")”，按下Enter键返回第一个员工的年龄后，再次选中F2单元格，拖动填充柄，将公式向下方填充，计算出所有员工的年龄，如图7-43所示。

F2 =DATEDIF(E2,TODAY(),"y")

工号	姓名	所属部门	性别	出生日期	年龄	生肖	星座	退休日期
0003	张明宇	生产部	男	1988/8/4	32			
0004	周浩泉	办公室	男	1987/12/9	33			
0005	乌梅	人事部	女	1998/9/10	22			
0006	顾飞	设计部	男	1981/6/13	40			
0007	李希	销售部	女	1986/10/11	34			
0008	张乐乐	采购部	女	1988/8/4	32			
0009	史俊	销售部	男	1985/11/9	35			
0010	吴磊	生产部	男	1990/8/4	30			
0011	薛倩	人事部	女	1971/12/5	49			
0012	伊卿	设计部	女	1993/5/21	28			
0013	陈庆林	销售部	男	1986/6/12	35			
0014	周怡	设计部	女	1988/8/4	32			
0015	吴亮	销售部	男	1968/6/28	52			
0016	方晓雪	采购部	女	1987/12/9	33			
0017	刘俊贤	财务部	男	1989/12/18	31			
0018	顾雪春	销售部	女	1971/12/5	49			
0019	程爱熙	生产部	女	1975/11/9	45			
0020	张东	办公室	男	1987/12/9	33			
0021	刘栋	人事部	男	1986/10/11	34			
0022	梁婉	设计部	女	1995/12/25	25			
0023	穆帆	销售部	男	1990/4/18	31			

图7-43

Step 02 选择G2单元格，输入公式“=CHOOSE(MOD(YEAR(E2),12)+1,"猴","鸡","狗","猪","鼠","牛","虎","兔","龙","蛇","马","羊")”，按Enter键返回计算结果，随后将公式向下方填充，返回所有出生日期对应的生肖，如图7-44所示。

G2 =CHOOSE(MOD(YEAR(E2),12)+1,"猴","鸡","狗","猪","鼠","牛","虎","兔","龙","蛇","马","羊")

工号	姓名	所属部门	性别	出生日期	年龄	生肖	星座	退休日期
0003	张明宇	生产部	男	1988/8/4	32	龙		
0004	周浩泉	办公室	男	1987/12/9	33	兔		
0005	乌梅	人事部	女	1998/9/10	22	虎		
0006	顾飞	设计部	男	1981/6/13	40	鸡		
0007	李希	销售部	女	1986/10/11	34	虎		
0008	张乐乐	采购部	女	1988/8/4	32	龙		
0009	史俊	销售部	男	1985/11/9	35	牛		
0010	吴磊	生产部	男	1990/8/4	30	马		
0011	薛倩	人事部	女	1971/12/5	49	猪		
0012	伊卿	设计部	女	1993/5/21	28	鸡		
0013	陈庆林	销售部	男	1986/6/12	35	虎		
0014	周怡	设计部	女	1988/8/4	32	龙		
0015	吴亮	销售部	男	1968/6/28	52	猴		
0016	方晓雪	采购部	女	1987/12/9	33	兔		
0017	刘俊贤	财务部	男	1989/12/18	31	蛇		
0018	顾雪春	销售部	女	1971/12/5	49	猪		
0019	程爱熙	生产部	女	1975/11/9	45	兔		
0020	张东	办公室	男	1987/12/9	33	兔		
0021	刘炼	人事部	男	1986/10/11	34	虎		
0022	梁婉	设计部	女	1995/12/25	25	猪		
0023	穆帆	销售部	男	1990/4/18	31	马		

图7-44

Step 03 选择H2单元格，输入公式“=LOOKUP(--TEXT(E2,"mdd"),{101,"摩羯";120,"水瓶";219,"双鱼";321,"白羊";420,"金牛";521,"双子";621,"巨蟹";723,"狮子";823,"处女";923,"天秤";1023,"天蝎";1122,"射手";1222,"摩羯"})&"座"”，随后将公式向下方填充，提取所有出生日期对应的星座，如图7-45所示。

Step 04 最后选择I2单元格，输入公式“=EDATE(E2,IF(D2="男",60,55)*12)”，接着将公式向下方填充，即可根据员工的性别及出生日期计算出退休日期，如图7-46所示。

H2 =LOOKUP(--TEXT(E2,"mdd"),{101,"摩羯";120,"水瓶";219,"双鱼";321,"白羊";420,"金牛";521,"双子";621,"巨蟹";723,"狮子";823,"处女";923,"天秤";1023,"天蝎";1122,"射手";1222,"摩羯"})&"座"

工号	姓名	所属部门	性别	出生日期	年龄	生肖	星座	退休日期
0003	张明宇	生产部	男	1988/8/4	32	龙	狮子座	
0004	周浩泉	办公室	男	1987/12/9	33	兔	射手座	
0005	乌梅	人事部	女	1998/9/10	22	虎	处女座	
0006	顾飞	设计部	男	1981/6/13	40	鸡	双子座	
0007	李希	销售部	女	1986/10/11	34	虎	天秤座	
0008	张乐乐	采购部	女	1988/8/4	32	龙	狮子座	
0009	史俊	销售部	男	1985/11/9	35	牛	天蝎座	
0010	吴磊	生产部	男	1990/8/4	30	马	狮子座	
0011	薛倩	人事部	女	1971/12/5	49	猪	射手座	
0012	伊卿	设计部	女	1993/5/21	28	鸡	双子座	
0013	陈庆林	销售部	男	1986/6/12	35	虎	双子座	
0014	周怡	设计部	女	1988/8/4	32	龙	狮子座	
0015	吴亮	销售部	男	1968/6/28	52	猴	巨蟹座	
0016	方晓雪	采购部	女	1987/12/9	33	兔	射手座	
0017	刘俊贤	财务部	男	1989/12/18	31	蛇	射手座	
0018	顾雪春	销售部	女	1971/12/5	49	猪	射手座	
0019	程爱熙	生产部	女	1975/11/9	45	兔	天蝎座	
0020	张东	办公室	男	1987/12/9	33	兔	射手座	
0021	刘炼	人事部	男	1986/10/11	34	虎	天秤座	
0022	梁婉	设计部	女	1995/12/25	25	猪	摩羯座	
0023	穆帆	销售部	男	1990/4/18	31	马	白羊座	

图7-45

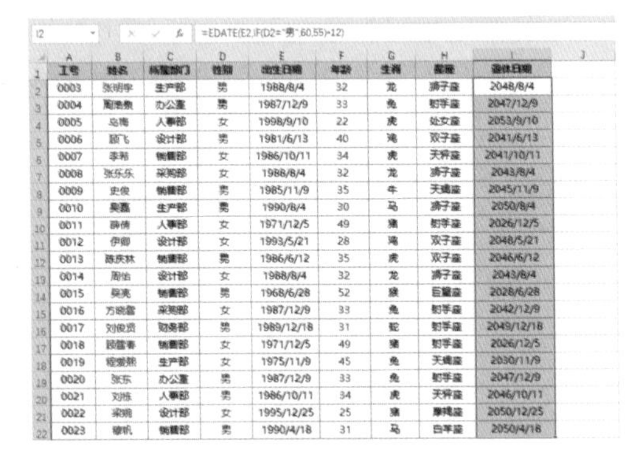

I2 =EDATE(E2,IF(D2="男",60,55)*12)

工号	姓名	所属部门	性别	出生日期	年龄	生肖	星座	退休日期
0003	张明宇	生产部	男	1988/8/4	32	龙	狮子座	2048/8/4
0004	周浩泉	办公室	男	1987/12/9	33	兔	射手座	2047/12/9
0005	乌梅	人事部	女	1998/9/10	22	虎	处女座	2053/9/10
0006	顾飞	设计部	男	1981/6/13	40	鸡	双子座	2041/6/13
0007	李希	销售部	女	1986/10/11	34	虎	天秤座	2041/10/11
0008	张乐乐	采购部	女	1988/8/4	32	龙	狮子座	2043/8/4
0009	史俊	销售部	男	1985/11/9	35	牛	天蝎座	2045/11/9
0010	吴磊	生产部	男	1990/8/4	30	马	狮子座	2050/8/4
0011	薛倩	人事部	女	1971/12/5	49	猪	射手座	2026/12/5
0012	伊卿	设计部	女	1993/5/21	28	鸡	双子座	2048/5/21
0013	陈庆林	销售部	男	1986/6/12	35	虎	双子座	2046/6/12
0014	周怡	设计部	女	1988/8/4	32	龙	狮子座	2043/8/4
0015	吴亮	销售部	男	1968/6/28	52	猴	巨蟹座	2028/6/28
0016	方晓雪	采购部	女	1987/12/9	33	兔	射手座	2042/12/9
0017	刘俊贤	财务部	男	1989/12/18	31	蛇	射手座	2049/12/18
0018	顾雪春	销售部	女	1971/12/5	49	猪	射手座	2026/12/5
0019	程爱熙	生产部	女	1975/11/9	45	兔	天蝎座	2030/11/9
0020	张东	办公室	男	1987/12/9	33	兔	射手座	2047/12/9
0021	刘炼	人事部	男	1986/10/11	34	虎	天秤座	2046/10/11
0022	梁婉	设计部	女	1995/12/25	25	猪	摩羯座	2050/12/25
0023	穆帆	销售部	男	1990/4/18	31	马	白羊座	2050/4/18

图7-46

知识总结

日期和时间函数在Excel中的应用十分广泛，这些函数专门负责分析和处理日期和时间值，如果能够熟练地掌握该函数的应用技巧，则对于提高统计效率有很大的帮助。日期和时间函数往往不会单独使用，而是和其他函数进行嵌套，完成例如计算工龄、计算转正日期、合同到期提醒、计算工时工资、计算工期等工作。

本章介绍的是一些比较常用的日期与时间函数。

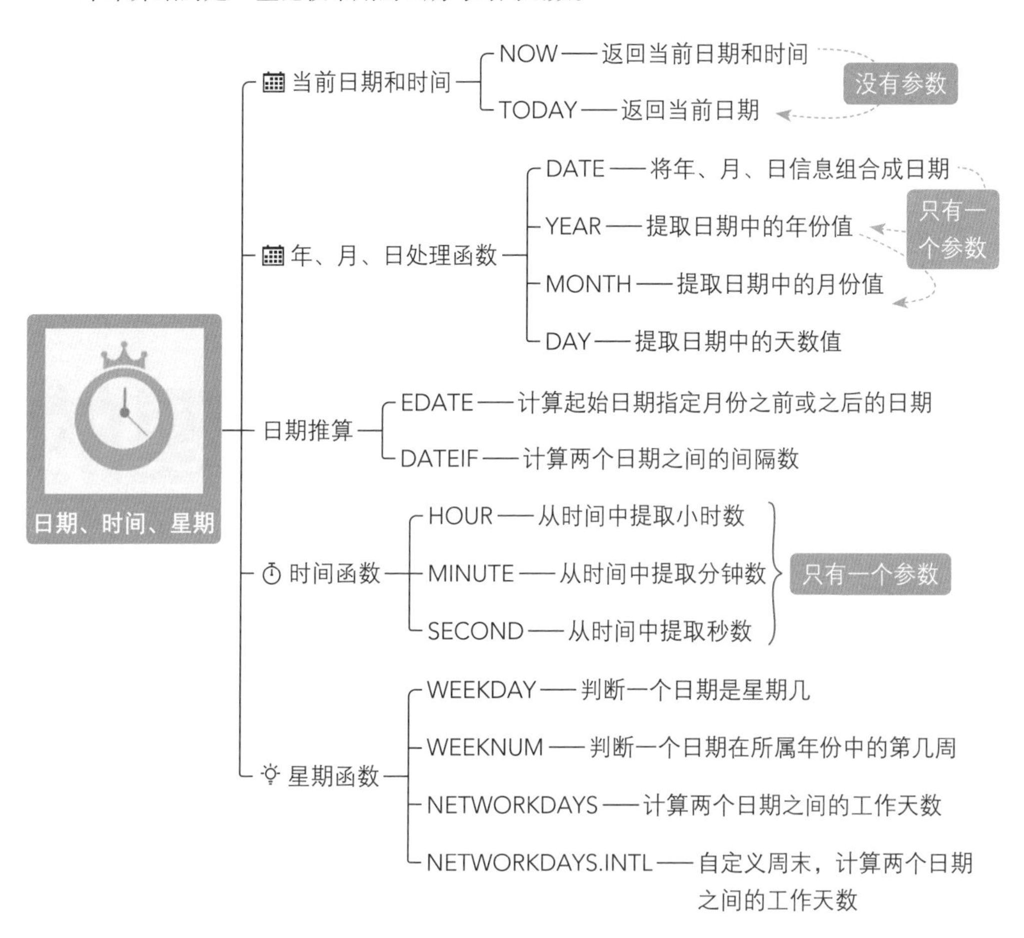

第8章

文本处理的关键函数

文本函数可以对文字串进行各种处理，例如更改字母的大小写、确定字符串长度、从字符串中提取指定字符、更改字符的显示方式等。本章将对一些常见文本函数的作用和使用方法进行详细介绍。

8.1 文本长度应该如何计算

在Excel中计算一串文字的长度，并不能直接用尺子去测量。例如，计算“生活不止眼前的苟且，还有诗和远方。”这句话的长度，正确的方法是用LEN或LENB函数进行计算，如图8-1、图8-2所示。

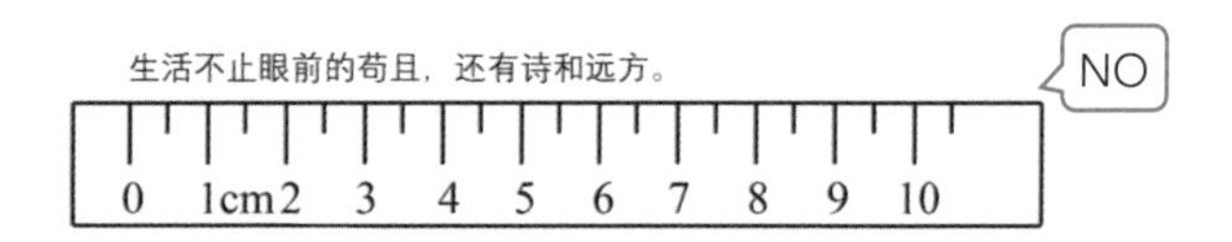

图8-1

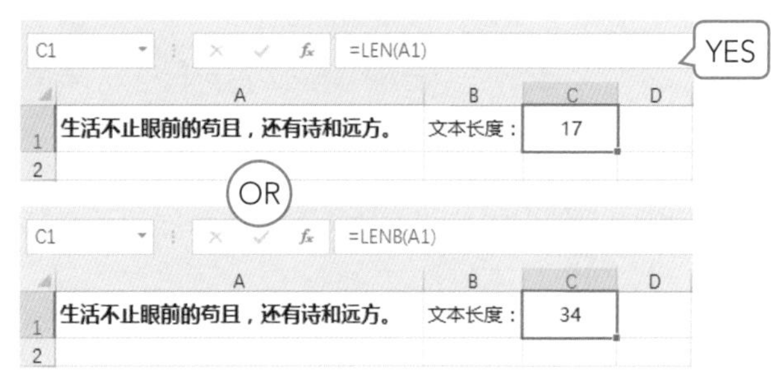

图8-2

看到这里同学们心中是不是产生了一些疑问？这两个函数统计出的结果为什么是不同的？它们都是正确的吗？

在回答这个问题之前，必须介绍文本长度的概念。

Excel中文本长度是指文本字符串中所包含的字符数量或字节数量。LEN函数可以计算字符串是由多少个字符组成的，而LENB函数的作用则是计算字符串占多少字节的空间。因此使用这两个函数统计出的结果都是正确的，只不过它们的长度单位不同。

关于字符和字节的详细说明见表8-1。

表8-1

类型	概念	对应统计函数
字符	是计算机中使用的字母、数字、汉字及其他符号的统称，一个字母、汉字、数字或标点符号就是一个字符	LEN
字节	是计算机存储数据的单位，Excel中一个半角英文字母、数字或英文标点符号占一个字节的空间，一个中文汉字、全角英文字母或数字、中文标点占两个字节的空间	LENB

统计字节数量时除了中文汉字外，其他数据类型必须考虑中英文模式和全角或半角等因素，而统计字符数量时则不需要考虑这些因素，如图8-3、图8-4所示。

英文半角状态下输入的字母和标点符号各**占1个字节**；汉字各占2个字节

字符串	字符数	字节数
你会用LEN函数吗?	10	16

图8-3

英文全角状态下输入的字母和标点符号各**占2个字节**；汉字各占2个字节

字符串	字符数	字节数
你会用ＬＥＮ函数吗？	10	20

图8-4

空格也会被计算长度吗?

是的，Excel中的空格是一个比较特殊的字符，虽然看不见它，但是不能说明它不存在。

一个全角空格占2个字节，一个半角空格占1个字节。

LEN和LENB函数的语法格式完全相同，它们都只有一个参数，语法格式如下：

=LEN(❶文本字符串)

=LENB(❶文本字符串)

8.1.1 按照书名的长度进行排序 | LEN

若根据图书名称的字符数量进行排序，则可以使用LEN函数。选择C2单元格，输入公式“=LEN(B2)”，随后将公式向下方填充，计算出所有书名的字符个数，如图8-5所示。

随后对“长度”列中的统计结果进行排序即可完成操作，如图8-6所示。

C2 =LEN(B2)

序号	书名	长度
01	海底两万里	5
02	福尔摩斯探案集	7
03	皮囊	2
04	痴人之爱	4
05	杀死一只知更鸟	7
06	山海经	3
07	中国国家地理百科全书	10
08	你当像鸟飞往你的山	9
09	百年孤独	4
10	哈利·波特	5
11	Vater und Sohn	14
12	消失的13级台阶	8

图8-5

序号	书名	长度
03	皮囊	2
06	山海经	3
04	痴人之爱	4
09	百年孤独	4
01	海底两万里	5
10	哈利·波特	5
02	福尔摩斯探案集	7
05	杀死一只知更鸟	7
12	消失的13级台阶	8
08	你当像鸟飞往你的山	9
07	中国国家地理百科全书	10
11	Vater und Sohn	14

图8-6

8.1.2 判断电话号码是座机号还是手机号 | LEN，IF

手机号码是11位数字，而座机（固定电话）一般由7~8位数字组成，加上区号和分隔符号一般会超过11位数。可以利用这一特征判断电话号码是座机号还是手机号。

选择C2单元格，输入公式“=IF(LEN(B2)=11, "手机","座机")”，随后将公式向下方填充即可判断出所有电话号码是手机号还是座机号，如图8-7所示。

C2 =IF(LEN(B2)=11,"手机","座机")

姓名	电话号码	手机号/座机号
张经理	12345698745	手机
吴经理	32165498798	手机
刘雨辰	25698756325	手机
张明玉	0123-12354565	座机
程老板	1233-55565656	座机
蒋晓萌	99966633321	手机
朱晓明	15698756354	手机
魏子凯	66688865422	手机
董杰夫	010-12312312	座机
伍浩然	88779966552	手机

图8-7

公式解析

本例公式使用 IF 函数判断电话号码是否等于 11 位数，若是就返回“手机”，否则返回“座机”。

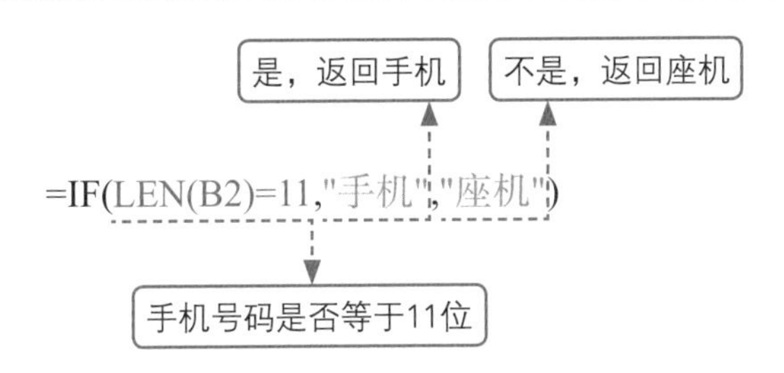

8.1.3 计算字符串中包含的数字个数 | LEN，LENB

在一些产品编号中数字的个数代表着产品的类型，下面将从包含汉字和数字的产品编号中计算数字的个数。

选择C2单元格，输入公式“=LEN(B2)*2-LENB(B2)”，随后将公式向下方填充，计算出所有产品编号中所包含的数字个数，如图8-8所示。

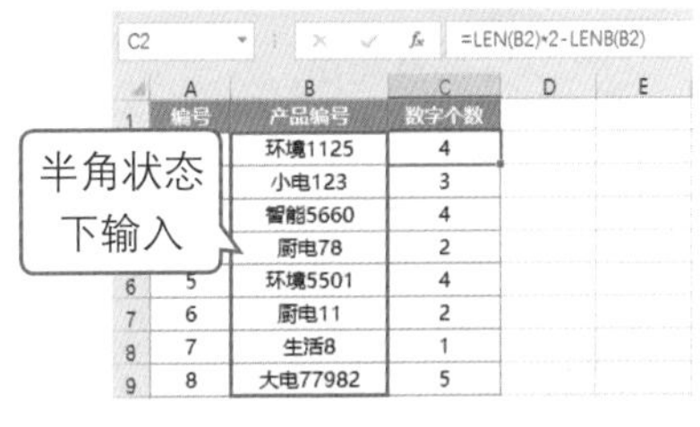

图8-8

公式解析

本例公式首先利用 LEN 函数计算出产品编号的字符个数；然后乘以 2，得到一个假设的最大限度的字节数量；最后与 LENB 函数计算出的实际字节数相减，得到占一个字节的数字的个数。

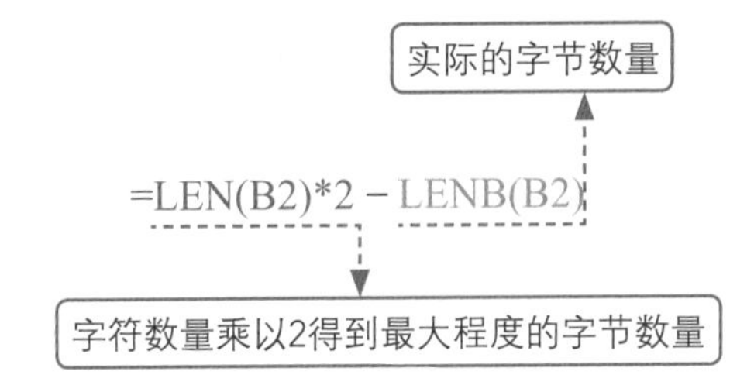

本例的前提条件是所有产品编号必须在半角状态下输入，在半角状态下输入的数字占1个字节；且字符串中不能含有英文字母，否则公式的计算结果会出错。

8.2 从指定位置提取字符串

文本字符串中任意位置的字符都可以用函数进行提取，而且所提取的字符数量可以通过设置参数来控制。下面介绍三个基本的字符截取函数，即LEFT函数、MID函数和RIGHT函数。这三个函数的作用及语法格式如图8-9所示。

LEFT

- **函数作用：** 从字符串的第一个字开始提取指定个数的字符
- **语法格式：** =LEFT(❶字符串，❷要提取的字符数量)

MID

- **函数作用：** 从字符串的指定位置开始，提取指定个数的字符
- **语法格式：** =MID(❶字符串，❷从第几个字符开始提取，❸提取几个字符)

RIGHT

- **函数作用：** 从字符串的最后一个字符开始向前提取指定个数的字符
- **语法格式：** =RIGHT(❶字符串，❷要提取的字符数量)

图8-9

8.2.1 从客户地址中提取省份信息 | LEFT

地址的开头往往是省份信息，下面将从客户信息表中的地址中提取省份信息。选择G2单元格，输入公式“=LEFT(E2,2)”，随后将公式向下方填充，即可提取出所有地址中的省份，如图8-10所示。

G2 =LEFT(E2,2)

序号	客户编号	客户姓名	性别	地址	客户等级	省份
1	J01	白乐天	男	广东省某某街区5号	重点客户	广东
2	J02	蒋世杰	男	湖北省某某街区9号	主要客户	湖北
3	J03	薛皓月	男	江西省某某街区5号	一般客户	江西
4	J04	毛晓鸥	男	江苏省某某街区9号	潜在客户	江苏
5	J05	关云长	男	山西省某某街区5号	淘汰客户	山西
6	J06	宋光辉	男	陕西省某某街区9号	重点客户	陕西
7	J07	卫洪峰	男	安徽省某某街区6号	重点客户	安徽

图8-10

公式解析

本例公式使用 LEFT 函数从地址字符串的第一个字开始提取出 2 个字，即省份。

8.2.2 省份长度不同时如何自动提取 | LEFT，FIND

虽然我国大部分省份是两个字，但是也有例外如“黑龙江”，这时便不能只固定提取2个字符了，如何自动提取地址中的省份信息？

选择G2单元格，输入公式“=LEFT(E2,FIND("省",E2))”，然后将公式向下方填充，自动提取出所有省份信息，如图8-11所示。

公式释义

本例公式用 FIND[1] 函数查找“省”字在地址中出现的位置，并将这个结果作为 LEFT 函数要提取的字符个数，从而将从第一个字到“省”的所有字符提取出来。

G2 =LEFT(E2,FIND("省",E2))

序号	客户编号	客户姓名	性别	地址	客户等级	省份
1	J01	白乐天	男	广东省某某街区5号	重点客户	广东省
2	J02	蒋世杰	男	湖北省某某街区9号	主要客户	湖北省
3	J03	薛皓月	男	江西省某某街区5号	一般客户	江西省
4	J04	毛晓鸥	男	江苏省某某街区9号	潜在客户	江苏省
5	J05	关云长	男	山西省某某街区5号	淘汰客户	山西省
6	J06	宋光辉	男	陕西省某某街区9号	重点客户	陕西省
7	J07	卫洪峰	男	安徽省某某街区6号	重点客户	安徽省
8	J08	魏洁凯	男	黑龙江省某某街区8号	主要客户	黑龙江省

图8-11

计算“省”字在地址中出现的位置，并将该结果作为需要从地址第一个字开始提取的字符数量

=LEFT(E2,FIND("省",E2))

从E2单元格中所包含的地址中提取字符

8.2.3 从身份证号码中提取出生日期 | MID

5.3.3节介绍过身份证号码中包含很多个人信息，提取这些信息的方法也有很多，本例将使用MID函数从身份证号码中提取出生日期，并以标准的日期格式显示。

若只是从身份证号码中提取代表出生日期的数字，则只要在F2单元格中输入公式“=MID(E2,7,8)”，然后向下填充公式即可，如图8-12所示。

F2 =MID(E2,7,8)

序号	客户编号	客户姓名	地址	身份证号码	出生日期
1	J01	白乐天	广东省某某街区5号	4403001985101563**	19851015
2	J02	蒋世杰	湖北省某某街区9号	4201001988121563**	19881215
3	J03	薛皓月	江西省某某街区5号	3601001987051123**	98705112
4	J04	毛晓鸥	江苏省某某街区9号	3205031988061087**	19880610
5	J05	关云长	山西省某某街区5号	1401001989070925**	19890709
6	J06	宋光辉	陕西省某某街区9号	6101001973040225**	19730402
7	J07	卫洪峰	安徽省某某街区6号	3401041985061027**	19850610
8	J08	魏洁凯	黑龙江省某某街区8号	2301031992122525**	19921225

图8-12

如何让提取出的数字以标准的日期格式显示？这就需要使用TEXT函数进行转换了。将公式修改为“=TEXT(MID(E2,7,8),"0-00-00")”，重新向下方填充公式，此时出生日期会以“1985-10-15”的形式显示，如图8-13所示。

[1] FIND 函数的作用是提取某个字符在字符串中出现的起始位置，该函数的详细使用方法查阅本章 8.3.1 节。

此时的日期只是有了日期的外观，但其实还是文本类型的，无法通过设置单元格格式更改这些日期的类型。如果让这些数据变成真正的日期，则需要在公式前面加两个负号，将公式变成“=--TEXT(MID(E2,7,8),"0-00-00")”。修改公式后返回结果变成了日期代码，如图8-14所示。这是因为两次“负”的运算将公式结果转换成了数值型。

此时只要设置一个满意的日期格式，然后向下填充公式即可，如图8-15所示。

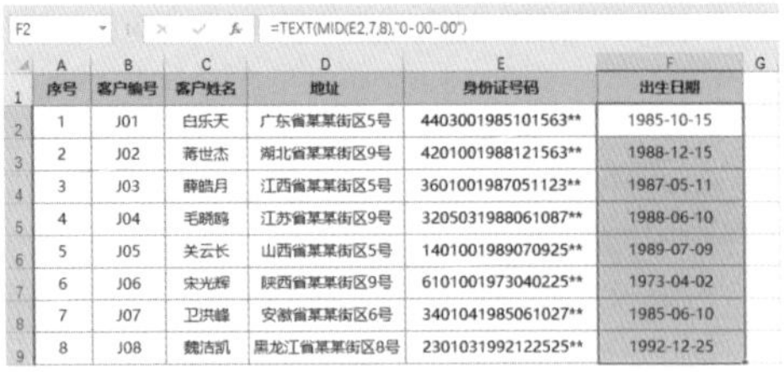

F2 =TEXT(MID(E2,7,8),"0-00-00")

序号	客户编号	客户姓名	地址	身份证号码	出生日期
1	J01	白乐天	广东省某某街区5号	4403001985101563**	1985-10-15
2	J02	蒋世杰	湖北省某某街区9号	4201001988121563**	1988-12-15
3	J03	薛皓月	江西省某某街区5号	3601001987051123**	1987-05-11
4	J04	毛晓鸥	江苏省某某街区9号	3205031988061087**	1988-06-10
5	J05	关云长	山西省某某街区5号	1401001989070925**	1989-07-09
6	J06	宋光辉	陕西省某某街区9号	6101001973040225**	1973-04-02
7	J07	卫洪峰	安徽省某某街区6号	3401041985061027**	1985-06-10
8	J08	魏洁凯	黑龙江省某某街区8号	2301031992122525**	1992-12-25

图8-13

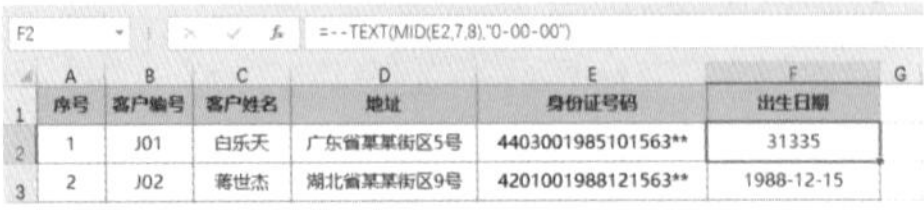

F2 =--TEXT(MID(E2,7,8),"0-00-00")

序号	客户编号	客户姓名	地址	身份证号码	出生日期
1	J01	白乐天	广东省某某街区5号	4403001985101563**	31335
2	J02	蒋世杰	湖北省某某街区9号	4201001988121563**	1988-12-15

图8-14

序号	客户编号	客户姓名	地址	身份证号码	出生日期
1	J01	白乐天	广东省某某街区5号	4403001985101563**	1985年10月15日
				4201001988121563**	1988年12月15日
				3601001987051123**	1987年5月11日
				3205031988061087**	1988年6月10日
				1401001989070925**	1989年7月9日
				6101001973040225**	1973年4月2日
				3401041985061027**	1985年6月10日
				2301031992122525**	1992年12月25日

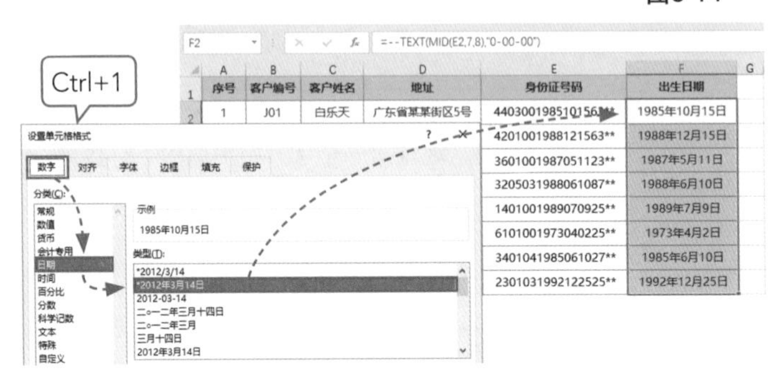

图8-15

经验之谈

除了在公式前面添加两个负号之外，在公式的最后乘以1，也可将文本型的数值转换成真正的数字。

8.2.4 根据打卡数据判断是否迟到 | MID，IF

假设某公司打卡机记录的数据的前3位代表打卡人编号，之后12位数分别代表打卡的年、月、日、小时和分钟，最后1位数代表所属部门编号。公司的上班时间为上午8:30，下面将计算哪些人迟到了。

选择D2单元格，输入公式“=IF(--MID(C2,12,4)>830,"迟到","")”，随后将公式向下方填充即可判断出迟到的员工，如图8-16所示。

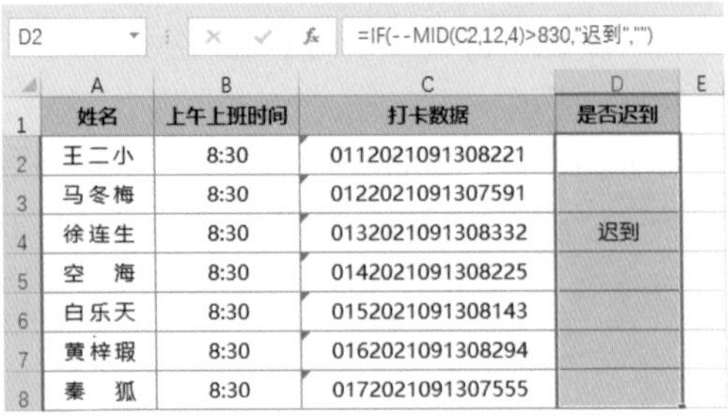

D2 =IF(--MID(C2,12,4)>830,"迟到","")

姓名	上午上班时间	打卡数据	是否迟到
王二小	8:30	0112021091308221	
马冬梅	8:30	0122021091307591	
徐连生	8:30	0132021091308332	迟到
空　海	8:30	0142021091308225	
白乐天	8:30	0152021091308143	
黄梓瑕	8:30	0162021091308294	
秦　狐	8:30	0172021091307555	

图8-16

公式解析

本例公式首先使用 MID 函数从打卡数据中提取打卡时间，然后和 830（即上午 8:30）进行比较。若打卡时间大于上班时间则返回“迟到”，否则返回空白。

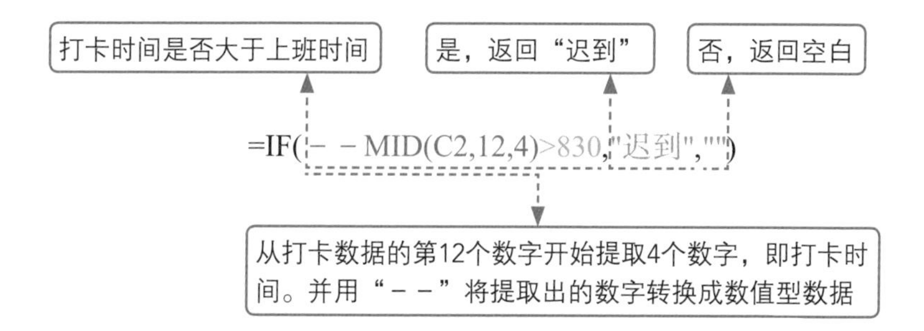

8.2.5 提取手机四位数尾号 | RIGHT

提取手机号码后四位的方法：从号码的最后一位数向前提取4个字符，此时可以使用RIGHT函数。

选择C2单元格，输入公式“=RIGHT(B2,4)”，按下Enter键提取出第一个电话号码的后四位数，随后将公式向下方填充，即可提取所有电话号码的后四位数，如图8-17所示。

C2 =RIGHT(B2,4)

	A	B	C	D
1	姓名	电话号码	尾号（4位数）	
2	张经理	12345698745	8745	
3	吴经理	32165498798	8798	
4	刘雨辰	25698756325	6325	
5	蒋晓萌	99966633321	3321	
6	朱晓明	15698756354	6354	
7	魏子烈	66688865422	5422	
8	伍浩然	88779966552	6552	

图8-17

8.2.6 根据打卡数据判断员工所属部门 | RIGHT，VLOOKUP

8.2.4节介绍过某公司的打卡数据编码规则，本例将继续使用这个案例，根据打卡数据的最后一个数字判断员工所属部门。

选择D2单元格，输入公式“=VLOOKUP(－－RIGHT(C2,1),$F$1:$G$6,2,FALSE)”，随后将公式向下方填充即可根据打卡数据的最后一位数判断出所属部门，如图8-18所示。

D2 =VLOOKUP(--RIGHT(C2,1),$F$1:$G$6,2,FALSE)

	A	B	C	D	E	F	G	H
1	姓名	上午上班时间	打卡数据	所属部门		部门代码	部门	
2	王二小	8:30	0112021091308221	财务部		1	财务部	
3	马冬梅	8:30	0122021091307591	财务部		2	人事部	
4	徐连生	8:30	0132021091308332	人事部		3	采购部	
5	空　海	8:30	0142021091308225	总务部		4	市场部	
6	白乐天	8:30	0152021091308143	采购部		5	总务部	
7	黄梓瑕	8:30	0162021091308294	市场部				
8	秦　狐	8:30	0172021091307555	总务部				
9								

图8-18

公式解析

本例公式使用 RIGHT 函数提取打卡数据的最后一位数，然后用 VLOOKUP 函数计算该数字在设定的部门代码中出现的位置，并提取出对应的部门。

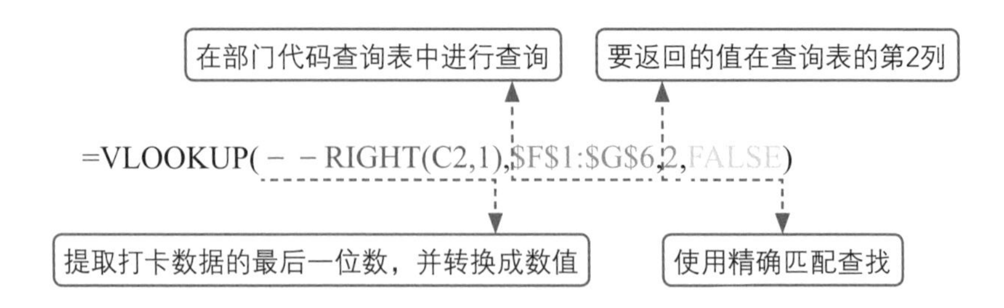

8.3 文本的查找和替换

Excel中的文本查找和替换函数，能够帮助用户快速定位某个字符在一个字符串中的具体位置，以及替换指定的字符，常用的文本查找、替换函数有FIND函数、SEARCH函数、SUBSTITUTE函数、REPLACE函数等。接下来将对这些函数的使用方法进行详细介绍。

8.3.1 FIND 函数判断字符位置 | FIND

FIND函数可以从字符串的指定位置开始，查找某个字符在字符串中的所处位置。

FIND函数有3个参数，语法格式如下：

=FIND(❶要查找什么，❷在哪里查找，❸从什么位置开始查找)

参数说明：

- **参数1：** 表示要查找位置的字符。不可使用通配符，需要区分大小写。
- **参数2：** 表示要在其中进行搜索的字符串。当字符串中不包含要查询的字符时会返回错误值。
- **参数3：** 表示起始的搜索位置，数字1表示从字符串的第一个字开始搜索，数字2表示从字符串的第二个字开始搜索，以此类推。若忽略，则默认该参数为1。若该参数小于1或大于要查询的字符串的长度，则公式返回错误值。

例如需要从十二地支表中查询“申”的位置。若从第一个字符开始计算，公式可编写为“=FIND(B2,A2)”，返回结果为“9”，如图8-19所示。

	A	B	C	D
1	十二地支	查询	位置	
2	子丑寅卯辰巳午未申酉戌亥	申	9	=FIND(B2,A2)
3				

图8-19

为什么FIND函数的参数3位置不管为什么数字，都是从第一个字符找起？参数3虽然为可选参数，但是与其他函数的可选参数不同，该参数在什么情况下有意义？

这个参数只有当要查询的字符在字符串中重复出现时才有意义。例如，A2和A3中包含着相同的数字串，若要从中查询“5”的位置，则公式为“=FIND(5,A2)”，返回结果为5。公式为“=FIND(5,A3,6)”时返回结果为10，如图8-20所示。

我明白了，第一个公式默认从字符串的第一个字符开始查询，查询到的是第一个“5”的位置；而第二个公式从字符串的第6个字符开始查询，因此忽略了第一“5”，返回的是第二个“5”的位置。

	A	B	C	D
1	字符串	计算“5”的位置		
2	1234512345	5	=FIND(5,A2)	
3	1234512345	10	=FIND(5,A3,6)	
4				
5				
6				

图8-20

8.3.2 从混合数据中提取姓名 | LEFT，FIND

本例中的员工姓名和部门名称混合输入在一个单元格中，中间用空格分隔，其中姓名和部门的字符长度各不相同。下面将使用公式提取员工姓名。

选择C2单元格，输入公式“=LEFT(B2,FIND(" ",B2)-1)”，按下Enter键提取出第一个混合信息中的员工姓名，随后向下方填充公式，即可提取出所有员工姓名，如图8-21所示。

C2 =LEFT(B2,FIND(" ",B2)-1)

	A	B	C	D
1	序号	员工信息	姓名	
2	1	张晨龙 研发部	张晨龙	
3	2	刘丽 保卫科	刘丽	
4	3	郑佳琪 门卫	郑佳琪	
5	4	程正龙 市场部	程正龙	
6	5	艾卿 营销部	艾卿	
7	6	尉迟空海 研发部	尉迟空海	

图8-21

公式解析

本例公式先使用FIND函数查找空格在字符串中的位置，然后用LEFT函数将空格之前的文本提取出来。

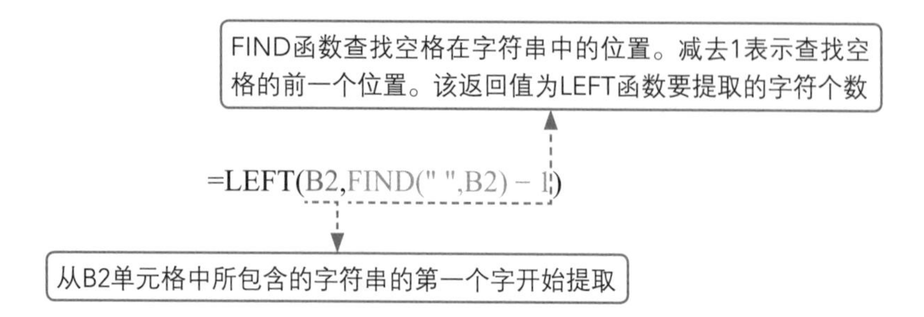

8.3.3 提取括号中的内容 | IFERROR，MID，FIND

在混合型数据中有些数据是输入在括号中的，若将括号中的数据提取出来则可以编写如下公式。

在C2单元格中输入公式“=IFERROR(MID(B2,FIND("（",B2)+1,FIND(")",B2)−FIND("（",B2)−1),"")”，随后将公式向下方填充即可将所有混合信息中括号内的数据提取出来，而不包含括号的信息直接返回空白，如图8-22所示。

C2 =IFERROR(MID(B2,FIND("（",B2)+1,FIND("）",B2)-FIND("（",B2)-1),"")

	A	B	C	D
1	序号	员工信息	括号中的信息	
2	1	张晨龙 研发部（手机号：11011056233）	手机号：11011056233	
3	2	刘丽 保卫科（科长）女	科长	
4	3	郑佳琪 门卫 男		
5	4	程正龙 市场部（经理）男	经理	
6	5	艾卿 营销部（手机号：22332323231）	手机号：22332323231	
7	6	尉迟空海 研发部（试用期）男	试用期	
8	7	丁佳妮 接待员（大学生兼职）	大学生兼职	

图8-22

公式解析

本例公式使用两个 FIND 函数，分别提取左括号和右括号的位置，然后用 MID 函数将括号之间的内容提取出来。

IFERROR函数是为了防止查询不包含括号的信息时返回错误值而设置的，IFERROR函数可以将错误值转换成空白。

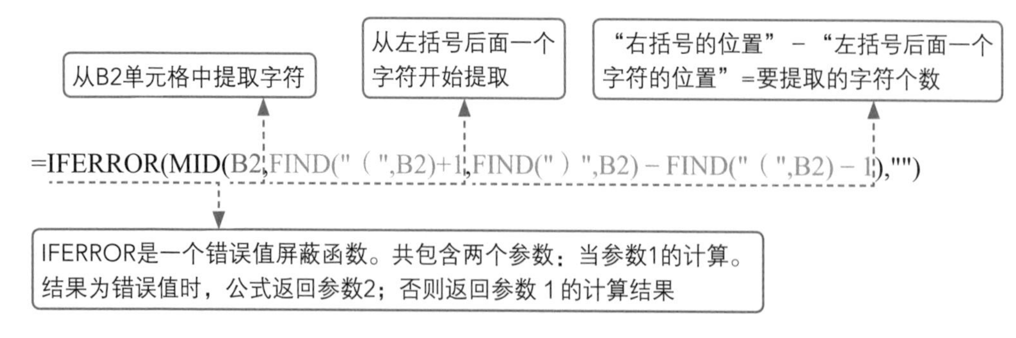

注意事项

① 公式中的左、右括号必须用英文双引号括起来。

② 公式中的左、右括号必须和要查询的字符串中的括号的录入状态相同。最好是直接将字符串中的括号复制到公式中。

现学现用

在提取括号中的内容时，若要连同括号一起提取出来应该如何修改公式?

提示一下，需要对公式中的三个FIND函数的结果适当加1或减1，可先尝试独立完成，再参考答案。

公式：

=IFERROR(MID(B2,FIND("(",B2),FIND(")",B2)-FIND("(",B2)+1),"")

8.3.4 FIND 函数的孪生兄弟 SEARCH | SEARCH

在Excel中除了FIND函数外还有其他函数可以查找指定字符在字符串中的位置，如SEARCH函数。

SEARCH函数的作用是返回指定字符在字符串中第一次出现的位置。

SEARCH函数有三个参数，语法格式如下：

=SEARCH(❶要查找什么，❷在哪里查找，❸从什么位置开始查找)

SEARCH函数的语法和FIND函数完全相同，下面介绍这两个函数的区别。

① FIND函数区分大小写，而SEARCH函数不区分。

② FIND函数不能使用通配符，而SEARCH函数可以使用通配符。

例如，从字符串中查询“Office”的位置，公式“=FIND("OFFICE",A2)”的返回结果是错误值，而公式“=SEARCH("OFFICE",A2)”可以返回正确的结果，如图8-23所示。

	A	B	C	D
1	字符串	FIND函数查询结果	SEARCH函数查询结果	
2	计算机二级Office考点精讲	#VALUE!	6	
3		=FIND("OFFICE",A2)	=SEARCH("OFFICE",A2)	
4				
5				
6				

图8-23

下面再对比这两个函数使用通配符的效果。公式“=FIND("??级",A2)”的返回结果为错误值；公式“=SEARCH("??级",A2)”可以返回正确的计算结果，如图8-24所示。这里的“?”是通配符，一个“?”表示任意的一个字符。

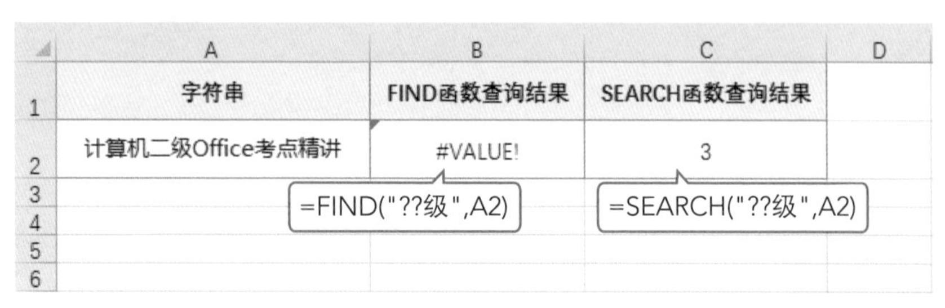

图8-24

8.3.5 按需替换指定位置的字符 | REPLACE

REPLACE是一个文本替换函数，它可以将字符串中指定位置的字符替换成其他字符。

REPLACE函数有4个参数，语法格式如下：

=REPLACE(❶在哪个字符串中进行替换，❷从什么位置开始替换，❸替换几个字符，❹替换成什么新字符)

参数说明：参数3、参数4为可选参数，忽略参数3相当于插入新字符串。

例如，将“德胜书坊”替换成“德胜在线”可以使用公式“=REPLACE(A1,3,2,"在线")”进行处理，如图8-25所示。

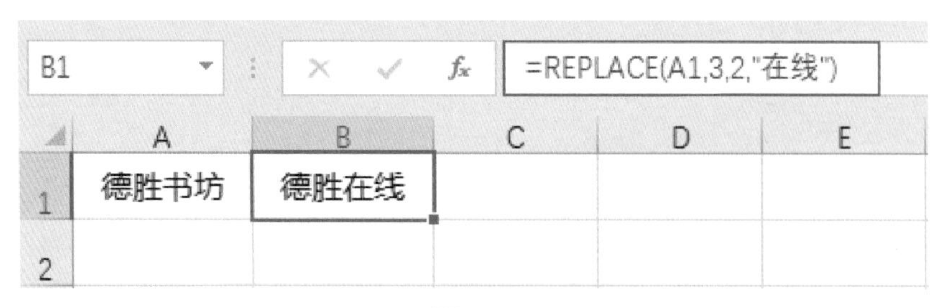

图8-25

8.3.6 批量更改课程编号 | IF，MID，REPLACE

某在线课程由于课程更新，课程编码规则有所改变，现需要在原来的课程编码基础上将01、02…修改为001、002…例如将“办公DS01M”修改成“办公DS001M”。若编号已经是升级后的新编号则不做处理。

选择E2单元格，输入公式“=IF(MID(C2,5,2)="00",C2,REPLACE(C2,5,1,"00"))”，按下Enter键完成第一个课程编号的替换，随后向下方填充公式，返回所有新课程编号，如图8-26所示。

E2 =IF(MID(C2,5,2)="00",C2,REPLACE(C2,5,1,"00"))

	A	B	C	D	E
1	销售平台	下单日期	课程编号	课程名称	升级课程编号
2	德胜书坊	2020/5/8	五笔DS01	7天学会五笔	五笔DS001
3	德胜书坊	2021/3/6	办公DS01M	Office效率提升精品课	办公DS001M
4	德胜书坊	2019/5/6	办公DS02W	WPS办公自动化新手精品课	办公DS002W
5	德胜书坊	2019/9/12	办公DS02W	WPS办公自动化新手精品课	办公DS002W
6	德胜书坊	2021/7/3	办公DS03E	Excel技能精进100课	办公DS003E
7	德胜书坊	2021/6/12	五笔DS001	7天学会五笔	五笔DS001
8	德胜书坊	2020/7/20	办公DS01M	Office效率提升精品课	办公DS001M
9	德胜书坊	2019/12/30	考试DS01	计算机二级Office考点精讲	考试DS001
10	德胜书坊	2021/6/1	考试DS01	计算机二级Office考点精讲	考试DS001
11	德胜书坊	2021/2/11	办公DS003E	Excel技能精进100课	办公DS003E
12	德胜书坊	2020/9/16	五笔DS01	7天学会五笔	五笔DS001
13	德胜书坊	2020/10/18	办公DS01M	Office效率提升精品课	办公DS001M

图8-26

公式解析

本例公式先使用 MID 函数提取课程编号的第 5、6 两个字符，然后用 IF 函数判断这两个字符是不是“00”，如果是，则仍然使用原来的课程编号，否则使用升级后的新编号。

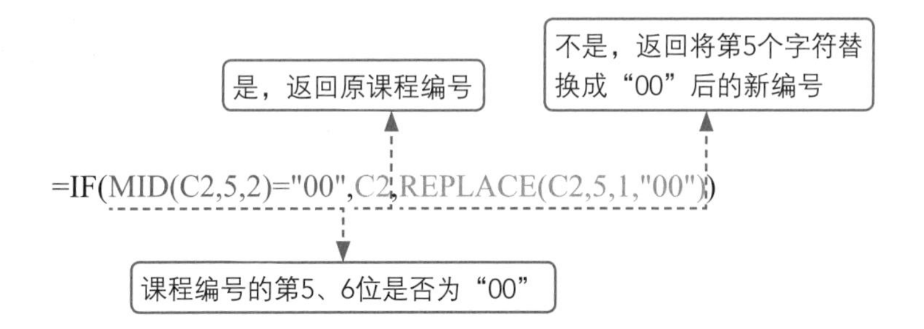

8.3.7 直接指定要替换的内容 | SUBSTITUTE

SUBSTITUTE也是一个文本替换函数，它的作用是将字符串中指定的内容替换成其他内容。

SUBSTITUTE函数共有4个参数，语法格式如下：

=SUBSTITUTE(❶要替换字符的字符串，❷要被替换的字符串，❸用于替换的新字符串，❹当要被替换的字符串出现多次时用于指定要替换第几个)

参数说明：

参数4为可选参数，当要被替换的字符串只出现一次，或需要将这些重复的字符串全部替换时可以忽略该参数。

SUBSTITUTE函数和REPLACE函数的作用相似。它们的区别在于REPLACE函数用数字指出替换的起始位置，一次只能完成一处替换；而SUBSTITUTE函数直接指出要替换的内容，若要被替换的内容在字符串中重复出现，可一次批量替换指定内容。

例如把“简单的事情重复做，便是专家；重复的事情用心做，便是赢家。”这句话中的“便是”替换成“就是”，可以使用公式“=SUBSTITUTE(A1,"便是","就是")”，如图8-27所示。

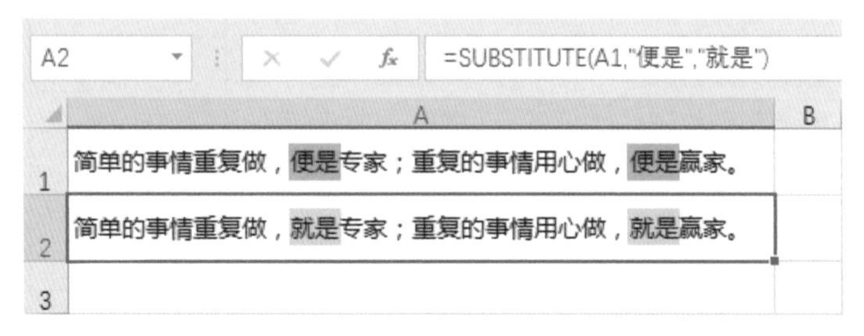

	A	B
1	简单的事情重复做，便是专家；重复的事情用心做，便是赢家。	
2	简单的事情重复做，就是专家；重复的事情用心做，就是赢家。	
3		

图8-27

若只替换第一处可将公式修改成“=SUBSTITUTE(A1,"便是","就是",1)”，同理，若只替换第二处则将公式修改为“=SUBSTITUTE(A1,"便是","就是",2)”。

8.3.8 隐藏身份证号码中的部分数字 | SUBSTITUTE，MID

身份证号码属于个人信息，有些场合不便展示完整的号码。此时可以使用公式将身份证号码中的部分数字隐藏。

选择E2单元格，输入公式“=SUBSTITUTE(D2,MID(D2,9,6),"******")”，随后向下方填充公式，即可将身份证号码中的第9~14位数替换成******显示，如图8-28所示。

E2 =SUBSTITUTE(D2,MID(D2,9,6),"******")

客户编号	客户姓名	地址	身份证号码	隐藏部分数字
J01	白乐天	广东省某某街区5号	44030019[illegible]6334	44030019******6334
J02	蒋世杰	湖北省某某街区9号	42010019[illegible]6321	42010019******6321
J03	薛皓月	江西省某某街区5号	36010019[illegible]2365	36010019******2365
J04	毛晓鸥	江苏省某某街区9号	32050319[illegible]8736	32050319******8736
J05	关云长	山西省某某街区5号	14010019[illegible]2563	14010019******2563
J06	宋光辉	陕西省某某街区9号	61010019[illegible]2572	61010019******2572
J07	卫洪峰	安徽省某某街区6号	34010419[illegible]2715	34010419******2715
J08	魏洁凯	黑龙江省某某街区8号	23010319[illegible]2563	23010319******2563

图8-28

公式解析

本例公式使用 MID 函数提取出身份证号码中的第 9 ~ 14 位数，然后用 SUBSTITUTE 函数将这些数字替换成六个星号“******”。

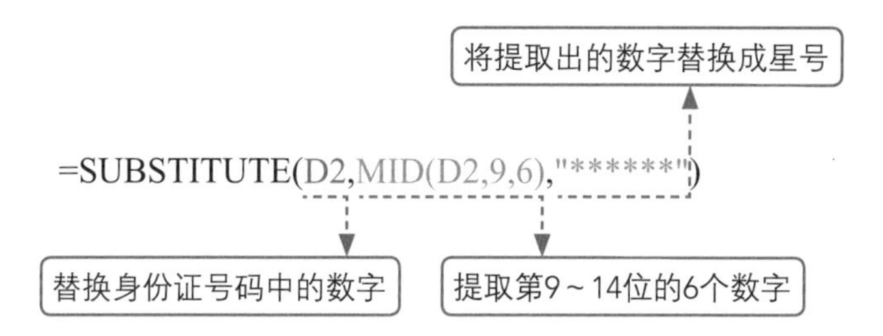

经验之谈

本例也可使用公式“=REPLACE(D2,9,6,"******")”完成指定数字的替换。

8.3.9 统计每日加工工序 | SUBSTITUTE

假设将工厂车间每日的加工工序记录在一个单元格中，每道工序之间用逗号隔开。这时若要统计每日的工序，则可编写下列公式。

选择C2单元格，输入公式“=LEN(B2)－LEN(SUBSTITUTE(B2,"，",""))+1”，按下Enter键后再次选中C2单元格，将公式向下方填充，即可统计出每日工序数量，如图8-29所示。

C2 =LEN(B2)-LEN(SUBSTITUTE(B2,"，",""))+1

	A	B	C	D
1	日期	工序	工序数量	
2	2021/8/1	入场检验，下料，校直	3	
3	2021/8/2	冲中心孔，端头碾薄	2	
4	2021/8/3	切角，冲垫片孔，冲锪夹箍孔，卷耳	4	
5	2021/8/4	端磨，切角、包角，淬火，回火，喷丸	5	
6	2021/8/5	铆夹箍，电泳	2	
7	2021/8/6	压套、推削	1	
8	2021/8/7	装配，预压，弧高分选	3	
9	2021/8/8	喷面漆做标识，成品检验，入库	3	
10	2021/8/9	全尺寸检验，产品审核，发货前确认	3	

图8-29

公式解析

本例公式用LEN函数计算工序字符串的总长度，再减去删除逗号后的长度，两者的差加1便为工序数量。

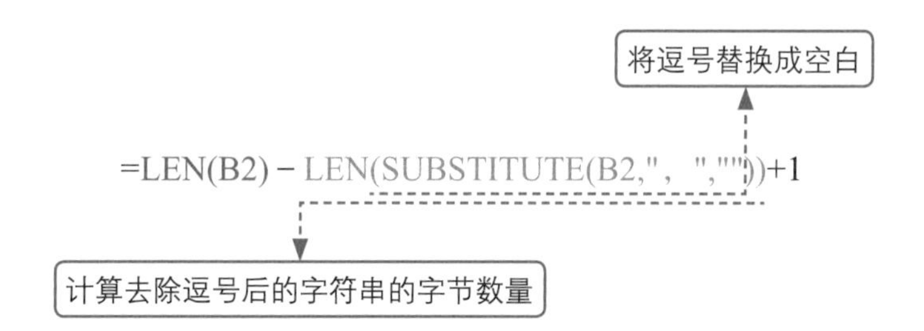

8.3.10 对带单位的金额进行求和 | SUMPRODUCT

当要求和的数据带有单位时，不能直接使用SUM函数，而是需要先处理这些单位。下面将对带单位的销售金额进行求和。

选择D2单元格，输入公式“=SUMPRODUCT(SUBSTITUTE(D2:D12,"元","")*1)&"元"”，按下Enter键后便可得到求和结果，如图8-30所示。

公式解析

本例公式先使用 SUBSTITUTE 函数将包含金额的单元格区域中的单位“元”替换成空值，然后乘以 1 将文本转换为一组数值。再利用 SUMPRODUCT 函数对数组求和。最后用连接符“&”在求和结果后面加上“元”，使结果带上单位。公式主要求值过程如图 8-31 所示。

D13 =SUMPRODUCT(SUBSTITUTE(D2:D12,"元","")*1)&"元"

	A	B	C	D
1	日期	销售员	商品名称	销售金额
2	2021/6/1	裴 昭	智能扫地机器人	3500元
3	2021/6/1	孙 黎	智能扫地机器人	3500元
4	2021/6/1	马晓晴	智能蓝牙音箱	800元
5	2021/6/2	孙 黎	情侣组合装电动牙刷	360元
6	2021/6/2	李 韬	多功能空气消毒器	7300元
7	2021/6/3	袁千尺	无线蓝牙耳机	550元
8	2021/6/3	袁千仞	车载智能导航一体机	1200元
9	2021/6/4	李 韬	多功能空气消毒器	7300元
10	2021/6/5	黄 亮	超氧空气无水洗衣机	8000元
11	2021/6/6	孙 黎	智能蓝牙音箱	800元
12	2021/6/6	裴 昭	车载智能导航一体机	1200元
13	合计金额			34510元

图8-30

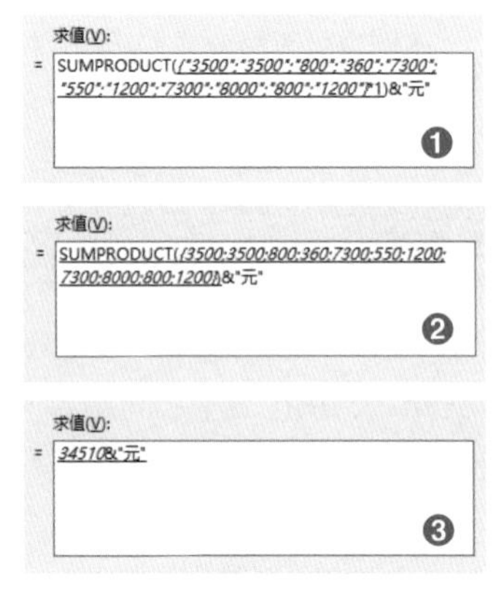

图8-31

8.4 字符转换函数的应用

在输入英文字母时不停切换大小写十分麻烦。要Excel是微软公司开发的软件，在处理自己的母语时会设置一些控制英文大小写切换的函数。本节将对一些常用的大小写切换函数进行讲解。

8.4.1 将产品的品类转换成大写 | UPPER

UPPER函数可以将小写字母全部转换成大写。该函数只有一个参数，即将小写字母转换成大写的字符串。

如图8-32所示的产品规格表中，品类是用英文小写字母录入，使用UPPER函数可将品类转换成大写。

F2 =UPPER(B2)

	A	B	C	D	E	F
1	产品编号	品类	型号	单位	规范	品类（大写）
2	SHJG245102	cctv	DS-3E0326P-E	XT	POE Waterproof IP8574	CCTV
3	SHJG245103	cctv	RJ45 Cable	XT	POE Waterproof IP8885	CCTV
4	SHJG245107	cctv	C-Bracket	XT	POE Waterproof IP9285	CCTV
5	SHJG245108	cctv	UPS	XT	POE Waterproof I5245	CCTV
6	SHJG245115	intercom	SW-600PKS	SW	POE Waterproof I854	INTERCOM
7	SHJG245116	ps	ML-100XT		POE Waterproof 5241	PS
8	SHJG245117	ps	ML-03		POE Waterproof IP102	PS

图8-32

选择F2单元格，输入公式“=UPPER(B2)”，随后向下方填充公式，即可将所有小写字母的品类转换成大写，如图8-32所示。

8.4.2 将大写单位转换成小写 | LOWER

LOWER函数的作用和UPPER函数恰好相反，LOWER函数可以将所有大写英文字母转换成小写。LOWER和UPPER函数的语法格式相同，都只有一个参数，即将要进行转换的字符串。

若要将产品规格表中的单位由大写转换成小写，则可以使用LOWER函数。选择F2单元格，输入公式“=LOWER(D2)”，随后向下方填充公式，即可将所有大写的单位转换成小写，如图8-33所示。

F2 =LOWER(D2)

	A	B	C	D	E	F
1	产品编号	品类	型号	单位	规范	单位（小写）
2	SHJG245102	cctv	DS-3E0326P-E	XT	POE Waterproof IP8574	xt
3	SHJG245103	cctv	RJ45 Cable	XT	POE Waterproof IP8885	xt
4	SHJG245107	cctv	C-Bracket	XT	POE Waterproof IP9285	xt
5	SHJG245108	cctv	UPS	XT	POE Waterproof I5245	xt
6	SHJG245115	intercom	SW-600PKS	SW	POE Waterproof I854	sw
7	SHJG245116	ps	ML-100XT	ML	POE Waterproof 5241	ml
8	SHJG245117	ps	ML-03	ML	POE Waterproof IP102	ml

图8-33

8.4.3 将中英文互译诗句转换成第一个单词首字母大写 | LOWER，CONCATENATE

在其他文字编辑软件中处理起来很复杂的问题，导入到Excel中也许可以迎刃而解。例如将中英文互译诗句的英文部分句首单词的首字母转换成大写，其余单词全部小写。

选择B2单元格，输入公式“=CONCATENATE(PROPER(LEFT(A2)),LOWER(RIGHT(A2,LEN(A2)-1)))”，按下Enter键后再次选中B2单元格，将公式向下方填充，即可按照要求完成转换，如图8-34所示。

	A
1	转换前
2	WHEN YOU ARE OLD 当你老了
3	when you are old and grey and full OF sleep, 当你老了，头发花白，睡意沉沉，
4	and nodding by the fire，take down THIS BOOK, 倦坐在炉边，取下这本书来，
5	and Slowly read,and dream OF the Soft look, 慢慢读着，追梦当年的眼神，
6	Your eyes had once,and OF their shadows deep; 你那柔美的神采与深幽的晕影。
7	how many loved YOUR moments OF glad grace, 多少人爱过你昙花一现的身影，
8	AND LOVED YOUR BEAUTY WITH LOVE FALSE OR TRUE, 爱过你的美貌，以虚伪或真情，
9	BUT one man loved the pilgrim soul in YOU, 惟独一人曾爱你那朝圣者的心，
10	and loved the sorrows of your changing face; 爱你哀戚的脸上岁月的留痕。
11	And bending DOWN beside the glowing bars, 在炉罩边低眉弯腰，
12	murmur,A little sadly,how love fled，忧戚沉思,喃喃而语，
13	AND PACED UPON THE MOUNTAINS OVERHEAD，爱情是怎样逝去，又怎样步上群山，
14	and hid his face amid a crowd of stars. 怎样在繁星之间藏住了脸。

B2 =CONCATENATE(PROPER(LEFT(A2)),LOWER(RIGHT(A2,LEN(A2)-1)))

	B
1	转换后
2	When you are old 当你老了
3	When you are old and grey and full of sleep, 当你老了，头发花白，睡意沉沉，
4	And nodding by the fire，take down this book, 倦坐在炉边，取下这本书来，
5	And slowly read,and dream of the soft look, 慢慢读着，追梦当年的眼神，
6	Your eyes had once,and of their shadows deep; 你那柔美的神采与深幽的晕影。
7	How many loved your moments of glad grace, 多少人爱过你昙花一现的身影，
8	And loved your beauty with love false or true, 爱过你的美貌，以虚伪或真情，
9	But one man loved the pilgrim soul in you, 惟独一人曾爱你那朝圣者的心，
10	And loved the sorrows of your changing face; 爱你哀戚的脸上岁月的留痕。
11	And bending down beside the glowing bars, 在炉罩边低眉弯腰，
12	Murmur,a little sadly,how love fled，忧戚沉思,喃喃而语，
13	And paced upon the mountains overhead，爱情是怎样逝去，又怎样步上群山，
14	And hid his face amid a crowd of stars. 怎样在繁星之间藏住了脸。

图8-34

公式解析

本例公式使用LEFT函数提取目标对象的第一个字符，将其转换成大写，再利用RIGHT函数提取剩余的字符，将这些字符全部转换成小写，最后用CONCATENATE函数将大小写字符合并到一起即可。

经验之谈

CONCATENATE也是一个文本函数，其作用是将多个文本字符串合并成一个。它的语法格式非常简单，可以设置1~255个参数，一个参数代表一个需要被合并的字符串。

CONCATENATE函数和文本连接符“&”的作用相似。因此本例公式也可写作“**=PROPER(LEFT(A2))&LOWER(RIGHT(A2,LEN(A2)－1))**”。

8.4.4 将英文名的每个单词全部转换成首字母大写 | PROPER

不论输入的单词是大写还是小写，PROPER函数都能将其转换成首字母大写、其余字母小写的状态。PROPER函数也只有一个参数，其使用方法和LOWER函数完全相同。

例如，将英文诗的作者转换成每个单词首字母大写。选择B3单元格，输入公式“=PROPER(A3)”，按下Enter键后即可将目标单元格中的所有英文单词全部转换成首字母大写，如图8-35所示。

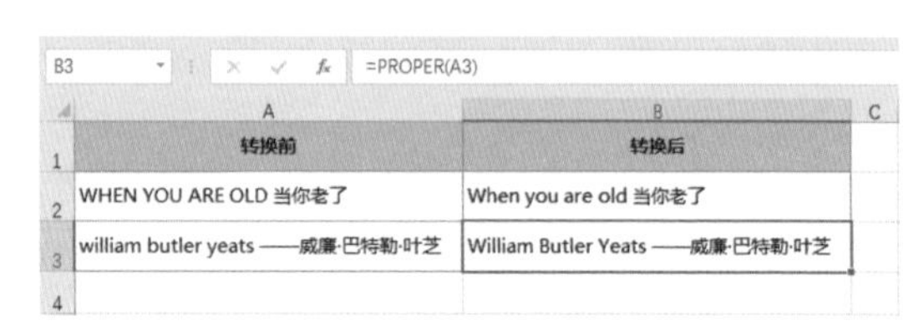

图8-35

8.4.5 将文本型数字转换成真正的数字 | VALUE

Excel中的数字分为文本型的数字和数值型的数字。在文本单元格格式中数字是作为文本处理的。另外，通过文本函数提取或处理过的数字通常也是文本型的。

文本型的数字有时不能被准确地计算。此时就需要将文本型的数字转换成数值型的数字。

VALUE函数的功能便是将文本型的数字转换成数值型的数字。VALUE函数只有一个参数，即需要被转换的字符串。

默认情况下在文本单元格格式中输入数字后，单元格会呈现出明显的特征，单元格的左上角会出现一个绿色的小三角。当选中单元格后，会显示图标，单击该图标，可看到“以文本形式存储的文字”的提示，如图8-36所示。

如果直接用函数对这些文本型的数字进行求和或求平均值等计算，公式则无法返回正确的结果或返回错误值，如图8-37所示。

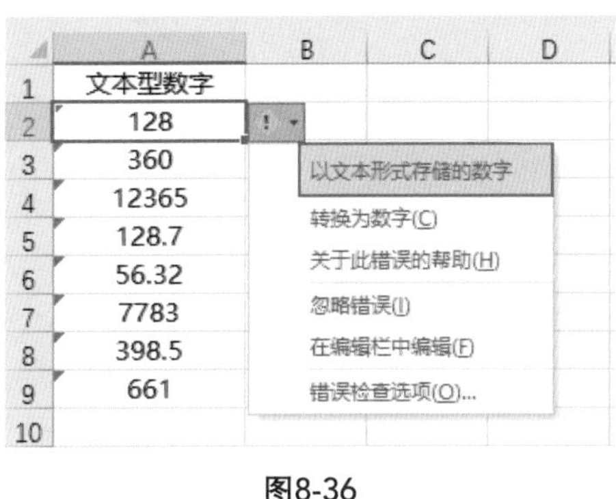

图8-36

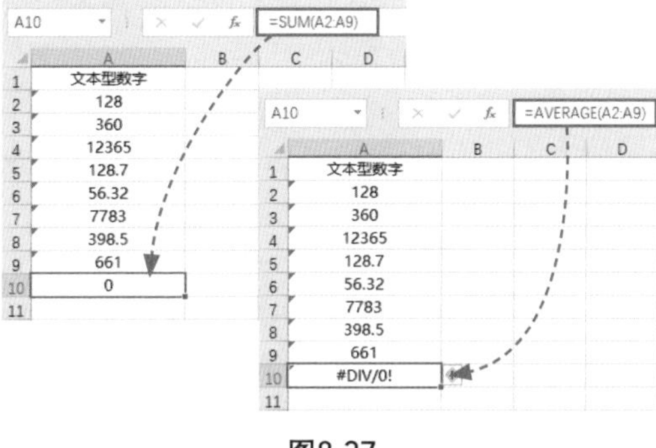

图8-37

若使这些文本型的数字被正常计算，就要先将其转换成真正的数字，有两种方法可执行。

其一：逐一将文本型数字转换成数值型数字，再进行计算，如图8-38所示。

其二：直接在函数公式中嵌套VALUE函数，一次性解决问题，如图8-39所示。

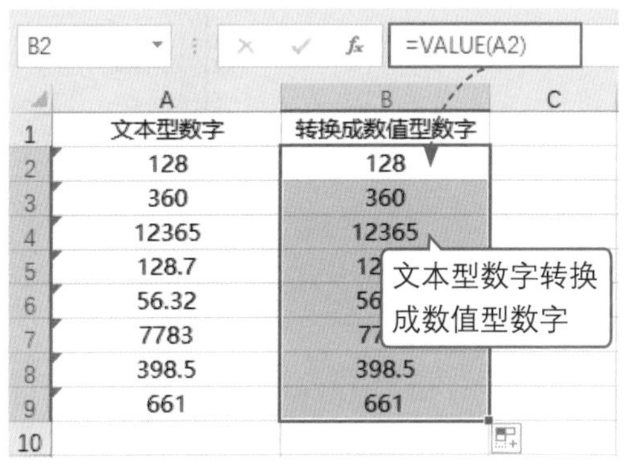

图8-38

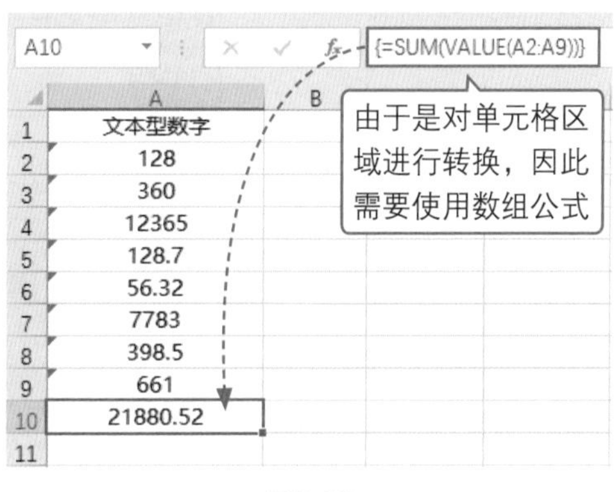

图8-39

经验之谈

在8.2.3节中曾介绍过可以使用两个负号将公式中的文本型数字转换成数值型数字，其实这两个负号的作用和VALUE函数的作用是一样的，在提取身份证号码时也可将公式“--TEXT(MID(E2,7,8),"0-00-00")”修改为“VALUE(TEXT(MID(E2,7,8),"0-00-00"))”，返回结果是一样的。

8.5 最重要的格式转换函数

Excel中最常用的文本格式转换函数为TEXT函数。TEXT函数的作用是根据指定的格式代码将数字转换成相应的格式。

TEXT函数有两个参数，语法格式如下：

=TEXT(❶需要转换格式的数值, ❷格式代码)

- **参数1：** 可以是数字、能够返回数值的公式、包含数值的单元格引用。
- **参数2：** 是用于转换格式的格式代码，代码的编码原则取自“设置单元格格式”对话框“数字”选项卡中的“分类”列表，如图8-40所示。格式代码必须输入在英文双引号中。

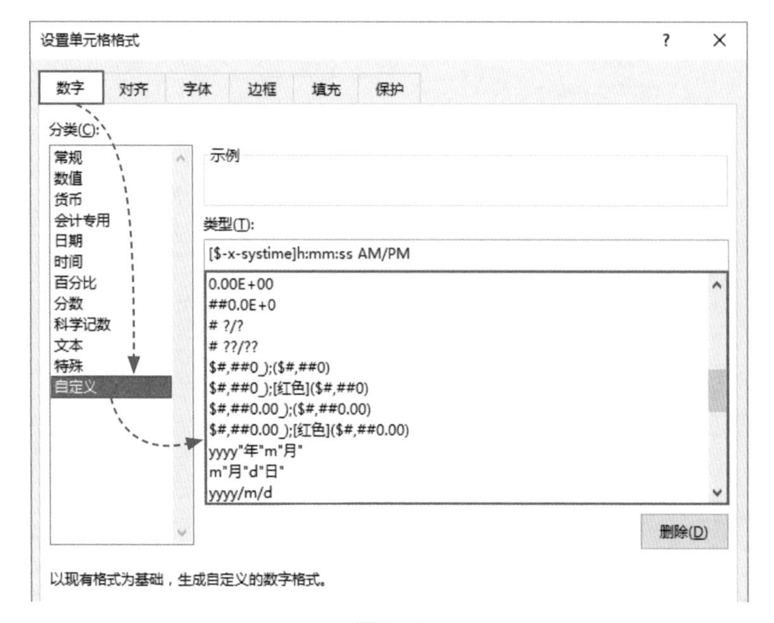

图8-40

8.5.1 搞清楚常用代码的含义 | TEXT

Excel中常用的格式代码包括#、0、?、,、[]等。这些代码的作用及含义见表8-2。

表8-2

代码	名称	作用
#	数字占位符	只显示有意义的零，不显示无意义的零
0	零占位符	当数字大于0时显示实际数字，否则显示无意义的0
?	空格占位符	在小数点两边为无意义的0添加空格，以便按照固定宽度字体设置格式

续表

代码	名称	作用
,	千位分隔符	在数字指定位置添加千位分隔符
[]	条件或颜色调用符	将颜色放在[]之中表示调用调色板中的颜色；将条件放在[]之中表示对单元格内容判断后再设置格式

除了以上介绍的格式代码，还经常会用到日期和时间格式代码："Y"表示年、"M"表示月、"D"表示日、"H"表示小时、"M"表示分钟、"S"表示秒，字母不区分大小写。常用日期和时间代码见表8-3。

表8-3

代码	含义
M	将月份显示为1～12
MM	将月份显示为01～12
MMM	将月份显示为Jan～Dec
MMMM	将月份显示为January～December
MMMMM	将月份显示为其英文的第一个字母
D	将日期显示为1～31
DD	将日期显示为01～31
DDD	将日期显示为Sun～Sat
DDDD	将日期显示为Sunday～Saturday
YY	将年份显示为00～99
YYYY	将年份显示为1900～9999
H	将小时显示为0～23
HH	将小时显示为00～23
M	将分钟显示为0～59
MM	将分钟显示为00～59
S	将秒显示为0～59
SS	将秒显示为00～59
AAA	将日期显示为"一～日"
AAAA	将日期显示为"星期一～星期日"

TEXT函数使用各种代码进行常见数据格式转换的效果如图8-41所示。

原始数据	转换要求	转换结果	公式
2021/12/7	转换成星期几	星期二	=TEXT(A2,"aaaa")
2022/5/22	提取日期的年份	2022	=TEXT(A3,"yyyy")
2010/8/6	转换日期格式	2010-08-06	=TEXT(A4,"yyyy-mm-dd")
1	用零在前面补齐数字位数	0001	=TEXT(A5,"0000")
11	用零在前面补齐数字位数	0011	=TEXT(A6,"0000")
118	判断正负数	正数	=TEXT(A7,"正数;负数;零")
-5	判断正负数	负数	=TEXT(A8,"正数;负数;零")
2600000	添加千位分隔符	2,600,000	=TEXT(A9,"#,###")
25.6	保留两位小数	25.60	=TEXT(A10,"0.00")
65800563	添加千位分隔符并保留两位小数	65,800,563.00	=TEXT(A11,"0,000.00")
65	根据条件返回判断结果	良好	=TEXT(A12,"[>=85]优秀;[<60]不及格;良好")
40	根据条件返回判断结果	不及格	=TEXT(A13,"[>=85]优秀;[<60]不及格;良好")

图8-41

8.5.2 自动显示英文状态下的当前日期和星期几 | TEXT，TODAY

下面将使用TEXT函数在客户来访登记表中自动录入英文状态下的当前日期及星期几。选择需要输入日期和星期的单元格，输入公式“=TEXT(TODAY(),"MMMM DD,YYYY,DDDD")”，按下Enter键后即可自动录入英文状态下的当前日期和星期几，如图8-42所示。

B2 =TEXT(TODAY(),"MMMM DD,YYYY,DDDD")

客户来访登记表							
登记日期：	June 26,2021,Saturday						
序号	来访时间	离开时间	访客姓名	访客单位	接待部门	接待人	事由
1	9:30	11:30	访客01	飞马科技	技术部	诸雅	技术指导
2	10:30	12:30	访客02	德胜书坊	研发部	方洲	会议讨论
3	11:30	13:30	访客03	互惠科技	人事部	吴丹	议程问题
4	12:30	14:30	访客04	人天集团	采购部	小芳	采购事宜
5	13:30	15:30	访客05	海天建筑	行政部	诸雅	技术指导
6	14:30	16:30	访客06	梦想设计	技术部	方洲	会议讨论
7	15:30	15:30	访客07	德胜书坊	研发部	吴丹	议程问题

图8-42

公式解析

本例公式利用 TODAY 函数返回当前的日期，再利用 TEXT 函数将日期格式转换成日期及星期英文。

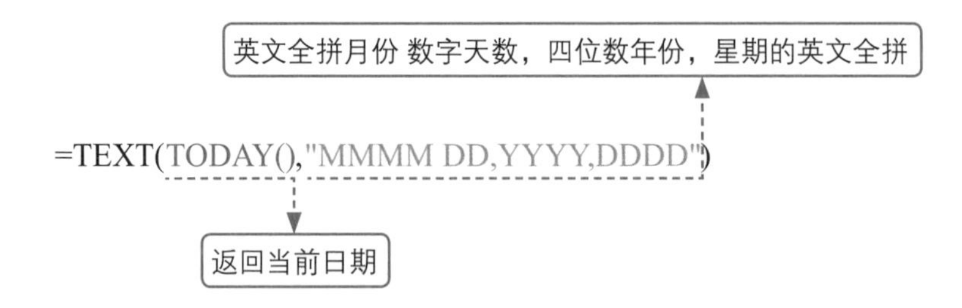

TODAY函数所返回的日期会随着时间的推移而发生变化，因此本例公式的结果并不是固定的，不同日期打开工作表将会看到不同的结果。将公式结果固定有以下两种方法。

① 选择公式所在单元格，将其复制后以“值”的方式粘贴。

② 选中公式所在单元格，将光标定位到编辑栏中，按F9键，将公式转换成结果值。

8.5.3 计算加班时长 | IF，TEXT

公司规定的下班时间为17:30，超过17:30下班则为加班，下面将根据实际下班时间计算加班时长。

选择D2单元格，输入公式“=IF(C2-B2<=0,"",TEXT(C2-B2,"h小时m分钟"))”，随后将公式向下方填充即可根据实际下班时间计算出加班时长。当实际下班时间早于或等于规定下班时间时，公式返回空白，如图8-43所示。

D2 =IF(C2-B2<=0,"",TEXT(C2-B2,"h小时m分钟"))

姓名	规定下班时间	实际下班时间	加班时长
白晶晶	17:30:00	18:35:00	1小时5分钟
至尊宝	17:30:00	18:00:00	0小时30分钟
李逵	17:30:00	17:00:00	
关二哥	17:30:00	19:53:00	2小时23分钟
王蕴	17:30:00	19:18:00	1小时48分钟
禹宣	17:30:00	17:30:00	
牛魔王	17:30:00	20:00:00	2小时30分钟

图8-43

公式解析

本例公式先用 IF 函数判断实际下班时间是否小于或等于规定下班时间，若是，则返回空白；否则，返回加班的时长。

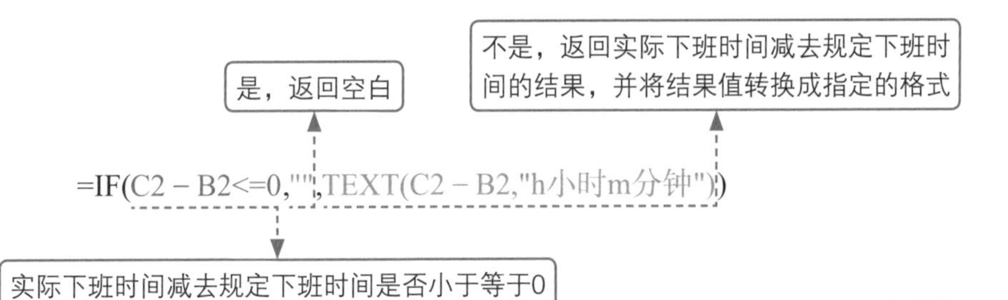

8.5.4 直观显示活动预算和实际支出的差额 | TEXT

▶扫一扫 看视频◀

在一场七夕活动中，每个项目的预算和实际支出存在差异，下面将使用公式统计相差金额。要求实际支出金额大于预算金额时显示“超出#元”；实际支出金额小于预算金额时显示“节省#元”；实际支出金额等于预算金额时显示“相等”。

选择H2单元格，输入公式“=TEXT(G2-F2,"超出#元;节省#元;相等")”，随后向下方填充公式，即可根据要求返回实际支出金额和预算金额的对比结果，如图8-44所示。

H2 =TEXT(G2-F2,"超出#元;节省#元;相等")

序号	开支名称	用途	数量	单价	金额预算	实际支出	预算和实际对比
1	广场租赁费	场地	1	¥ 40,000.00	¥ 40,000.00	¥ 40,000.00	相等
2	展台搭建	场地	1	¥ 6,000.00	¥ 6,000.00	¥ 6,000.00	相等
3	绿植租赁	美化	1	¥ 3,000.00	¥ 3,000.00	¥ 3,000.00	相等
4	摆件	美化	1	¥ 7,500.00	¥ 7,500.00	¥ 8,000.00	超出500元
5	模特	产品展示	4	¥ 800.00	¥ 3,200.00	¥ 3,000.00	节省200元
6	主持人	主持	1	¥ 500.00	¥ 500.00	¥ 500.00	相等
7	现场维护保安	安防	1	¥ 300.00	¥ 300.00	¥ 200.00	节省100元
8	七夕节礼品	随手礼品	100	¥ 20.00	¥ 2,000.00	¥ 2,000.00	相等
9	七夕节甜点	美食	100	¥ 8.00	¥ 800.00	¥ 1,000.00	超出200元
10	交通运输	交通费	5	¥ 200.00	¥ 1,000.00	¥ 1,500.00	超出500元

图8-44

公式解析

本例公式使用分号(;)分隔三组代码，当G2 – F2的结果为正数时返回第一组代码，当结果值为负数时返回第二组代码，当结果值为0时返回第三组代码。占位符“#”用于显示G2 – F2的结果值。

8.5.5 分段显示电话号码 | TEXT

为了让电话号码更容易读取，可将其分段显示。选择C2单元格，输入公式“=TEXT(B2,"000 000 00000")”，随后向下方填充公式，即可将所有电话号码分段显示，如图8-45所示。

C2 =TEXT(B2,"000 000 00000")

姓名	电话号码	电话号码分段显示
张经理	12345698745	123 456 98745
吴经理	32165498798	321 654 98798
刘雨辰	25698756325	256 987 56325
蒋晓璐	99966633321	999 666 33321
朱晓明	15698756354	156 987 56354
魏子烈	66688865422	666 888 65422
伍浩然	88779966552	887 799 66552

图8-45

公式解析

本例公式中的格式代码使用了11个0，在需要分段的位置用空格增加两个数字之间的距离。0是数字占位符，一个0代表一个数字。

现学现用

若要改变电话号码分段的位数应如何修改代码？或者将分段的符号改成短划线，应该如何设置代码？

例如，如何通过编写公式让电话号码以“****–****–***”的格式显示？

8.5.6 计算施工期间有多少个项目是在星期一完工的 | SUM，N，TEXT

下面将根据工程施工过程中各个项目的完成时间，统计有多少个项目是在星期一完成的。

选择E2单元格，输入数组公式“=SUM(N(TEXT(C2:C12,"aaa")="一"))”，按下Ctrl+Shift+Enter组合键即可返回计算结果，如图8-46所示。

E2 {=SUM(N(TEXT(C2:C12,"aaa")="一"))}

序号	分部分项工程名称	完成时间
1	施工前准备	2021/4/10
2	车库基础土方	2021
3	基础降水	2021
4	塔吊基础	2021/4/25
5	砖模	2021/4/25
6	基础底板垫层	2021/4/20
7	基础底板防水	2021/5/10
8	基础底板防水保护层	2021/5/10
9	基础钢筋、模板	2021/6/7
10	基础底板砼	2021/6/20
11	基础车库竖向构件	2021/6/30

有几项是星期一完成的？
3

Ctrl+Shift+Enter

图8-46

公式解析

本例公式首先利用 TEXT 函数将所有日期转换成简写的星期形式；其次判断是否等于“一”，返回一个包含逻辑值 TRUE 和 FALSE 的数组；最后用 N 函数将逻辑值转换成数值并用 SUM 函数进行汇总。

8.5.7 将财务报表中的数据以小数点对齐 | TEXT

当数字的大小差距较大且包含很多位小数时，为了能够快速分辨数值大小，方便阅读，可以设置以小数点对齐。

例如，将财务报表中的收入设置成以小数点对齐。先将E列单元格格式设置成宋体或黑体，随后选择E2:E9单元格区域，输入公式“=TEXT(D2,"#.0?????")”，然后按Ctrl+Enter组合键，此时若没有按照小数点对齐，则需要将单元格格式设置成右对齐，如图8-47所示。

E2 =TEXT(D2,"#.0?????")

	A	B	C	D	E	F
1	日期	项目	内容	收入	以小数点对齐	
2	2021/8/1	类别1	摘要1	435.265	435.265	
3	2021/8/2	类别2	摘要2	11259.234	11259.234	
4	2021/8/3	类别3	摘要3	6598.2542	6598.2542	
5	2021/8/4	类别4	摘要4	66.32145	66.32145	
6	2021/8/5	类别5	摘要5	5.65659	5.65659	
7	2021/8/6	类别6	摘要6	456.9887	456.9887	
8	2021/8/7	类别7	摘要7	21.3652	21.3652	
9	2021/8/8	类别8	摘要8	52.3	52.3	

图8-47

公式解析

本例公式利用“?”占位符在小数点右边强制站位，5 个“?”则占 5 个数字的空间，当小数位数不满 5 位时则留出剩余的空间，从而使小数点右侧的宽度保持一致。

本例若能操作成功，字体和对齐方式也是十分关键的因素，首先对齐方式必须是右对齐。其次可以使用的字体包括黑体、宋体、仿宋、楷体、隶书等。不能使用的字体包括微软雅黑、华文中宋、方正姚体等。

拓展练习　对合并的课程信息进行分列整理

合并的信息不利于数据分析，本次拓展练习将使用公式对合并在一个单元格中的课程信息进行分列显示处理。

通过观察此案例分析可执行的方案，如图8-48所示。

	A	B	C	D	E
1	序号	课程安排	上课时间	讲师	课程名称
2	1	2019年6月1日郭宁《宏观经济学》			
3	2	2019年6月5日刘丽《初级会计》			
4	3	2019年6月9日赵元培《审计学》			
5	4	2019年6月9日蒋兰兰《员工介绍》			
6	5	2019年6月10日赵青《微观经济学》			
7	6	2019年6月15日王凯《员工操作》			
8	7	2019年6月20日刘贤军《经济法》			
9	8	2019年6月20日陈丽丹《管理信息系统》			
10	9	2019年6月23日徐凯《高级会计》			
11	10	2019年6月23日王霞《中级会计》			

图8-48

现在需要根据“课程安排”信息提取“上课时间”“讲师”和“课程名称”。通过观察可以发现一些有用的信息：

① 日期是从第一个字符开始的，长短不一，但是均以字符“日”结尾；

② 姓名有两个字和三个字，姓名前面全部是字符“日”，后面全部是字符“《”；

③ 课程名称在最后，且输入在“《》”符号中间。

了解这些信息后可以使用字符截取函数（LEFT、MID、RIGHT）分别从字符串的不同位置开始提取指定数量的字符。至于要提取的字符数量可以通过特定位置处的统一字符计算出来。

Step 01　选择C2单元格，输入公式“=LEFT(B2,FIND("日",B2))”，按下Enter键，提取出第一个目标单元格中的上课时间，随后向下方填充公式，提取出所有上课时间，如图8-49所示。

C2　=LEFT(B2,FIND("日",B2))

	A	B	C	D	E
1	序号	课程安排	上课时间	讲师	课程名称
2	1	2019年6月1日郭宁《宏观经济学》	2019年6月1日		
3	2	2019年6月5日刘丽《初级会计》	2019年6月5日		
4	3	2019年6月9日赵元培《审计学》	2019年6月9日		
5	4	2019年6月9日蒋兰兰《员工介绍》	2019年6月9日		
6	5	2019年6月10日赵青《微观经济学》	2019年6月10日		
7	6	2019年6月15日王凯《员工操作》	2019年6月15日		
8	7	2019年6月20日刘贤军《经济法》	2019年6月20日		
9	8	2019年6月20日陈丽丹《管理信息系统》	2019年6月20日		
10	9	2019年6月23日徐凯《高级会计》	2019年6月23日		
11	10	2019年6月23日王霞《中级会计》	2019年6月23日		
12					

图8-49

Step 02 选择D2单元格，输入公式“=MID(B2,FIND("日",B2)+1,FIND("《",B2)-1-FIND("日",B2))”，随后将公式向下方填充提取出所有讲师的姓名，如图8-50所示。

D2 =MID(B2,FIND("日",B2)+1,FIND("《",B2)-1-FIND("日",B2))

	A	B	C	D	E
1	序号	课程安排	上课时间	讲师	课程名称
2	1	2019年6月1日郭宁《宏观经济学》	2019年6月1日	郭宁	
3	2	2019年6月5日刘丽《初级会计》	2019年6月5日	刘丽	
4	3	2019年6月9日赵元培《审计学》	2019年6月9日	赵元培	
5	4	2019年6月9日蒋兰兰《员工介绍》	2019年6月9日	蒋兰兰	
6	5	2019年6月10日赵青《微观经济学》	2019年6月10日	赵青	
7	6	2019年6月15日王凯《员工操作》	2019年6月15日	王凯	
8	7	2019年6月20日刘贤军《经济法》	2019年6月20日	刘贤军	
9	8	2019年6月20日陈丽丹《管理信息系统》	2019年6月20日	陈丽丹	
10	9	2019年6月23日徐凯《高级会计》	2019年6月23日	徐凯	
11	10	2019年6月23日王霞《中级会计》	2019年6月23日	王霞	
12					

图8-50

Step 03 选择E2单元格，输入公式“=RIGHT(B2,(LEN(B2)-FIND("《",B2)+1))”，接着向下方填充公式，即可提取出所有课程名称，如图8-51所示。

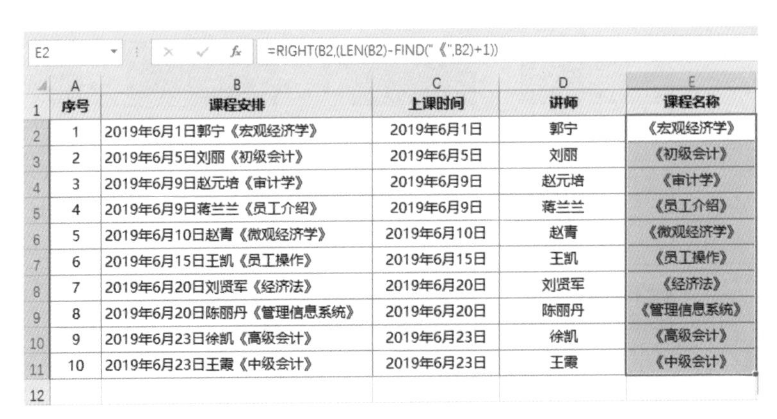

E2 =RIGHT(B2,(LEN(B2)-FIND("《",B2)+1))

	A	B	C	D	E
1	序号	课程安排	上课时间	讲师	课程名称
2	1	2019年6月1日郭宁《宏观经济学》	2019年6月1日	郭宁	《宏观经济学》
3	2	2019年6月5日刘丽《初级会计》	2019年6月5日	刘丽	《初级会计》
4	3	2019年6月9日赵元培《审计学》	2019年6月9日	赵元培	《审计学》
5	4	2019年6月9日蒋兰兰《员工介绍》	2019年6月9日	蒋兰兰	《员工介绍》
6	5	2019年6月10日赵青《微观经济学》	2019年6月10日	赵青	《微观经济学》
7	6	2019年6月15日王凯《员工操作》	2019年6月15日	王凯	《员工操作》
8	7	2019年6月20日刘贤军《经济法》	2019年6月20日	刘贤军	《经济法》
9	8	2019年6月20日陈丽丹《管理信息系统》	2019年6月20日	陈丽丹	《管理信息系统》
10	9	2019年6月23日徐凯《高级会计》	2019年6月23日	徐凯	《高级会计》
11	10	2019年6月23日王霞《中级会计》	2019年6月23日	王霞	《中级会计》
12					

图8-51

经验之谈

本例提取不同信息时有多种公式的编写方法，例如提取课程名称时还可使用以下公式：

=MID(B2,FIND("《",B2),LEN(B2)-FIND("《",B2)+1)

=MID(B2,SEARCH("《*》",B2),LEN(B2)-SEARCH("《*》",B2)+1)

知识总结

学习完本章后如何根据文本函数的作用对其进行归类？哪些函数可以计算文本字符数量？哪些函数可以提取字符？哪些函数可以从指定字符串中查找或替换内容？哪些函数可以对字母执行大小写转换？又有哪些函数可以实现数据的格式转换？

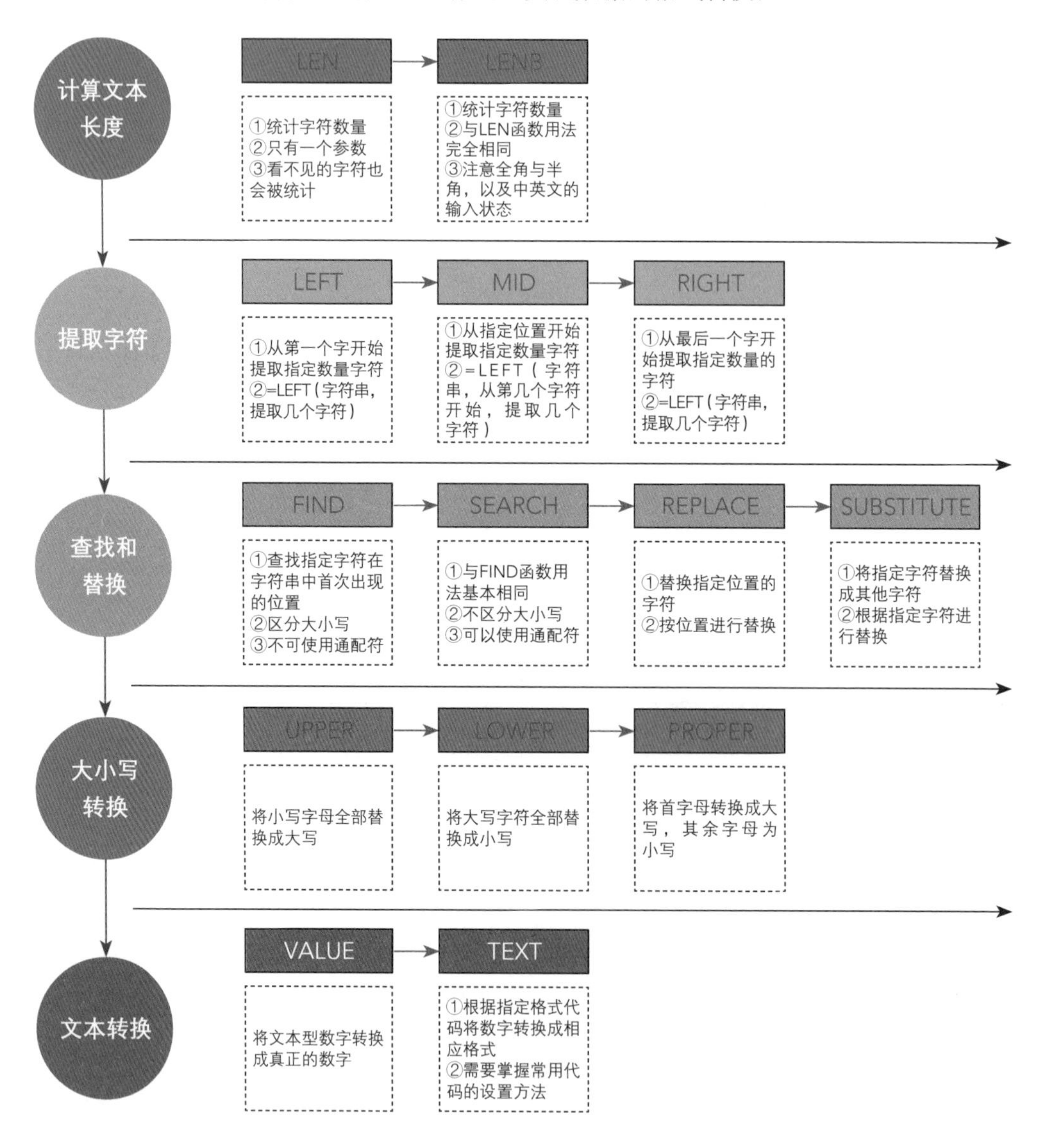

第9章

理清资产折旧及投资理财难题

Excel提供了许多财务函数，这些函数大致可分为四类：投资计算函数、折旧计算函数、偿还率计算函数、债券及其他金融函数。这些函数为财务分析提供了极大的便利。利用这些函数可以进行一般的财务计算，如确定贷款的支付额、投资的未来值或净现值，以及债券或息票的价值等。本章将对常用的财务函数进行讲解。

9.1 计算固定资产折旧值

计算固定资产折旧值时常用到DB、DDB、VDB、SYD等函数。下面将对这些函数的使用方法进行详细介绍。

▶扫一扫 看视频◀

9.1.1 使用固定余额递减法计算资产折旧值 | DB

DB函数使用固定余额递减法计算一笔资产在给定期间内的折旧值。

DB函数有5个参数，语法格式如下：

=DB(❶资产原值，❷资产残值，❸折旧期限，❹需要计算折旧值的期间，❺第一年的月份数)

参数释义：

- 参数1：固定资产原值。
- 参数2：资产使用年限结束时的估计残值。
- 参数3：进行折旧计算的周期总数，也称固定资产的生命周期。
- 参数4：进行折旧计算的期次，它必须和参数3使用相同的单位。
- 参数5：第一年的使用月数，例如资产为10月购入，那么第一年的使用月数为3个月，该参数应设置为3。若忽略该参数，则默认值为12（默认1月购入）。

假设某纺织厂花费200000元购买了一台生产设备，使用年限为5年，5年后估计残值为15000元。计算在这5年中，这台设备每年折旧值分别为多少。

选择E2单元格，输入公式“=DB($B$1,$B$2,$B$3,ROW(A1),$B$4)”，计算出第一年的折旧值，随后将公式向下方填充，即可计算出该设备各年的折旧值，如图9-1所示。

E2 =DB($B$1,$B$2,$B$3,ROW(A1),$B$4)

	A	B	C	D	E	F
1	资产原值	200000		时间段	资产折旧值	
2	资产残值	15000		第一年	¥46,166.67	
3	使用年限	8		第二年	¥42,611.83	
4	第一年的使用月数	10		第三年	¥30,808.36	
5				第四年	¥22,274.44	
6				第五年	¥16,104.42	
7				第六年	¥11,643.50	
8				第七年	¥8,418.25	
9				第八年	¥6,086.39	
10						

图9-1

公式解析

本例公式中的“ROW(A1)”作用是获取期间值。第一个公式的期间值为1，当公式向下方填充期间值会自动累计加1。

现学现用

若资产原值为50万元，10年后折旧为2000元，要求计算第5年的折旧值应该如何编写公式？

提示一下，使用DB函数计算，50万作为参数1，2000作为参数2，10作为参数3，5作为参数4，为指明资产投入使用的月份，则忽略参数5，表示第1年的使用期限为12个月。

公式：**=DB(500000,2000,10,5)**

9.1.2 使用双倍余额递减法计算资产折旧值 | DDB

DDB函数采用双倍余额递减法计算一笔资产在给定期间内的折旧值。

DDB函数有5个参数，语法格式如下：

=DDB(❶资产原值，❷资产残值，❸折旧期限，❹需要计算折旧值的期间，❺余额递减率)

参数释义：

- **参数1：**表示资产原值。
- **参数2：**资产残值可以是0和资产原值之间的任意数值。
- **参数3：**折旧期限可以年为单位，也可以月为单位。
- **参数4：**需要与参数3的单位相同。
- **参数5：**为可选参数，表示余额递减速率。若忽略该参数，则采用默认值2（双倍余额递减）。

假设某公司花费1500000元采购了一台设备，使用期限为10年，10年后折旧值为30000元。计算这10年中该设备每年折旧值分别为多少？

选择E2单元格，输入公式“=DDB($B$1,$B$3,$B$2,ROW(A1))”，按下Enter键返回使用双倍余额递减法计算出的第一期的资产折旧值，随后将公式向下方填充，计算出其他各年的折旧值，如图9-2所示。

E2 =DDB($B$1,$B$3,$B$2,ROW(A1))

	A	B	C	D	E	F
1	资产原值	1500000		时间段	资产折旧值	
2	使用年限	10		第一期	¥300,000.00	
3	折余价值	30000		第二期	¥240,000.00	
4				第三期	¥192,000.00	
5				第四期	¥153,600.00	
6				第五期	¥122,880.00	
7				第六期	¥98,304.00	
8				第七期	¥78,643.20	
9				第八期	¥62,914.56	
10				第九期	¥50,331.65	
11				第十期	¥40,265.32	

图9-2

9.1.3 使用双倍余额递减法计算任何期间的资产折旧值 | VDB

VDB函数使用双倍余额递减法或其他指定的方法，计算给定的任何期间内的资产折旧值。

VDB函数共有7个参数，语法格式如下：

=VDB(❶资产原值，❷资产残值，❸折旧期限，❹进行折旧计算的起始时间，❺进行折旧计算的截止时间，❻余额递减率，❼是否转用线性折旧法)

参数释义： 参数7是逻辑值，指定当折旧值大于余额递减计算值时，是否转用线性折旧法。若使用TRUE，即使折旧值大于余额递减计算值，也不转用线性折旧法；若使用FALSE或忽略此参数，则折旧值大于余额递减计算值时转用线性折旧法。

假设某公司购置了一台设备，共花费500000元。使用期限为6年，6年后折旧值为23000元。请根据要求计算不同时期的设备折旧金额。

使用下列公式分别计算出相应时间段的资产折旧值，如图9-3所示。

第1天资产折旧值：=VDB(B1,B3,B3*365,0,1)。

前100天资产折旧值：=VDB(B1,B2,B3*365,1,100)。

第1个月资产折旧值：=VDB(B1,B2,B3*12,0,1)。

第6至12个月资产折旧值：=VDB(B1,B2,B3*12,6,12)。

最后2个月资产折旧值：=VDB(B1,B2,B3*12,B3*12−2,B3*12)。

第2年资产折旧值：=VDB(B1,B2,B3,0,2)。

第1至3年资产折旧值：=VDB(B1,B2,B3,1,3)。

	A	B	C	D	E	F
1	资产原值	500000		时间段	资产折旧值	
2	资产残值	23000		第1天	¥456.62	=VDB(B1,B3,B3*365,0,1)
3	使用年限	6		前100天	¥43,201.54	=VDB(B1,B2,B3*365,1,100)
4				第1个月	¥13,888.89	=VDB(B1,B2,B3*12,0,1)
5				第6至12个月	¥65,664.16	=VDB(B1,B2,B3*12,6,12)
6				第2年	¥8,676.80	=VDB(B1,B2,B3*12,6,12)
7				最后2个月	¥277,777.78	=VDB(B1,B2,B3*12,B3*12-2,B3*12)
8				第1至3年	¥185,185.19	=VDB(B1,B2,B3,1,3)
9						

图9-3

公式解析

本例公式根据资产原值、资产残值及使用年限等信息，利用 VDB 函数计算资产在任意期间的折旧值。这个“任意期间”可以是从使用期限的第一天到最后一天的任意时间段，单位可以是天、月或年。

经验之谈

虽然VDB和DDB函数都可以根据指定的余额递减速率计算资产折旧值，但是VDB函数无法处理任意天数的折旧计算，因此，相比较而言VDB函数比DDB函数更灵活、使用范围更广。

9.1.4 使用年限总和折旧法计算折旧值 | SYD

SYD函数的作用是根据年限总和折旧法计算某项资产指定期间的折旧值。

SYD函数有4个参数，语法格式如下：

=SYD(❶资产原值，❷资产残值，❸折旧期限，❹需要计算折旧的期间)

假设某公司花费550000元购入了一台设备，使用期限为12年，12年后估计折旧值为50000元。计算这12年中每年的折旧金额。

选择E2单元格，输入公式“=SYD($B$1,$B$2,$B$3,ROW(A1))”，按下Enter键返回第一年的资产折旧值，随后向下方填充公式，即可计算出其他年各年的资产折旧值，如图9-4所示。

E2 =SYD($B$1,$B$2,$B$3,ROW(A1))

	A	B	C	D	E	F
1	资产原值	550000		时间段	资产折旧值	
2	资产残值	50000		第一年	¥100,000.00	
3	使用年限	9		第二年	¥88,888.89	
4				第三年	¥77,777.78	
5				第四年	¥66,666.67	
6				第五年	¥55,555.56	
7				第六年	¥44,444.44	
8				第七年	¥33,333.33	
9				第八年	¥22,222.22	
10				第九年	¥11,111.11	

图9-4

9.2 用函数计算存款与贷款利息

在工作和生活中经常遇到投资和贷款需要计算利息的情况，此时可根据实际情况来分析，以确定哪种投资或贷款方式最合适。本节将介绍几种常用的利息和利率计算函数。

9.2.1 根据投资金额、投资年数及目标收益计算年增长率 | RATE

RATE函数可返回年金的各期利率。

RATE函数有6个参数，语法格式如下：

=RATE(❶投资年限，❷各期付款额，❸本金，❹未来值，❺付款时间，❻预期利率)

参数释义：

- 参数1：总投资或贷款期，即该项投资或贷款的付款期总数。
- 参数2：各期应收取（或支付）的金额，其数值在整个年金期间保持不变。
- 参数3：一系列未来付款的现值总额（本金）。
- 参数4：未来值或在最后一次付款后可获得的现金余额。此参数为可选参数，若忽略，则默认为0。
- 参数5：用于指定付款时间在期初还是期末，用数字0或1表示。1表示付款在期初；0或忽略表示付款在期末。
- 参数6：给定的预期利率。该参数为可选参数，若忽略则假设该值为10%。

假设某项投资金额为500000元，投资年限为5年，假设收益金额为1200000元。现在需要计算年增长率。

选择B4单元格，输入公式“=RATE(B2,0,-B1,B3)”，按下Enter键后即可根据给定的投资条件计算出年增长率，如图9-5所示。

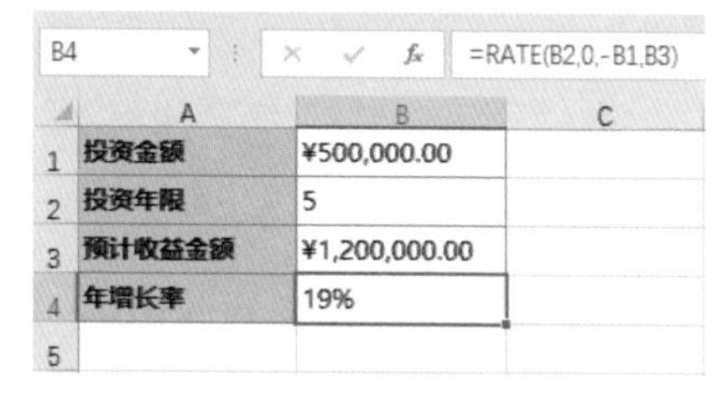

B4 =RATE(B2,0,-B1,B3)

	A	B	C
1	投资金额	¥500,000.00	
2	投资年限	5	
3	预计收益金额	¥1,200,000.00	
4	年增长率	19%	
5			

图9-5

公式解析

本例公式根据投资金额、投资年限及预计收益金额计算年增长率。参数 1 是投资年限；由于是一次性投资，不使用参数 2，因此参数 2 为 0；参数 3 是投资的金额，为支出款项，因此前面加负号；参数 4 为预计获得的现金总额；参数 5 为 0（期末付款）被忽略；参数 6 是预计的收入金额，此处被忽略，使用默认的逾期利率（10%）。

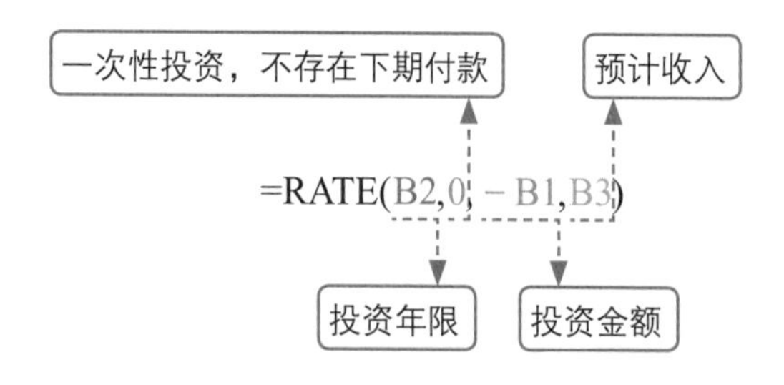

经验之谈

RATE函数的内部计算是通过迭代计算完成的，其计算结果可能存在偏差，偏差通常在0.0000001左右。

9.2.2 根据银行初期存款额、定期存款额、存款年限计算利息 | RATE

假设某人在银行存款3万元，之后每年追加存款1万元，5年后总存款达到10万元，下面将计算其利息。

选择B5单元格，输入公式“=RATE(B2,−B3,−B1,B4)”，按下Enter键即可计算出利息，如图9-6所示。

B5 =RATE(B2,-B3,-B1,B4)

	A	B	C	D
1	初期存款额	¥30,000.00		
2	存款年限	5		
3	各期存款额	¥10,000.00		
4	预计最终存款额	¥100,000.00		
5	利息	7%		
6				

图9-6

公式解析

本例公式参数2.参数3都是投资,属于支出金额，因此都加负号。

9.2.3 根据保险金额、年限及每年返还金额计算收益率 | RATE

假设某项保险业务需要一次性缴纳64000元，保险期限为30年，若保险期限内没有出险，则每年年底返还5500元。下面将计算在没有出险的情况下该保险的收益率。

选择B4单元格，输入公式“=RATE(B2,B3,−B1)”，按下Enter键后即可计算出这项保险的收益率，如图9-7所示。

B4 =RATE(B2,B3,-B1)

	A	B	C	D
1	保险金额	¥64,000.00		
2	保险年限	30		
3	每年返还金额	¥5,500.00		
4	保险收益率	8%		
5				

图9-7

公式解析

本例公式用 RATE 函数计算年利率，参数 1 为保险年限；参数 2 为各期收益金额，为正数；参数 3 是投资的保险金额，属于支出为负数。其余参数忽略。

9.2.4 根据利息和存款金额计算存款额达到目标数需要多少个月 | NPER

NPER函数用于以基于固定利率及等额分期付款的方式返回某项投资（或贷款）的总期数。

NPER函数有5个参数，语法格式如下：

=NPER(❶各期利率，❷各期还款额，❸本金，❹现金余额，❺各期付款时间)

参数释义：

- **参数1：**各期利率，例如当利率为7%时，使用7%/4可以计算出一个季度的还款额。
- **参数2：**各期应支付的金额。
- **参数3：**现值，即本金。
- **参数4：**未来值，即最后一次付款后希望得到的现金余额。
- **参数5：**指定各期的付款时间是在期初还是期末。0表示付款时间为期末，1表示付款时间为期初。

假设某人向银行存款100000元，年利息为8.35%，要求计算存款达到120000时需要几个月。

选择B4单元格，输入公式"=NPER(B2,0,−B1,B3)*12"，按下Enter键后即可计算出要想达到目标金额需要的存款月数，如图9-8所示。

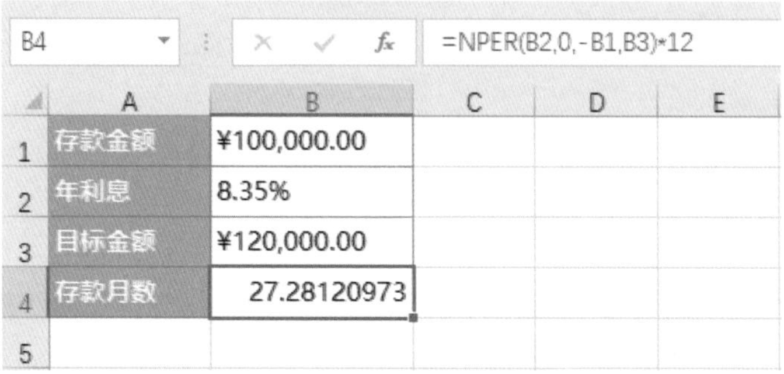

B4 =NPER(B2,0,-B1,B3)*12

	A	B	C	D	E
1	存款金额	¥100,000.00			
2	年利息	8.35%			
3	目标金额	¥120,000.00			
4	存款月数	27.28120973			
5					

图9-8

公式解析

本例公式使用 NPER 函数通过已知的存款金额、年利息及目标金额计算存款加上利息达到 12 万元需要的存款月数。由于参数 3 表示银行存款为现金支出，必须是负数，而参数 4 为收益金额，则用正数。NPER 函数返回的结果以年为单位，因此需要乘以 12，将年转换成月。

9.2.5 计算等额等息贷款的还款年限 | NPER

▶扫一扫 看视频◀

假设某人向银行贷款280000元，年利率为5.26%，每月向银行还款2000元，现在需要计算还款年限。

选择B4单元格，输入公式"=NPER(B2,−B3*12,B1)"，按下Enter键后即可计算出还款年限，如图9-9所示。

B4 =NPER(B2,-B3*12,B1)

	A	B	C	D
1	贷款总金额	¥280,000.00		
2	年利率	5.26%		
3	每月还款额	¥2,000.00		
4	还款年限	18.55235299		
5				

图9-9

公式解析

本例公式中的参数 2 是每月还款额，属于支出因此为负数，乘以 12 表示每年还款额。

9.2.6 根据年利率、每次存款金额及存款年限计算本金与利息总和 | FV

FV函数用于以基于固定率及等额分期付款方式返回某项投资的未来值。

FV函数有5个参数，语法格式如下：

=FV(❶各期利率，❷总投资期数，❸各期应付金额，❹本金，❺还款时间)

参数释义：

- **参数1：**各期利率。
- **参数2：**总投资期数及该项投资的付款总期数。
- **参数3：**各期支出的金额，在整个投资期内不变。
- **参数4：**现值，即从该项投资开始计算已经入账的款项，或一系列未来付款的当前值的累计和，也称为本金，若忽略则默认为0。
- **参数5：**指定付款时间是期初还是期末。用数字0或1表示，0表示付款时间为期末，1表示付款时间为期初。

假设某人连续5年每月向银行存款2000元，年利率为8.3%，现需要计算5年后账户中本金与利息的总金额。

选择B4单元格，输入公式"=FV(B1,B3,-B2*12,0)"，按下Enter键即可计算出给定条件下存款的本金与利息总和，如图9-10所示。

B4 =FV(B1,B3,-B2*12,0)

	A	B	C	D
1	年利率	8.30%		
2	每月存款金额	¥2,000.00		
3	存款年限	5		
4	本金与利息总和	¥141,643.11		
5				

图9-10

公式解析

本例公式使用 FV 函数根据存款的利息、每年存款金额和存款期数计算本金与利息总和。由于条件中给出的是每月存款金额，因此需要乘以 12 得到每年的存款金额。期初的余额按 0 元计算，故参数 4 为 0。

9.2.7 根据年利率、每月扣除金额及年限计算住房公积金 | FV

假设某位职工所在的公司为其提供住房公积金待遇，每月从工资中扣除1000元住房公积金，然后按年利率20%返还，现需要计算两年后住房公积金金额。

选择B4单元格，输入公式“=FV(B2/12,B3,−B1)”，按下Enter键即可返回计算结果，如图9-11所示。

B4 =FV(B2/12,B3,-B1)

	A	B	C
1	每月扣款金额	¥1,000.00	
2	年利率	20%	
3	交款期数	24	
4	公积金账户余额	¥29,214.88	
5			

图9-11

公式解析

本例扣款和交款期数都是以月为单位，故年利率除以 12，转换成月利率，再进行计算。

9.2.8 根据月支付金额、回报率及支付年限计算投资未来现值 | PV

PV函数用于计算投资的现值，即指定利率、年限及收益的条件下，首期需要投资的金额。

PV函数有5个参数，语法格式如下：

=PV(❶各期利率，❷总投资（或贷款）期数，❸各期应付金额，❹未来值，❺还款时间在期初还是期末)

假设某人投资了一个银行理财产品，每月月底支付600元，投资回报率为11.25%，支付年限为15年，现在需要计算这笔投资的未来现值。

选择B4单元格，输入公式“=PV(B2/12,B3*12,−B1)”，按下Enter键即可返回计算结果，如图9-12所示。

B4 =PV(B2/12,B3*12,-B1)

	A	B	C	D
1	每月支付	¥600.00		
2	年回报率	11.25%		
3	支付年限	15		
4	投资未来现值	¥52,067.76		
5				

图9-12

9.2.9 计算多个项目在相同利益条件下投资更少的项目 | PV

假设某公司有6个待定的投资项目，每个项目的投资年限和年利率已经详细罗列在图9-13中。现在需要计算在收益金额为1000000元的前提下，各项目的投资金额分别为多少及哪个项目投入的资金最少。

使用PV函数根据已知的年利率、投资年限及预期收益金额可计算出每个项目的投资金额。选择D2单元格，输入公式“=PV(B2,C2,0,1000000)”，随后将公式向下方填充即可计算出每个项目的投资金额，如图9-13所示。

D2 =PV(B2,C2,0,1000000)

	A	B	C	D	E
1	项目	年利率	投资年限	投资金额	
2	项目1	18.23%	3	¥-605,085.76	
3	项目2	15.50%	5	¥-486,508.10	
4	项目3	17.66%	4	¥-521,776.63	
5	项目4	12.11%	6	¥-503,655.85	
6	项目5	13.05%	7	¥-423,746.41	
7	项目6	16.50%	5	¥-465,983.32	
8					

图9-13

若直接计算出哪个项目的投资金额最少及这个项目的具体投资金额，则可以分别使用两个数组公式。

选择F2单元格，输入数组公式“=INDEX(A2:A7,MATCH(MAX(PV(B2:B7,C2:C7,0,1000000)),PV(B2:B7,C2:C7,0,1000000),0))”，随后按下Ctrl+Shift+Enter组合键可返回投资金额最少的项目，如图9-14所示。

然后计算投资最少的项目的具体投资金额是多少。选择G2单元格，输入数组公式“=MAX(PV(B2:B7,C2:C7,0,1000000))”，随后按下Ctrl+Shift+Enter组合键即可返回投资金额最少的项目需要投资的具体金额，如图9-15所示。

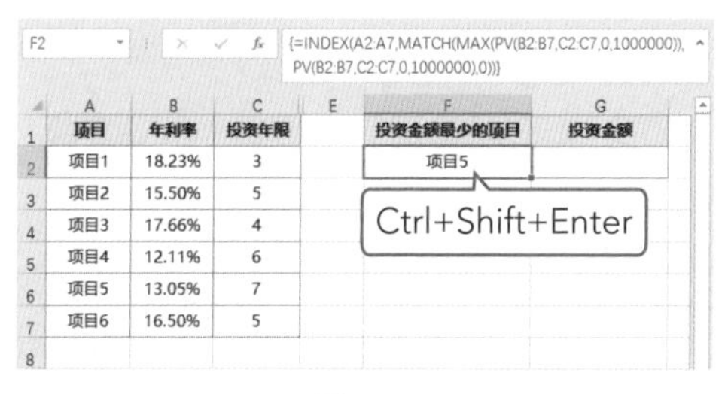

图9-14

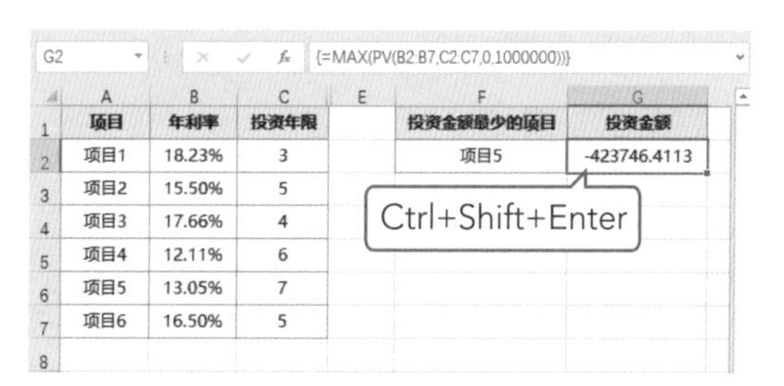

图9-15

公式解析

本例使用两个数组公式，第一个数组公式先利用 PV 函数计算出所有项目在预计 100 万元收益金额的条件下，每个项目需要投入多少资金。因投资金额是支出故返回负数，计算最少投资金额应使用 MAX 函数。当计算出最少投资金额后，再用 MATCH 函数计算它在所有项目投资金额中的排位。INDEX 函数根据该排位提取对应项目名称。

第二个数组公式是第一个数组公式中计算最少投资金额的那一部分。

9.2.10 根据贷款、利率和贷款年限计算需要偿还的本金 | CUMPRINC

CUMPRINC函数用于返回一笔贷款在给定的时间段中累计偿还的本金数。

CUMPRINC函数有6个参数，语法格式如下：

=CUMPRINC(❶利率, ❷总付款期数, ❸现值, ❹待计算利息的首期, ❺待计算利息的末期, ❻付款时间)

参数释义：

- **参数4：** 不得小于1或大于贷款期数，也不可大于参数5。
- **参数5：** 不得小于参数4，也不得大于贷款期数。
- **参数6：** 付款时间的类型，用1或0表示，1表示期初付款，0或忽略表示期末付款。

假设公司向银行贷款1200000元，年利息为8.22%，贷款年限为5年，要求按月还款。现需要计算第二年需支付的本金金额。

选择D2单元格，输入公式“=CUMPRINC(B2/12,B3*12,B1,B4,B5,0)”，按下Enter键即可计算出第二年需支付的本金金额，如图9-16所示。

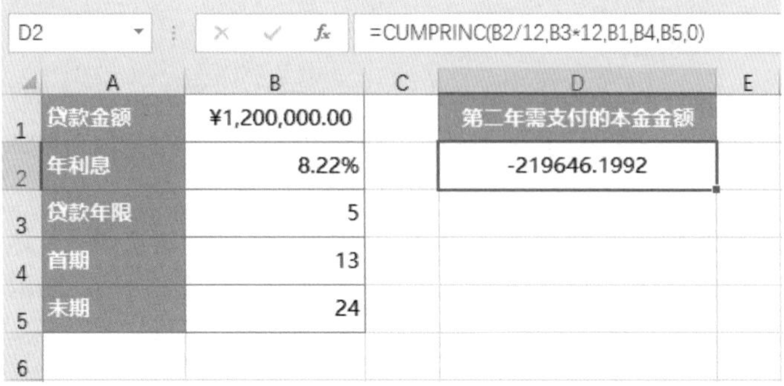

D2 =CUMPRINC(B2/12,B3*12,B1,B4,B5,0)

	A	B	C	D	E
1	贷款金额	¥1,200,000.00		第二年需支付的本金金额	
2	年利息	8.22%		-219646.1992	
3	贷款年限	5			
4	首期	13			
5	末期	24			
6					

图9-16

公式解析

本例公式使用 CUMPRINC 函数，根据贷款金额、年利息及贷款年限计算第二年需支付的本金金额。其中年利息除以 12 可以得到月利息，贷款年限除以 12 则得到贷款的总月数。参数 4、参数 5 为需要计算利息的首期和末期（即第 13 ~ 24 个月）。

① 公式结果为负数，是因为偿还的金额属于现金支出。

② 若参数2～参数5使用了小数，那么公式会自动对其做截尾处理，以整数进行运算。

9.2.11 根据贷款、年利息和贷款年限计算指定时间内的利息 | CUMIPMT

CUMIPMT函数用于返回一笔贷款在给定的时间中累计偿还的利息金额。

CUMIPMT函数有6个参数，语法格式如下：

=CUMIPMT(❶利息，❷总付款期数，❸现值，❹待计算利息的首期，❺待计算利息的末期，❻付款时间)

经验之谈

CUMIPMT函数的语法格式和CUMPRINC函数完全相同，它们区别是CUMIPMT函数用于计算利息，CUMPRINC函数用于计算本金。

这次仍然使用9.2.10节用过的案例，不过这次需要根据给定的条件计算第二年需支付的利息金额。

选择D2单元格，输入公式“=CUMIPMT(B2/12,B3*12,B1,B4,B5,0)”，按下Enter键后即可返回第二年需支付的利息金额，如图9-17所示。

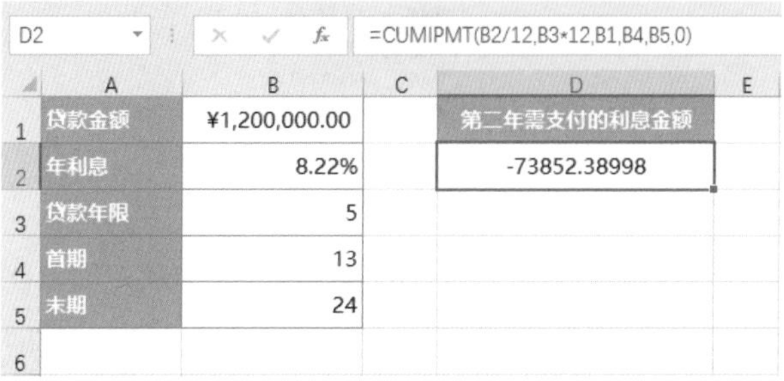

D2　=CUMIPMT(B2/12,B3*12,B1,B4,B5,0)

	A	B	C	D	E
1	贷款金额	¥1,200,000.00		第二年需支付的利息金额	
2	年利息	8.22%		-73852.38998	
3	贷款年限	5			
4	首期	13			
5	末期	24			
6					

图9-17

现学现用

如果需要计算本金和利息的总数，该如何编写公式？

其实非常简单，只需将CUMPRINC函数与CUMIPMT相加。

拓展练习　根据固定资产清单计算累计折旧金额

根据固定资产清单中记录的资产信息完成下列折旧计算。

① 计算指定期间的折旧值。

② 前3年折旧金额汇总。

③ 前10个月折旧金额汇总。

Step 01 选择E2单元格，输入公式“=SYD($B$1,$B$3,$B$2,MID(D2,2,1))”，按下Enter键计算出第2年的折旧值，随后将公式向下方填充，计算出所有期间的折旧值，如图9-18所示。

	A	B	C	D	E	F
1	资产原值	¥550,000.00		折旧时间	折旧值	
2	使用年限	8		第2年	¥105,000.00	
3	资产残值	¥10,000.00		第5年	¥60,000.00	
4				第6年	¥45,000.00	
5				第7年	¥30,000.00	
6				第3年	¥90,000.00	
7				第8年	¥15,000.00	
8						

图9-18

Step 02 选择G2单元格，输入公式“=SUMPRODUCT(SYD(B1,B3,B2,ROW(1:3)))”，按下Enter键计算出前三年折旧值汇总，如图9-19所示。

G2　=SUMPRODUCT(SYD(B1,B3,B2,ROW(1:3)))

	A	B	C	D	E	F	G	H
1	资产原值	¥550,000.00		折旧时间	折旧值		前三年折旧值汇总	
2	使用年限	8		第2年	¥105,000.00		¥315,000.00	
3	资产残值	¥10,000.00		第5年	¥60,000.00		前10个月折旧值汇总	
4				第6年	¥45,000.00			
5				第7年	¥30,000.00			
6				第3年	¥90,000.00			
7				第8年	¥15,000.00			
8								

图9-19

Step 03 选择G4单元格，输入公式“=SUMPRODUCT(SYD(B1,B3,B2*12,ROW(1:10)))”，按下Enter键即可计算出前10个月折旧值汇总，如图9-20所示。

G4　=SUMPRODUCT(SYD(B1,B3,B2*12,ROW(1:10)))

	A	B	C	D	E	F	G	H
1	资产原值	¥550,000.00		折旧时间	折旧值		前三年折旧值汇总	
2	使用年限	8		第2年	¥105,000.00		¥315,000.00	
3	资产残值	¥10,000.00		第5年	¥60,000.00		前10个月折旧值汇总	
4				第6年	¥45,000.00		¥106,121.13	
5				第7年	¥30,000.00			
6				第3年	¥90,000.00			
7				第8年	¥15,000.00			
8								

图9-20

知识总结

除了财务人员常用之外，财务函数在其他行业中使用相对较少，但是这并不说明这些函数不重要，只是这些函数的针对性比较强。财务人员可以使用财务函数计算资产折旧、投资或存款的利息及内部收益等。下图为重要的财务函数图。回顾本章所学内容，自我检测对这些函数的掌握情况。

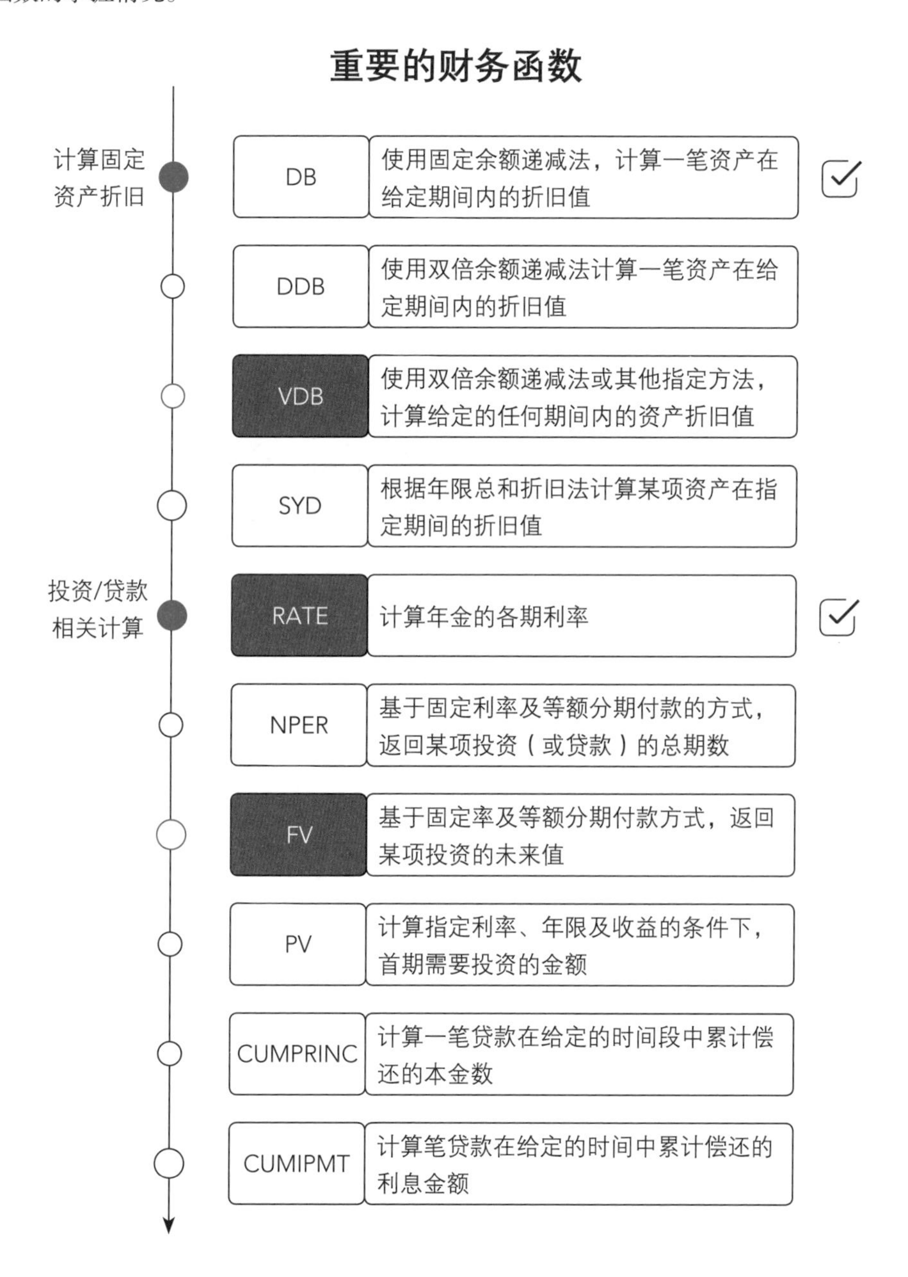

第10章

公式在条件格式与数据验证中的应用

条件格式和数据验证是Excel中两项很强大的数据分析工具，如果使用公式设置条件格式的规则，或用公式设置数据验证的条件,则可以达到常规数据分析无法达到的效果。

10.1 设置条件格式突出重要数据

条件格式能够利用条形、颜色或图标以更直观的方式突出显示重要的数据，从而使数据更易读。下面将介绍如何使用公式设置条件格式规则。

▶扫一扫 看视频◀

10.1.1 当录入重复的产品名称时自动突出显示

为了防止输入重复的数据，可以提前为单元格区域设置条件格式，例如，当在报价单中输入重复的产品名称时，使其以红色带删除线的样式显示。

首先选择需要设置条件格式的单元格区域，此处选择B2:B15单元格区域，在“开始”选项卡中的“样式”组内单击“条件格式”下拉按钮，在展开的列表中选择“新建规则”，如图10-1所示。

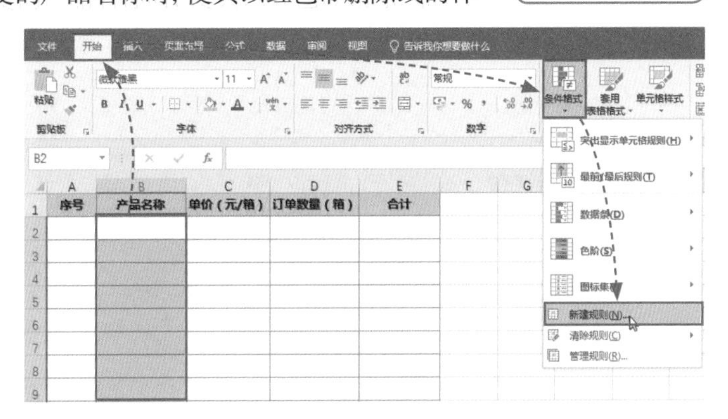

图10-1

随后系统会弹出“新建格式规则”对话框，选择格式类型为“使用公式确定要设置格式的单元格”，在文本框中输入公式“=COUNTIF(B$2:B2,B2)>1”，单击“格式”按钮，如图10-2所示。

此时会打开“设置单元格格式”对话框，在“字体”选项卡中设置好字体颜色并勾选“删除线”复选框，单击“确定”按钮完成设置，如图10-3所示。

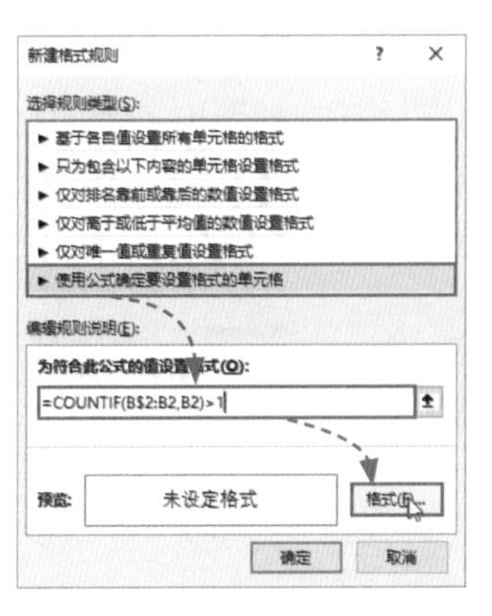

图10-2

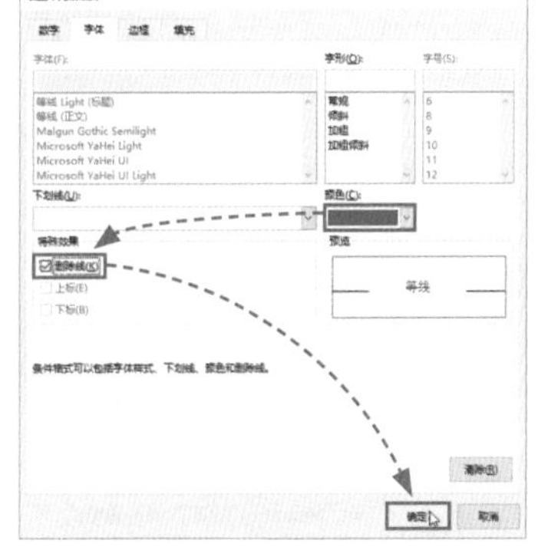

图10-3

最后返回到工作表，在B2:B15单元格区域中输入内容，产品名称出现重复时会自动变成红色加删除线的效果，如图10-4所示。

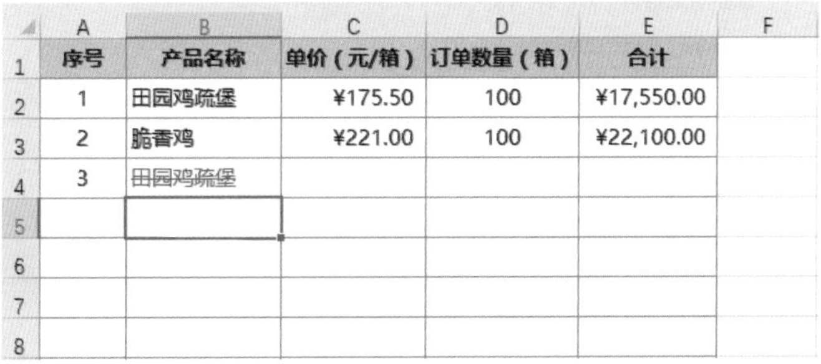

	A	B	C	D	E	F
1	序号	产品名称	单价（元/箱）	订单数量（箱）	合计	
2	1	田园鸡疏堡	¥175.50	100	¥17,550.00	
3	2	脆香鸡	¥221.00	100	¥22,100.00	
4	3	~~田园鸡疏堡~~				
5						
6						
7						
8						

图10-4

10.1.2 突出显示每月最高销量

在商品销量表中，各种商品每月的销量是按行记录的，下面将使用公式自定义条件格式将每种商品的最高销量及最低销量突出显示出来。

选择B2:G10单元格区域，在“开始”选项卡中单击“条件格式”选项，选择“新建规则”选项，如图10-5所示。

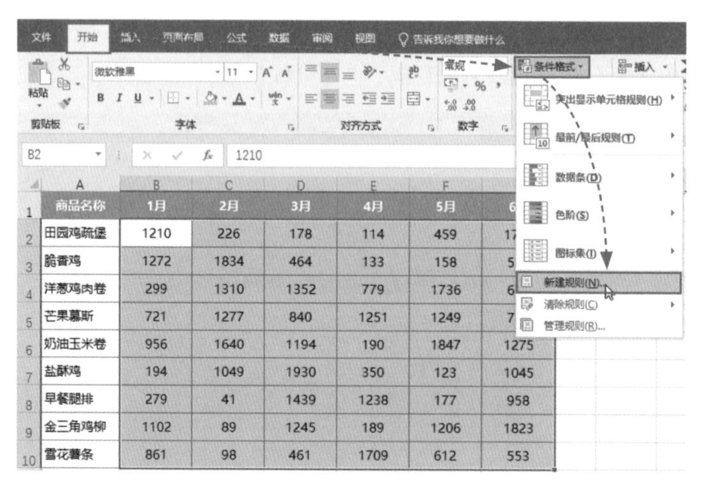

	A	B	C	D	E	F	G
1	商品名称	1月	2月	3月	4月	5月	6
2	田园鸡疏堡	1210	226	178	114	459	17
3	脆香鸡	1272	1834	464	133	158	5
4	洋葱鸡肉卷	299	1310	1352	779	1736	6
5	芒果慕斯	721	1277	840	1251	1249	7
6	奶油玉米卷	956	1640	1194	190	1847	1275
7	盐酥鸡	194	1049	1930	350	123	1045
8	早餐腿排	279	41	1439	1238	177	958
9	金三角鸡柳	1102	89	1245	189	1206	1823
10	雪花薯条	861	98	461	1709	612	553

图10-5

打开“新建格式规则”对话框，选择“使用公式确定要设置格式的单元格”，输入公式“=B2=MAX($B2:$G2)”，单击“格式”按钮，如图10-6所示。

在“设置单元格格式”对话框中设置字体效果为“加粗”，颜色为“红色”，单击“确定”按钮，如图10-7所示。

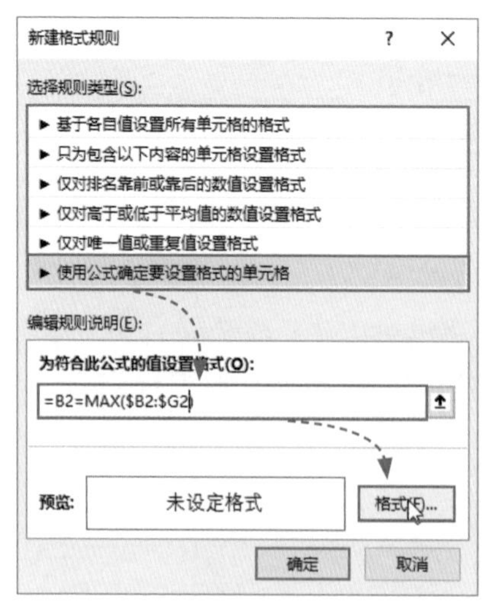

图10-6

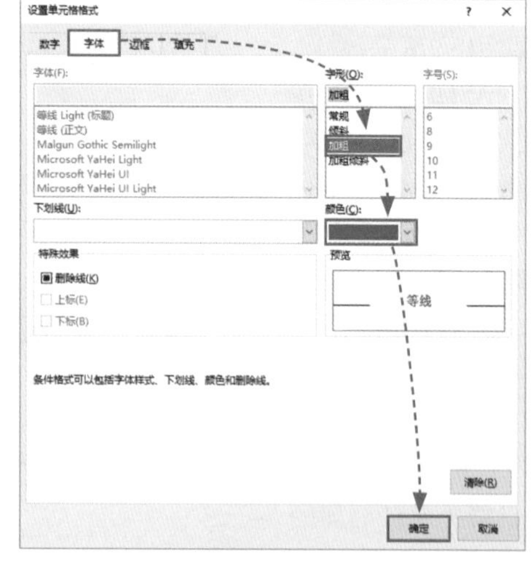

图10-7

此时所选单元格区域中每种产品的最高销量已经全部突出显示出来了。继续设置条件格式将商品的最低销量突出显示出来。

保持所选区域不变，再次打开“新建格式规则”对话框，设置公式为“=B2=MIN($B2:$G2)”，单击“格式”按钮，如图10-8所示。

打开“设置单元格格式”对话框，设置字体颜色为“蓝色”，如图10-9所示。

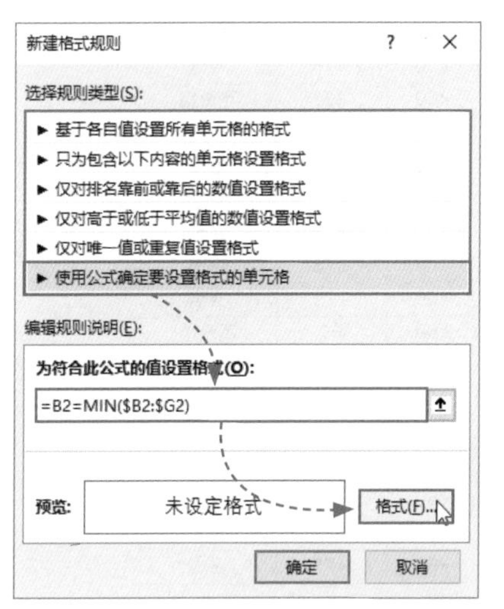

图10-8

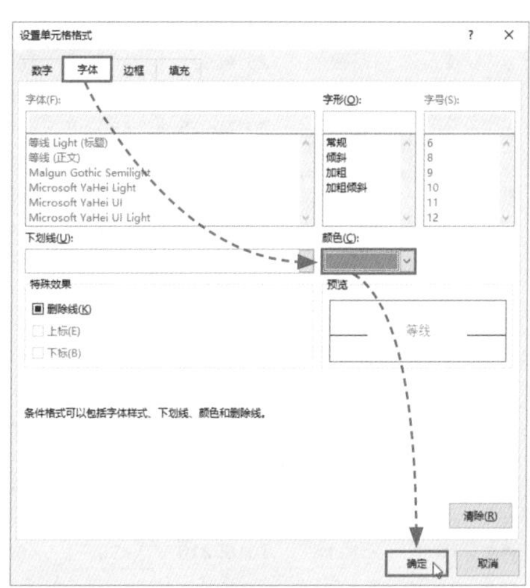

图10-9

最后返回工作表，此时每种商品的最高和最低销量已经以不同的格式突出显示出来了，如图10-10所示。

	A	B	C	D	E	F	G	H
1	商品名称	1月	2月	3月	4月	5月	6月	
2	田园鸡疏堡	1210	226	178	114	459	**1783**	
3	脆香鸡	1272	**1834**	464	133	158	520	
4	洋葱鸡肉卷	299	1310	1352	779	**1736**	633	
5	芒果慕斯	721	**1277**	840	1251	1249	786	
6	奶油玉米卷	956	1640	1194	190	**1847**	1275	
7	盐酥鸡	194	1049	**1930**	350	123	1045	
8	早餐腿排	279	41	**1439**	1238	177	958	
9	金三角鸡柳	1102	89	1245	189	1206	**1823**	
10	雪花薯条	861	98	461	**1709**	612	553	
11								

图10-10

10.1.3 将抽检不合格的产品整行突出显示

各品牌油漆的抽检结果用文本“合格”与“不合格”表示，如图10-11所示。现需要将“不合格”的品牌整行突出显示，可以执行如下操作。

编号	品牌	生产批次	铅	汞	镉	六价铬	抽检结果
1	环保	20180925	<90	<60	<60	<75	合格
2	大象	20180212	55	<60	<60	200	不合格
3	艳阳	20180925	<90	<60	<60	<75	合格
4	沉淀色	20180925	<90	<60	<60	<75	合格
5	多乐多	20180922	320	<60	<60	<75	不合格
6	索拉艾米	20180924	<90	<60	<60	<75	合格
7	萨拉米	20180924	<90	<60	<60	<75	合格
8	好色彩	20180922	<90	<60	<60	<75	合格
9	明媚	20180924	<90	43	<60	88	不合格
10	凯利宝	20180925	<90	<60	<60	56	合格
11	三森	20180922	250	120	<60	<75	不合格
12	小明尼奥	20180210	<90	<60	<60	<75	合格
13	哒哒吧	20180924	<90	100	<60	<75	合格
14	凯瑟琳	20180210	<90	<60	<60	44	合格
15	紫薇花	20180210	<90	<60	<60	<75	合格
16	石丽卜	20180210	<90	<60	<60	<75	合格

图10-11

选择B2:H16单元格区域，打开“新建格式规则”对话框，选择“使用公式确定要设置格式的单元格”，输入公式“=$H2="不合格"”。随后单击“格式”按钮，如图10-12所示。打开“设置单元格格式”对话框，设置一个满意的填充效果，单击“确定”按钮，如图10-13所示。

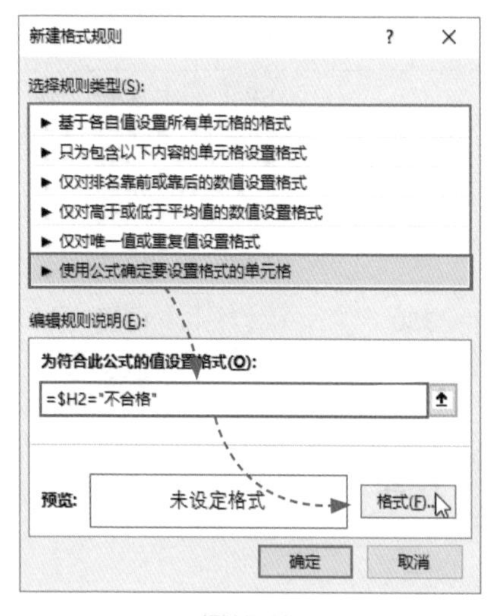

图10-12

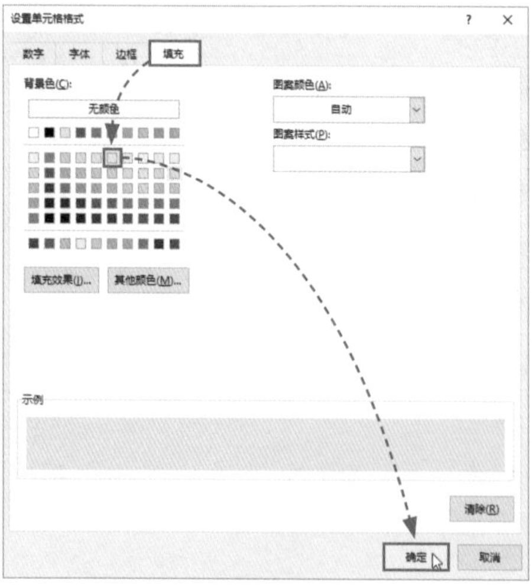

图10-13

最后返回工作表，此时可以看到所有抽检不合格的产品已经整行突出显示出来了，如图10-14所示。

编号	品牌	生产批次	铅	汞	镉	六价铬	抽检结果
1	环保	20180925	<90	<60	<60	<75	合格
2	大象	20180212	55	<60	<60	200	不合格
3	艳阳	20180925	<90	<60	<60	<75	合格
4	沉淀色	20180925	<90	<60	<60	<75	合格
5	多乐多	20180922	320	<60	<60	<75	不合格
6	索拉艾米	20180924	<90	<60	<60	<75	合格
7	萨拉米	20180924	<90	<60	<60	<75	合格
8	好色彩	20180922	<90	<60	<60	<75	合格
9	明媚	20180924	<90	43	<60	88	不合格
10	凯利宝	20180925	<90	<60	<60	56	合格
11	三森	20180922	250	120	<60	<75	不合格
12	小明尼奥	20180210	<90	<60	<60	<75	合格
13	哒哒吧	20180924	<90	100	<60	<75	合格
14	凯瑟琳	20180210	<90	<60	<60	44	合格
15	紫薇花	20180210	<90	<60	<60	<75	合格
16	石丽卜	20180210	<90	<60	<60	<75	合格

图10-14

10.2 通过数据验证限制数据录入

日常工作中数据验证的应用非常广泛，设置数据验证条件可以提高数据录入速度，降低错误率，从而提升工作效率。下面将介绍如何使用公式设置数据验证条件处理工作中常见的问题。

▶扫一扫 看视频◀

10.2.1 禁止修改报价单中的任何内容

一些重要的文件在制作完成后，为了防止不慎被修改，可以对其进行条件限制，禁止修改任何内容。

首先，选择报价单中包含数据的单元格区域，打开“数据”选项卡，在“数据工具”组中单击“数据验证”按钮，如图10-15所示。

系统随即弹出“数据验证”对话框，设置验证条件为“自定义”，在“公式”文本框中输入公式“=ISBLANK(A1:E17)”，随后单击“确定”按钮，如图10-16所示。

报价单

序号	产品名称	单价（元/箱）	订单数量（箱）	合计
1	田园鸡蔬堡	¥175.50	100	¥17,550.00
2	脆香鸡	¥221.00	100	¥22,100.00
3	洋葱鸡肉卷	¥140.40	20	¥2,808.00
4	芒果慕斯	¥214.50	10	¥2,145.00
5	奶油玉米卷	¥195.00	20	¥3,900.00
6	盐酥鸡	¥286.00	60	¥17,160.00
7	早餐腿排	¥299.00	20	¥5,980.00
8	金三角鸡柳	¥124.80	10	¥1,248.00
9	雪花薯条	¥234.00	10	¥2,340.00
10	金米鸡条	¥227.50	10	¥2,275.00
11	香雪鸡排	¥240.50	10	¥2,405.00

图10-15

至此完成数据验证设置，当在之前选中的单元格区域内修改数据时系统会弹出一个停止对话框，单击“取消”按钮，可取消修改操作，如图10-17所示。

图10-16

序号	产品名称	单价（元/箱）	订单数量（箱）	合计
1	田园鸡疏堡	15	100	¥17,550.00
2	脆香鸡	¥221.00	100	¥22,100.00
3	洋葱鸡肉卷	¥140.40	20	¥2,808.00
4	芒果慕斯	¥214.50	10	¥2,145.00
5	奶油玉米卷	¥195.00		
6	盐酥鸡	¥286.00		
7	早餐腿排	¥299.00		
8	金三角鸡柳	¥124.80		
9	雪花薯条	¥234.00		
10	金米鸡条	¥227.50	10	¥2,275.00
11	香雪鸡排	¥240.50	10	¥2,405.00
12	脆香鸡	¥221.00	50	¥11,050.00
13	吮指炸翅根	¥312.00	2	¥624.00
14	德式香肠	¥530.40	15	¥7,956.00
合计				¥99,541.00

图10-17

经验之谈

使用这种方法虽然不能修改所选单元格中的数据，但是可以删除数据。

10.2.2 禁止在姓名中输入空格

录入数据时为了防止录入空格，从而对数据分析造成不必要的麻烦，可以在制表的过程中设置数据验证条件，禁止向指定单元格内录入空格。

选择A列，在“数据”选项卡中的“数据工具”组内单击“数据验证”按钮，如图10-18所示。

打开“数据验证”对话框，设置验证条件为“自定义”，输入公式“=ISERROR(FIND(" ",A1))”，设置完成后单击“确定”按钮，如图10-19所示。

姓名	部门	出生日期	年龄	基本工资
周子悦	财务部	1980/12/3	40	¥4,500.00
李舒白	人事部	1995/3/12	26	¥3,800.00
魏无羡	企划部	1993/5/2	28	¥4,800.00
周博通	销售部	1987/10/28	33	¥4,200.00

图10-18

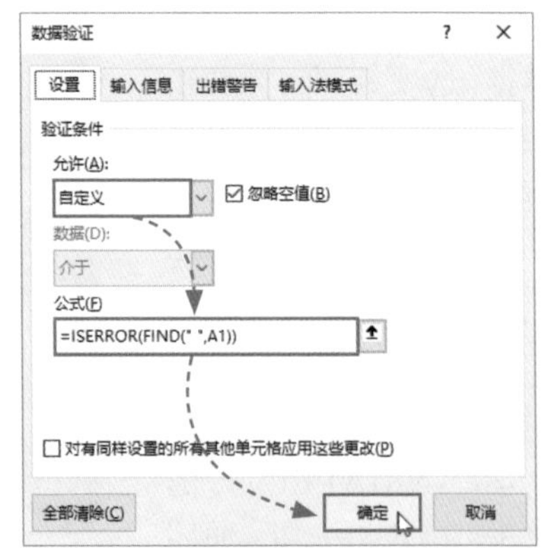

图10-19

在A列中的任意一个单元格中输入空格后，按下Enter键便会弹出停止对话框，单击“重试”按钮，可对单元格中的内容进行重新编辑，去除空格后可正常录入，若单击“取消”按钮，则会取消本次录入操作，如图10-20所示。

本例公式中的双引号中并不是空白，而是一个手动录入的空格，若忽略了这个空格，则表示禁止向单元格中录入任何内容。

	A	B	C	D	E
1	姓名	部门	出生日期	年龄	基本工资
2	周子悦	财务部	1980/12/3	40	¥4,500.00
3	李舒白	人事部	1995/3/12	26	¥3,800.00
4	魏无羡	企划部	1993/5/2	28	¥4,800.00
5	周博通	销售部	1987/10/28	33	¥4,200.00
6	张朝 阳				

录入了空格

Microsoft Excel

此值与此单元格定义的数据验证限制不匹配。

重试(R) 取消 帮助(H)

图10-20

10.2.3 限制只允许输入18位身份证号码

身份证号码有的是18个数字，有的是17个数字和1个字母X，为了保证身份证号码的准确性，可以通过数据验证设置条件，只允许输入18个字节，在保证位数准确的前提下还能避免录入汉字。

选择E2:E9单元格区域，打开“数据”选项卡，在“数据工具”组中单击“数据验证”按钮，如图10-21所示。

文件 开始 插入 页面布局 公式 数据 审阅 视图 告诉我你想要做什么

获取数据 从文本/CSV 自网站 自表格/区域 最近使用的源 现有连接 获取和转换数据 全部刷新 查询和连接 属性 编辑链接 查询和连接 排序 筛选 清除 重新应用 高级 排序和筛选 分列 快速填充 删除重复值 数据验证 数据工具

	A	B	C	D	E	F
1	序号	客户编号	客户姓名	地址	身份证号码	出生日期
2	1	J01	白乐天	广东省某某街区5号		1985年10月15日
3	2	J02	蒋世杰	湖北省某某街区9号		1988年12月15日
4	3	J03	薛皓月	江西省某某街区5号		1987年5月11日
5	4	J04	毛晓鸥	江苏省某某街区9号		1988年6月10日
6	5	J05	关云长	山西省某某街区5号		1989年7月9日
7	6	J06	宋光辉	陕西省某某街区9号		1973年4月2日
8	7	J07	卫洪峰	安徽省某某街区6号		1985年6月10日
9	8	J08	魏洁凯	黑龙江省某某街区8号		1992年12月25日

图10-21

在"数据验证"对话框中设置"自定义"验证条件，输入公式"=AND(LENB(E2)=18,COUNTIF(E2:E9,E2)=1)"，设置完成后单击"确定"按钮，如图10-22所示。

图10-22

在工作表中输入身份证号码时只能输入18个字节长度的数据，否则系统会弹出停止对话框，如图10-23所示。

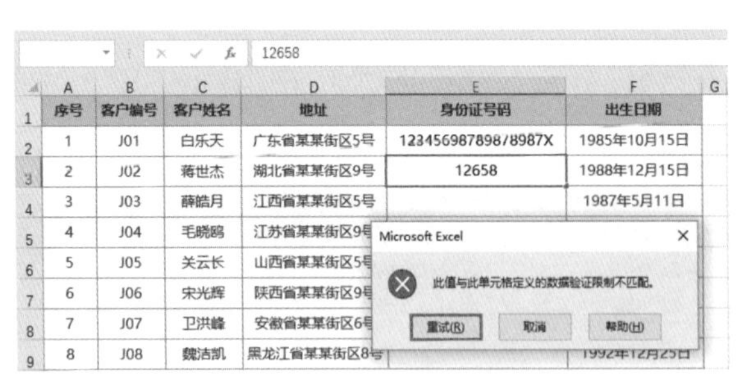

图10-23

拓展练习　制作课程选择多级列表

使用数据验证还可以制作多级列表，即通过第一个下拉列表中的内容控制下一级下拉列表中显示的内容。下面将制作一份课程选择多级列表。

在制作多级列表之前需要先准备好创建多级列表的表格框架及在下拉列表中显示的数据源，如图10-24和图10-25所示。本案例将课表表格框架及数据源分别保存在同一个工作簿的不同工作表中。接下来将根据步骤进行制作。

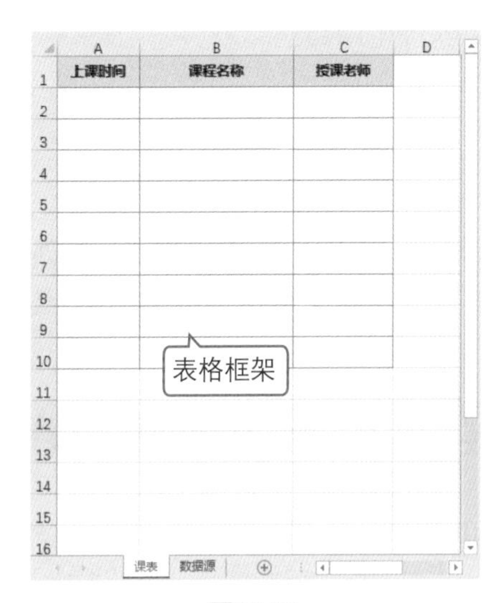

图10-24

	A	B	C	D	E
1	周一	周二	周三	周四	周五
2	Excel入门课	设计软件入门	拼音打字速成	网页设计	思维导图菜鸟速成
3	新手学WPS	PS抠图专栏	五笔打字速成	python编程	商业PPT设计
4		CAD室内设计	Office高级办公		
5					
6					
7	Excel入门课	王芳	刘明明	张扬	
8	新手学WPS	刘明明	陈凯乐	小敏	
9	设计软件入门	小猫	大竹	魏海	
10	PS抠图专栏	熊猫	幻影	小猫	
11	CAD室内设计	幻影	建刚		
12	拼音打字速成	刘佳	顾盼		
13	五笔打字速成	顾盼	赵玉芬		
14	Office高级办公	丁家宜	刘明明	小敏	
15	网页设计	吴凯	海淘		
16	python编程	海淘	大竹		
17	思维导图菜鸟速成	王芳	樱花		
18	商业PPT设计	陈凯乐	小敏	刘明明	

数据源　课表　数据源

图10-25

Step 01 首先为数据源中的数据定义名称。在“数据源”工作表中选择A1:E1单元格区域，打开“公式”选项卡，在“定义的名称”组中单击“定义名称”按钮，如图10-26所示。

Step 02 弹出“新建名称”对话框，在“名称”文本框中输入“周”，单击“确定”按钮，如图10-27所示。

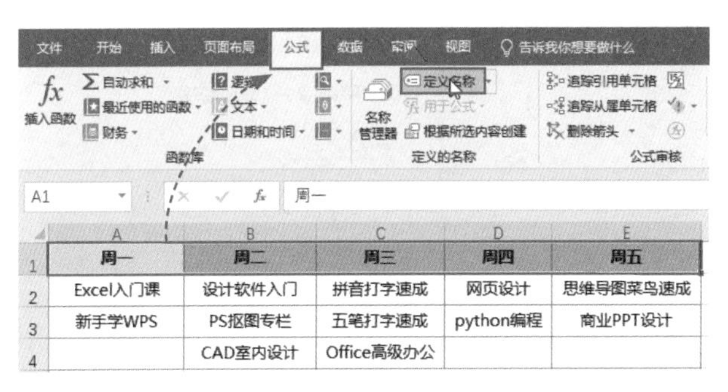

图10-26

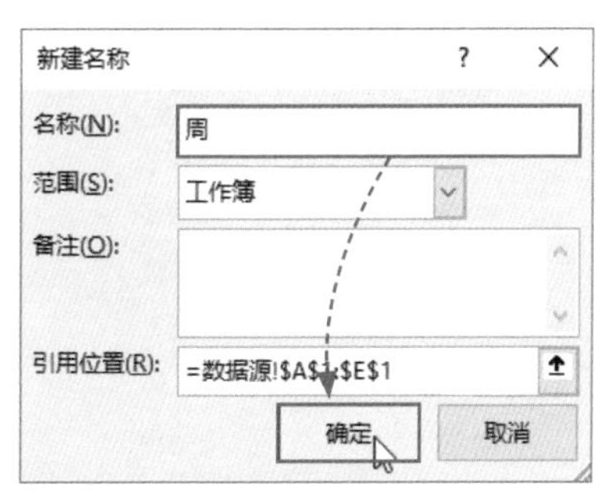

图10-27

Step 03 重新选择A1:E4单元格区域，在“公式”选项卡中的“定义的名称”组内单击“根据所选内容创建”按钮，如图10-28所示。

Step 04 打开“根据所选内容创建名称”对话框，只勾选“首行”复选框，单击“确定”按钮，如图10-29所示。

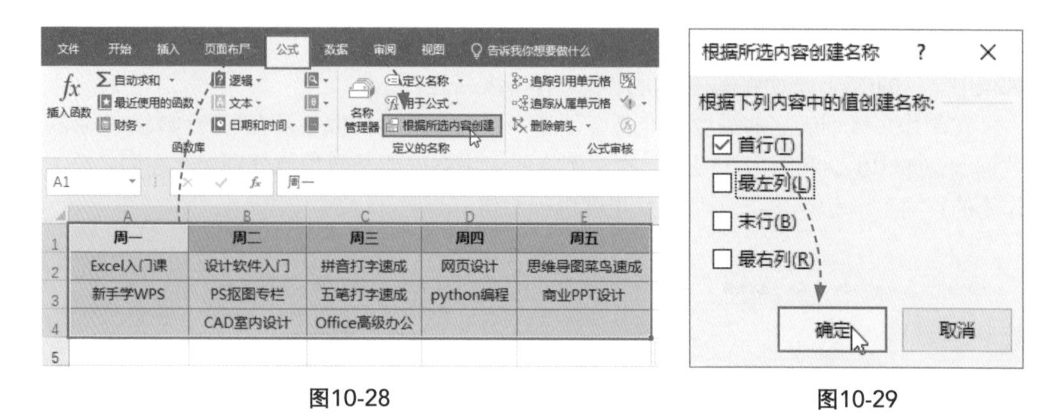

图10-28　　　　图10-29

Step 05 在“数据源”工作表中选择A7:D18单元格区域，再次单击“根据所选内容创建”按钮，在弹出的对话框中勾选“最左列”复选框，单击“确定”按钮，如图10-30所示。至此完成所有定义名称操作。

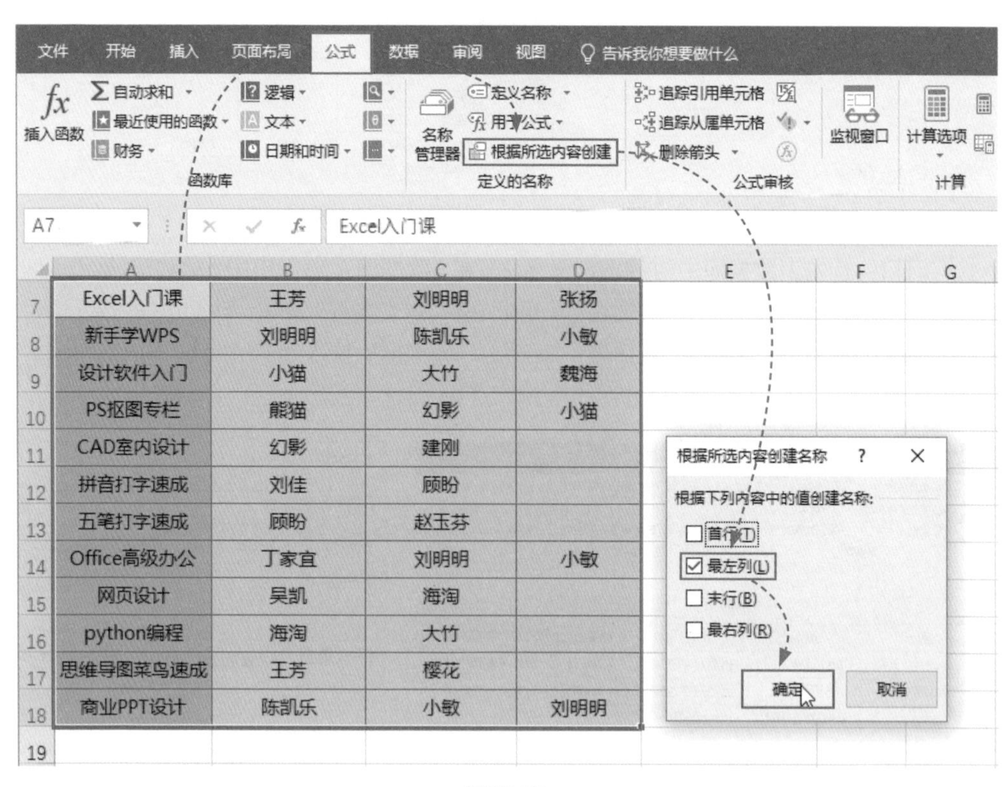

图10-30

经验之谈

定义的名称可以在“名称管理器”对话框中进行查看或编辑，如图10-31所示。按Ctrl+F3组合键，或在“公式”选项卡中的“定义的名称”组内单击“名称管理器”按钮打开该对话框。

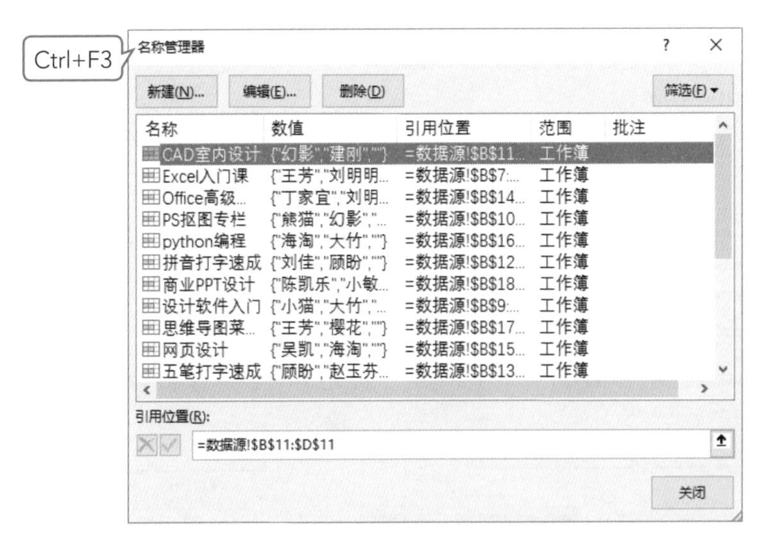

图10-31

Step 06 然后开始设置数据验证条件。切换到“课表”工作表，选择A2:A10单元格区域，打开“数据”选项卡，在“数据工具”组中单击“数据验证”按钮，如图10-32所示。

图10-32

Step 07 打开“数据验证”对话框，设置验证条件为“序列”，在“来源”文本框中输入“=周”，如图10-33所示（此处的“周”为前面定义的名称）。

Step 08 切换到“输入信息”对话框，在“标题”和“输入信息”文本框中输入文本内容，如图10-34所示。

Step 09 切换到“出错警告”对话框，在“标题”及“错误信息”文本框中输入文本内容，单击“确定”按钮关闭对话框，如图10-35所示。

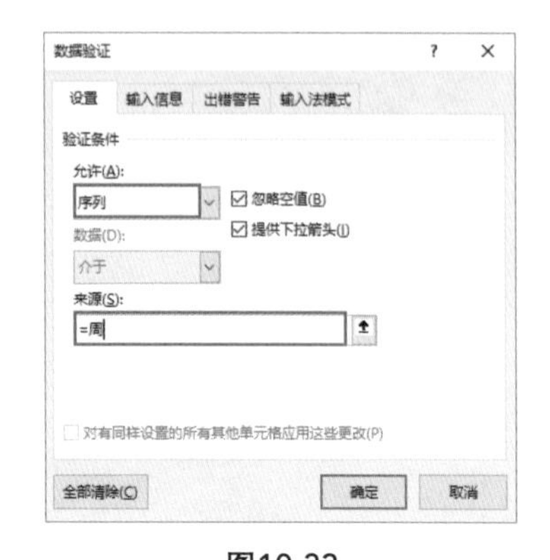

图10-33

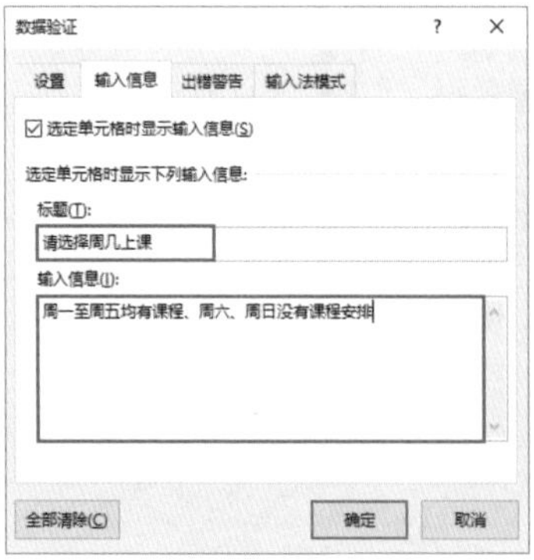

图10-34

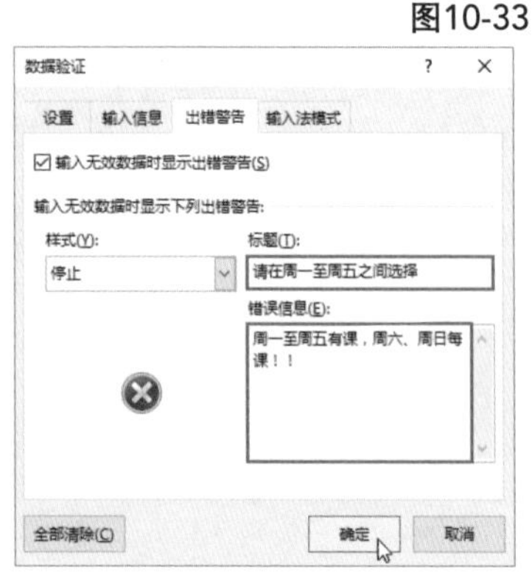

图10-35

Step 10 当以上步骤操作完成后，选择A2:A10单元格区域中的任意一个单元格，屏幕中都会出现一个文本框，显示提示内容，如图10-36所示。当在单元格中输入除了周一至周五以外的内容时会弹出一个停止对话框，对话框中显示的内容则是之前在“数据验证”对话框中的“出错警告”选项卡中设置的内容，如图10-37所示。

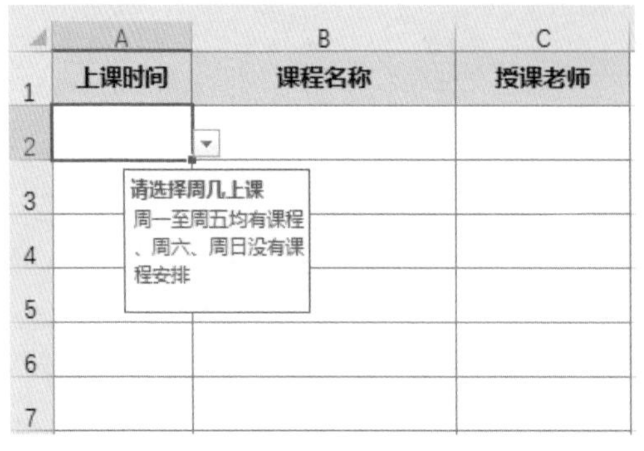

图10-36

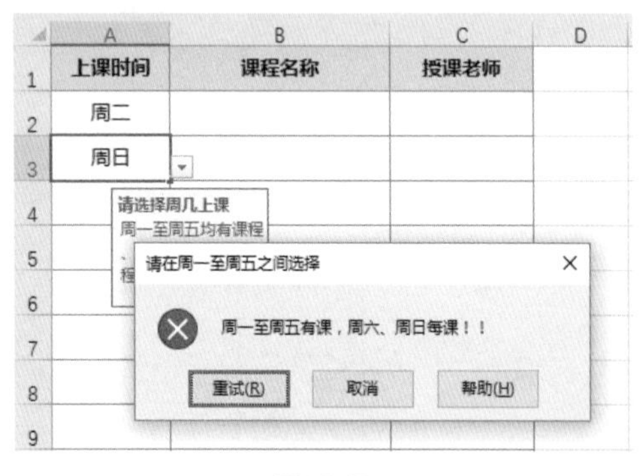

图10-37

Step 11 在“课表”工作表中选择B2:B10单元格区域，参照上述步骤，再次打开“数据验证”对话框，设置验证条件为“序列”，在“来源”文本框中输入公式“=INDIRECT($A2)”，单击“确定”按钮，关闭对话框，如图10-38所示。

Step 12 返回“课表”工作表，选择C2:C10单元格区域，再次打开“数据验证”对话框，设置验证条件为“序列”，在“来源”文本框中输入公式“=INDIRECT($B2)”，单击“确定”按钮，关闭对话框，如图10-39所示。

图10-38

图10-39

在为B2:B10及C2:C10单元格区域设置数据验证条件时，当单击“确定”按钮后会出现一个警告对话框，如图10-40所示，这是因为公式中引用了空白单元格，它并不是真正的错误。只需要单击“是”按钮将该对话框关闭即可。

Step 13 至此这个多级联动的下拉列表就制作完成了，这三列中的下拉列表可实现联动选择，如图10-41所示。

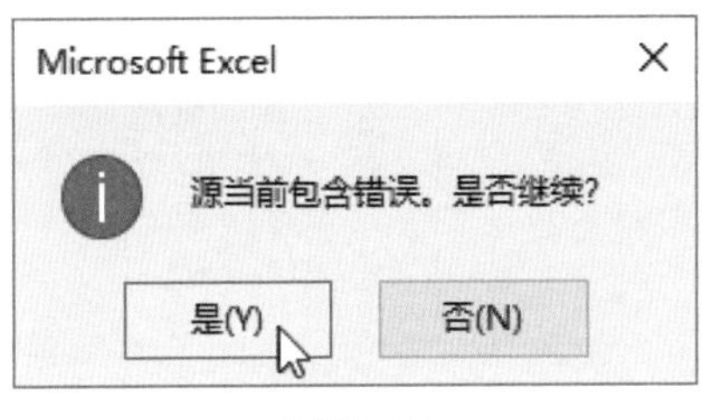

图10-40

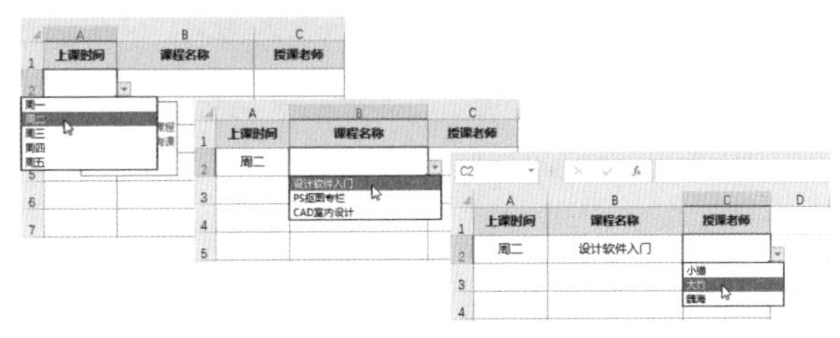

图10-41

知识总结

本章列举了一些公式在条件格式及数据验证中的常见案例，除了本章介绍的这些案例外，公式在条件格式及数据验证中还有更为广泛的应用。希望用户在熟练掌握各类常用函数后能够灵活编写公式，并与数据分析工具相结合完成更复杂的工作。

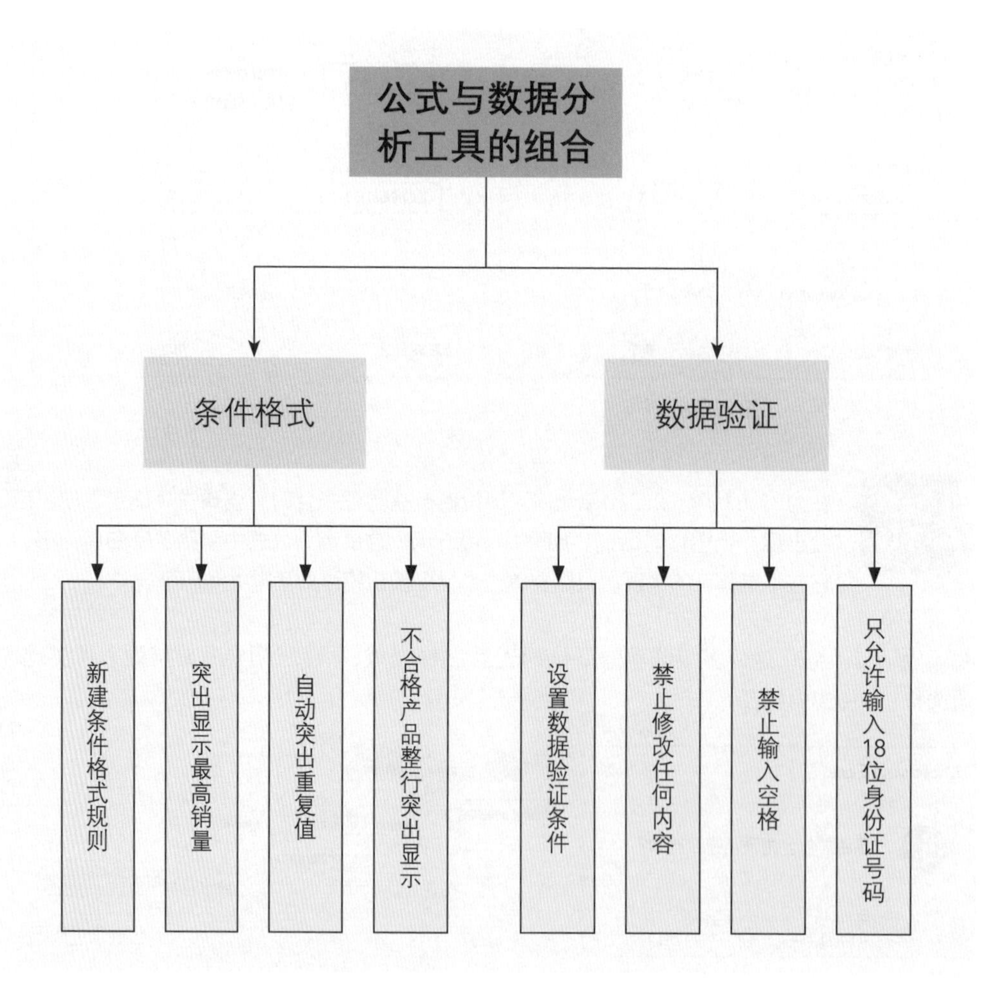

附录

附录 | Excel常用快捷键汇总

(1) 功能键

按键	功能描述	按键	功能描述
F1	显示Excel 帮助	F7	显示“拼写检查”对话框
F2	编辑活动单元格并将插入点放在单元格内容的结尾	F8	打开或关闭扩展模式
F3	显示“粘贴名称”对话框，仅当工作簿中存在名称时才可用	F9	计算所有打开的工作簿中的所有工作表
F4	重复上一个命令或操作	F10	打开或关闭按键提示
F5	显示“定位”对话框	F11	在单独的图表工作表中创建当前范围内数据的图表
F6	在工作表、功能区、任务窗格和缩放控件之间切换	F12	打开“另存为”对话框

(2) Shift组合功能键

组合键	功能描述
Shift+Alt+F1	插入新的工作表
Shift+F2	添加或编辑单元格批注
Shift+F3	显示“插入函数”对话框
Shift+F6	在工作表、缩放控件、任务窗格和功能区之间切换
Shift+F8	使用箭头键将非邻近单元格或区域添加到单元格的选定范围中
Shift+F9	计算活动工作表
Shift+F10	显示选定项目的快捷菜单
Shift+F11	插入一个新工作表
Shift+Enter	完成单元格输入并选择上面的单元格

(3) Ctrl组合功能键

组合键	功能描述	组合键	功能描述
Ctrl+1	显示“单元格格式”对话框	Ctrl+2	应用或取消加粗格式设置
Ctrl+3	应用或取消倾斜格式设置	Ctrl+4	应用或取消下划线
Ctrl+5	应用或取消删除线	Ctrl+6	在隐藏对象和显示对象之间切换
Ctrl+8	显示或隐藏大纲符号	Ctrl+9(0)	隐藏选定的行(列)
Ctrl+A	选择整个工作表	Ctrl+B	应用或取消加粗格式设置
Ctrl+C	复制选定的单元格	Ctrl+D	使用“向下填充”命令将选定范围内最顶层单元格的内容和格式复制到下面的单元格中
Ctrl+F	执行查找操作	Ctrl+K	为新的超链接显示“插入超链接”对话框，或为选定现有超链接显示“编辑超链接”对话框
Ctrl+G	执行定位操作	Ctrl+L	显示“创建表”对话框
Ctrl+H	执行替换操作	Ctrl+N	创建一个新的空白工作簿
Ctrl+I	应用或取消倾斜格式设置	Ctrl+U	应用或取消下划线
Ctrl+O	执行打开操作	Ctrl+P	执行打印操作
Ctrl+R	使用“向右填充”命令将选定范围最左边单元格的内容和格式复制到右边的单元格中	Ctrl+S	使用当前文件名、位置和文件格式保存活动文件
Ctrl+V	在插入点处插入剪贴板的内容，并替换任何所选内容	Ctrl+W	关闭选定的工作簿窗口
Ctrl+Y	重复上一个命令或操作	Ctrl+Z	执行撤销操作
Ctrl+-	显示用于删除选定单元格的“删除”对话框	Ctrl+;	输入当前日期

附录Ⅱ | Excel常用函数一览

(1)数学与三角函数

函数	作用
ABS	返回数字的绝对值
ACOS	返回数字的反余弦值
ACOSH	返回数字的反双曲余弦值
ACOT	返回数字的反余切值的主值
ACOTH	返回数字的反双曲余切值
AGGREGATE	返回列表或数据库中的合计
ARABIC	将罗马数字转换为阿拉伯数字
ASIN	返回数字的反正弦值
ASINH	返回数字的反双曲正弦值
ATAN	返回数字的反正切值
ATAN2	返回给定的X轴及Y轴坐标值的反正切值
ATANH	返回数字的反双曲正切值
BASE	将数字转换为具备给定基数的文本表示
CEILING.MATH	将数字向上舍入为最接近的整数或最接近的指定基数的倍数
COMBIN	返回给定数目项目的组合数，使用函数COMBIN确定给定数目项目可能的总组数
COMBINA	返回给定数目的项目的组合数（包含重复）
COS	返回已知角度的余弦值
COSH	返回数字的双曲余弦值
COT	返回以弧度表示的角度的余切值
COTH	返回一个双曲角度的双曲余切值
CSC	返回角度的余割值，以弧度表示
CSCH	返回角度的双曲余割值，以弧度表示
DECIMAL	按给定基数将数字的文本表示形式转换成十进制数

续表

函数	作用
DEGREES	将弧度转换为度
EVEN	返回数字向上舍入到的最接近的偶数
EXP	返回e的*n*次幂
FACT	返回数的阶乘
FACTDOUBLE	返回数字的双倍阶乘
FLOOR.MATH	将数字向下舍入为最接近的整数或最接近的指定基数的倍数
GCD	返回两个或多个整数的最大公约数
INT	将数字向下舍入到最接近的整数
LCM	返回整数的最小公倍数
LN	返回数字的自然对数
LOG	根据指定底数返回数字的对数
LOG10	返回数字以10为底的对数
MDETERM	返回一个数组的矩阵行列式的值
MINVERSE	返回数组中存储的矩阵的逆矩阵
MMULT	返回两个数组的矩阵乘积
MOD	返回两数相除的余数。结果的符号与除数相同
MROUND	返回舍入到所需倍数的数字
MULTINOMIAL	返回参数和的阶乘与各参数阶乘乘积的比值
MUNIT	返回指定维度的单位矩阵
ODD	返回数字向上舍入到的最接近的奇数
PI	返回数字3.14159265358979（数学常量pi），精确到15个数字
POWER	返回数字乘幂的结果
PRODUCT	使所有以参数形式给出的数字相乘并返回乘积
QUOTIENT	返回除法的整数部分
RADIANS	将度数转换为弧度
RAND	返回一个大于等于0且小于1的平均分布的随机实数

续表

函数	作用
RANDBETWEEN	返回位于两个指定数之间的一个随机整数
ROMAN	将阿拉伯数字转换为文字形式的罗马数字
ROUND	将数字四舍五入到指定的位数
ROUNDDOWN	朝着0的方向将数字进行向下舍入
ROUNDUP	朝着远离0的方向将数字进行向上舍入
SEC	返回角度的正割值
SECH	返回角度的双曲正割值
SERIESSUM	返回幂级数的和
SIGN	确定数字的符号
SIN	返回已知角度的正弦
SINH	返回数字的双曲正弦
SQRT	返回正的平方根
SQRTPI	返回某数与pi的乘积的平方根
SUBTOTAL	返回列表或数据库中的分类汇总
SUM	求和函数，将单个值、单元格引用或区域相加，或者将三者的组合相加
SUMIF	对范围中符合指定条件的值求和
SUMIFS	计算满足多个条件的全部参数的总量
SUMPRODUCT	在给定的几组数组中，将数组间对应的元素相乘，并返回乘积之和
SUMSQ	返回参数的平方和
SUMX2MY2	返回两数组中对应数值的平方差之和
SUMX2PY2	返回两数组中对应数值的平方和之和
SUMXMY2	返回两数组中对应数值之差的平方和
TAN	返回已知角度的正切
TANH	返回数字的双曲正切
TRUNC	将数字的小数部分截去，返回整数

（2）日期与时间函数

函数	作用
DATE	返回在MicrosoftExcel日期时间代码中代表日期的数字
DATEDIF	计算两个日期之间的天数、月数或年数
DATEVALUE	将存储为文本的日期转换为Excel识别为日期的序列号
DAY	返回以序列数表示的某日期的天数
DAYS	返回两个日期之间的天数
DAYS360	按照一年360天的算法（每个月以30天计，一年共计12个月）返回两个日期间相差的天数
EDATE	返回表示某个日期的序列号，该日期与指定日期(start_date)相隔（之前或之后）指示的月份数
EOMONTH	返回某个月份最后一天的序列号，该月份与start_date相隔（之后或之后）指示的月份数
HOUR	将序列号转换为小时
ISOWEEKNUM	返回给定日期在全年中的ISO周数
MINUTE	返回时间值中的分钟
MONTH	返回日期（以序列数表示）中的月份
NETWORKDAYS	返回参数start_date和end_date之间完整的工作日数值
NETWORKDAYS.INTL	返回两个日期之间的所有工作日数
NOW	返回当前日期和时间的序列号
SECOND	返回时间值的秒数
TIME	在给定时、分、秒三个值的情况下，将三个值合并为一个Excel内部表示时间的小数
TIMEVALUE	返回由文本字符串表示的时间的十进制数字
TODAY	返回当前日期的序列号
WEEKDAY	返回对应于某个日期的一周中的第几天
WEEKNUM	返回特定日期的周数
WORKDAY	返回在某日期（起始日期）之前或之后、与该日期相隔指定工作日的某一日期的日期值

续表

函数	作用
WORKDAY.INTL	返回指定的若干个工作日之前或之后的日期的序列号（使用自定义周末参数）
YEAR	返回对应于某个日期的年份
YEARFRAC	计算两个日期（start_date和end_date）之间年份数

（3）查找与引用函数

函数	作用
ADDRESS	根据指定行号和列号获得工作表中的某个单元格的地址
AREAS	返回引用中的区域个数。区域是指连续的单元格区域或单个单元格
CHOOSE	使用CHOOSE可以根据索引号从最多254个数值中选择一个
COLUMN	返回指定单元格引用的列号
COLUMNS	返回数组或引用的列数
FILTER	筛选出定义的条件的数据区域
FORMULATEXT	以字符串的形式返回公式
GETPIVOTDATA	返回存储在数据透视表中的数据
HLOOKUP	在表格的首行或数值数组中搜索值，然后返回表格或数组中当前列指定行中的值
HYPERLINK	创建跳转到当前工作簿中的其他位置或以打开存储在网络服务器、intranet或Internet上的文档的快捷方式
INDEX	返回表格或区域中的值或值的引用
INDIRECT	返回由文本字符串指定的引用
LOOKUP	查询一行或一列并查找另一行或列中的相同位置的值
MATCH	在范围单元格中搜索特定的项，然后返回该项在此区域中的相对位置
OFFSET	返回对单元格或单元格区域中指定行数和列数的区域的引用
ROW	返回引用的行号
ROWS	返回引用或数组的行数
RTD	从支持COM自动化的程序中检索实时数据

续表

函数	作用
SINGLE	将使用称为绝对交集的逻辑返回单个值
SORT	对某个区域或数组的内容进行排序
SORTBY	基于相应范围或数组中的值对范围或数组的内容进行排序
TRANSPOSE	转置数组或工作表上单元格区域的垂直和水平方向
UNIQUE	返回列表或区域中的唯一值的列表
VLOOKUP	在数组或表格第一列中查找，将一个数组或表格中一列数据引用到另一个表中

(4) 文本函数

函数	作用
ASC	将字符串中的全角（双字节）英文字母或片假名更改为半角（单字节）字符
BAHTTEXT	使用ß（泰铢）货币格式将数字转换为文本
CHAR	返回由代码数字指定的字符
CLEAN	删除文本中所有不能打印的字符
CODE	返回文本字符串中第一个字符的数字代码
CONCAT	将多个区域和/或字符串的文本组合起来
DBCS	将字符串中的半角（单字节）英文字母或片假名更改为全角（双字节）字符
DOLLAR	使用¥（人民币）货币格式将数字转换为文本
EXACT	检查两个文本值是否相同
FIND	在一个文本值中查找另一个文本值（区分大小写）
FINDB	在一个文本值中查找另一个文本值（区分大小写）
FIXED	将数字格式设置为具有固定小数位数的文本
LEFT	从文本字符串的第一个字符开始返回指定个数的字符
LEFTB	基于所指定的字节数返回文本字符串中的第一个或前几个字符
LEN	返回文本字符串中的字符个数
LENB	返回文本字符串中用于代表字符的字节数

续表

函数	作用
LOWER	将一个文本字符串中的所有大写字母转换为小写字母
MID	从文本字符串中的指定位置起返回特定个数的字符
NUMBERVALUE	以与区域设置无关的方式将文本转换为数字
PHONETIC	提取文本字符串中的拼音（汉字注音）字符。该函数只适用于日文版
PROPER	将文本字符串的首字母及文字中任何非字母字符之后的任何其他字母转换成大写。将其余字母转换为小写
REPLACE	替换文本中的字符
REPLACEB	替换文本中的字节
REPT	按给定次数重复文本
RIGHT	根据所指定的字符数返回文本字符串中最后一个或多个字符
RIGHTB	根据所指定的字节数返回文本字符串中最后一个或多个字符
SEARCH	在一个文本值中查找另一个文本值（不区分大小写）
SUBSTITUTE	在文本字符串中用新文本替换旧文本
T	返回值引用的文字
TEXT	设置数字格式并将其转换为文本
TEXTJOIN	将多个区域和/或字符串的文本组合起来，包括在要组合的各文本值之间指定的分隔符
TRIM	除了单词之间的单个空格之外，移除文本中的所有空格
UNICHAR	返回给定数值引用的UNICODE字符
UNICODE	返回对应于文本的第一个字符的数字（代码点）
UPPER	将文本转换为大写形式
VALUE	将文本参数转换为数字

（5）财务函数

函数	作用
ACCRINT	返回定期付息证券的应计利息
ACCRINTM	返回在到期日支付利息的有价证券的应计利息

续表

函数	作用
AMORDEGRC	返回每个结算期间的折旧值
AMORLINC	返回每个结算期间的折旧值
COUPDAYBS	返回从付息期开始到结算日的天数
COUPDAYS	返回结算日所在的付息期的天数
COUPDAYSNC	返回从结算日到下一票息支付日之间的天数
COUPNCD	返回在结算日之后下一个付息日的数字
COUPNUM	返回在结算日和到期日之间的付息次数，向上舍入到最近的整数
COUPPCD	返回结算日之前的上一个付息日的天数
CUMIPMT	返回一笔贷款在给定的 start_period 和end_period 之间累计偿还的利息数额
CUMPRINC	返回一笔贷款在给定的 start_period 和 end_period 之间累计偿还的本金数额
DB	使用固定余额递减法，计算一笔资产在给定期间内的折旧值
DDB	用双倍余额递减法或其他指定方法，返回指定期间内某项固定资产的折旧值
DISC	返回有价证券的贴现率
DOLLARDE	将以整数部分和分数部分表示的价格（例如1.02）转换为以小数部分表示的价格
DOLLARFR	将小数转换为分数表示的金额数字，如证券价格
DURATION	用于计量债券价格对于收益率变化的敏感程度
EFFECT	利用给定的名义年利率和每年的复利期数，计算有效的年利率
FV	FV 是一个财务函数，用于根据固定利率计算投资的未来值
FVSCHEDULE	返回应用一系列复利率计算的初始本金的未来值
INTRATE	返回完全投资型证券的利率
IPMT	基于固定利率及等额分期付款方式，返回给定期数内对投资的利息偿还额
IRR	返回由值中的数字表示的一系列现金流的内部收益率
ISPMT	计算利率支付（或接收）给定期间内的贷款（或投资）甚至本金付款

续表

函数	作用
MDURATION	返回假设面值 ¥100 的有价证券的 Macauley 修正期限
MIRR	返回一系列定期现金流的修改后内部收益率（MIRR），同时考虑投资的成本和现金再投资的收益率
NOMINAL	基于给定的实际利率和年复利期数，返回名义年利率
NPER	基于固定利率及等额分期付款方式，返回某项投资的总期数
NPV	使用贴现率和一系列未来支出（负值）和收益（正值）来计算一项投资的净现值
ODDFPRICE	返回首期付息日不固定（长期或短期）的面值 ¥100 的有价证券价格
ODDFYIELD	返回首期付息日不固定的有价证券（长期或短期）的收益率
ODDLPRICE	返回末期付息日不固定的面值 ¥100 的有价证券（长期或短期）的价格
ODDLYIELD	返回末期付息日不固定的有价证券（长期或短期）的收益率
PDURATION	返回投资到达指定值所需的期数
PMT	根据固定付款额和固定利率计算贷款的付款额
PPMT	返回根据定期固定付款和固定利率而定的投资在已知期间内的本金偿付额
PRICE	返回定期付息的面值 ¥100 的有价证券的价格
PRICEDISC	返回折价发行的面值 ¥100 的有价证券的价格
PRICEMAT	返回到期付息的面值 ¥100 的有价证券的价格
PV	根据固定利率计算贷款或投资的现值
RATE	返回年金每期的利率
RECEIVED	返回一次性付息的有价证券到期收回的金额
RRI	返回投资增长的等效利率
SLN	返回一个期间内的资产的直线折旧
SYD	返回在指定期间内资产按年限总和折旧法计算的折旧
TBILLEQ	返回国库券的等效收益率
TBILLPRICE	返回面值 ¥100 的国库券的价格
TBILLYIELD	返回国库券的收益率

续表

函数	作用
VDB	使用双倍余额递减法或其他指定方法，返回一笔资产在给定期间（包括部分期间）内的折旧值
XIRR	返回一组不一定定期发生的现金流的内部收益率
XNPV	返回一组现金流的净现值，这些现金流不一定定期发生
YIELD	返回定期支付利息的债券的收益。 函数 YIELD 用于计算债券收益率
YIELDDISC	返回折价发行的有价证券的年收益率
YIELDMAT	返回到期付息的有价证券的年收益率

（6）逻辑函数

函数	作用
AND	用于确定测试中的所有条件是否均为TRUE
FALSE	返回逻辑值FALSE
IF	执行真假值判断，根据逻辑测试的真假值返回不同的结果
IFERROR	可捕获和处理公式中的错误。如果公式的计算结果错误，则返回指定的值；否则返回公式的结果
IFNA	如果公式返回错误值#N/A，则结果返回指定的值；否则返回公式的结果
IFS	检查是否满足一个或多个条件,并返回与第一个TRUE条件对应的值。IFS可以替换多个嵌套的IF语句,并且更易于在多个条件下读取
NOT	对其参数的逻辑求反
OR	用于确定测试中的所有条件是否均为TRUE
SWITCH	根据值列表计算一个值（称为表达式），并返回与第一个匹配值对应的结果。如果不匹配，则可能返回可选默认值
TRUE	返回逻辑值TRUE。希望基于条件返回值TRUE时，可使用此函数
XOR	返回所有参数的逻辑异或值

（7）统计函数

函数	作用
AVEDEV	返回一组数据点到其算术平均值的绝对偏差的平均值

续表

函数	作用
AVERAGE	返回参数的平均值（算术平均值）
AVERAGEA	计算参数列表中数值的平均值（算术平均值）
AVERAGEIF	返回某个区域内满足给定条件的所有单元格的平均值（算术平均值）
AVERAGEIFS	返回满足多个条件的所有单元格的平均值（算术平均值）
BETA.DIST	返回BETA分布
BETA.INV	返回BETA累积概率密度函数(BETA.DIST)的反函数
BINOM.DIST	返回一元二项式分布的概率
BINOM.DIST.RANGE	使用二项式分布返回试验结果的概率
BINOM.INV	返回一个数值，它是使得累积二项式分布的函数值大于等于临界值的最小整数
CHISQ.DIST	返回χ^2分布
CHISQ.DIST.RT	返回χ^2分布的右尾概率
CHISQ.INV	返回χ^2分布的左尾概率的反函数
CHISQ.INV.RT	返回χ^2分布的右尾概率的反函数
CHISQ.TEST	返回独立性检验值
CONFIDENCE.NORM	使用正态分布返回总体平均值的置信区间
CONFIDENCE.T	使用学生的t分布返回总体平均值的置信区间
CORREL	返回Array1和Array2单元格区域的相关系数
COUNT	计算包含数字的单元格个数及参数列表中数字的个数
COUNTA	计算范围中不为空的单元格的个数
COUNTBLANK	用于计算单元格区域中的空单元格的个数
COUNTIF	用于统计满足某个条件的单元格的数量
COUNTIFS	计算区域内符合多个条件的单元格的数量
COVARIANCE.P	返回总体协方差，即两个数据集中每对数据点的偏差乘积的平均数
COVARIANCE.S	返回样本协方差，即两个数据集中每对数据点的偏差乘积的平均值

续表

函数	作用
DEVSQ	返回各数据点与数据均值点之差（数据偏差）的平方和
EXPON.DIST	返回指数分布
F.DIST	返回F概率分布
F.DIST.RT	返回两个数据集的（右尾）F概率分布（变化程度）
F.INV	返回F概率分布函数的反函数值
F.INV.RT	返回（右尾）F概率分布函数的反函数值
F.TEST	返回F检验的结果
FISHER	返回x的Fisher变换值
FISHERINV	返回Fisher逆变换值
FORECAST.ETS	通过使用指数平滑(ETS)算法的AAA版本，返回基于现有（历史）值的未来值
FORECAST.ETS.CONFINT	返回指定目标日期预测值的置信区间
FORECAST.ETS.SEASONALITY	返回Excel针对指定时间系列检测到的重复模式的长度
FORECAST.ETS.STAT	返回作为时间序列预测的结果的统计值
FORECAST.LINEAR	返回基于现有值的未来值
FREQUENCY	以垂直数组的形式返回频率分布
GAMMA	返回γ函数值
GAMMA.DIST	返回γ分布
GAMMA.INV	返回γ累积分布函数的反函数
GAMMALN	返回γ函数的自然对数
GAMMALN.PRECISE	返回γ函数的自然对数
GAUSS	返回小于标准正态累积分布0.5的值
GEOMEAN	返回几何平均值
GROWTH	返回指数趋势值
HARMEAN	返回调和平均值
HYPGEOM.DIST	返回超几何分布

续表

函数	作用
INTERCEPT	返回线性回归线的截距
KURT	返回数据集的峰值
LARGE	返回数据集中第k个最大值
LINEST	返回线性趋势的参数
LOGEST	返回指数趋势的参数
LOGNORM.DIST	返回对数累积分布函数
LOGNORM.INV	返回对数累积分布的反函数
MAX	返回参数列表中的最大值
MAXA	返回参数列表中的最大值，包括数字、文本和逻辑值
MAXIFS	返回一组给定条件或标准指定的单元格之间的最大值
MEDIAN	返回给定数值集合的中值
MIN	返回参数列表中的最小值
MINA	返回参数列表中的最小值，包括数字、文本和逻辑值
MINIFS	返回一组给定条件或标准指定的单元格之间的最小值
MODE.MULT	返回一组数据或数据区域中出现频率最高或重复出现的数值的垂直数组
MODE.SNGL	返回在数据集内出现次数最多的值
NEGBINOM.DIST	返回负二项式分布
NORM.DIST	返回正态累积分布
NORM.INV	返回正态累积分布的反函数
NORM.S.DIST	返回标准正态累积分布
NORM.S.INV	返回标准正态累积分布函数的反函数
PEARSON	返回PEARSON乘积矩相关系数
PERCENTILE.EXC	返回某个区域中的数值的第k个百分点值
PERCENTILE.INC	返回区域中数值的第k个百分点的值
PERCENTRANK.EXC	将某个数值在数据集中的排位作为数据集的百分点值返回

续表

函数	作用
PERCENTRANK.INC	返回数据集中值的百分比排位
PERMUT	返回给定数目对象的排列数
PERMUTATIONA	返回可从总计对象中选择的给定数目对象（含重复）的排列数
PHI	返回标准正态分布的密度函数值
POISSON.DIST	返回泊松分布
PROB	返回区域中的数值落在指定区间内的概率
QUARTILE.EXC	基于百分点值返回数据集的四分位
QUARTILE.INC	返回一组数据的四分位点
RANK.AVG	返回一列数字的数字排位
RANK.EQ	返回一列数字的数字排位
RSQ	返回PEARSON乘积矩相关系数的平方
SKEW	返回分布的不对称度
SKEW.P	返回一个分布的不对称度
SLOPE	返回线性回归线的斜率
SMALL	返回数据集中的第*k*个最小值
STANDARDIZE	返回正态化数值
STDEV.P	基于整个样本总体计算标准偏差
STDEV.S	基于样本估算标准偏差
STDEVA	基于样本（包括数字、文本和逻辑值）估算标准偏差
STDEVPA	基于样本总体（包括数字、文本和逻辑值）计算标准偏差
STEYX	返回通过线性回归法预测每个*x*的*k*值时所产生的标准误差
T.DIST	返回学生t分布的百分点（概率）
T.DIST.2T	返回学生t分布的百分点（概率）
T.DIST.RT	返回学生t分布
T.INV	返回作为概率和自由度函数的学生t分布的t值

续表

函数	作用
T.INV.2T	返回学生t分布的反函数
T.TEST	返回与学生t检验相关的概率
TREND	返回线性趋势值
TRIMMEAN	返回数据集的内部平均值
VAR.P	计算基于样本总体的方差
VAR.S	基于样本估算方差
VARA	基于样本（包括数字、文本和逻辑值）估算方差
VARPA	基于样本总体（包括数字、文本和逻辑值）计算标准偏差
WEIBULL.DIST	返回WEIBULL分布
Z.TEST	返回z检验的单尾概率值

（8）信息函数

函数	作用
CELL	返回某一引用区域左上角单元格的格式、位置或内容等信息
ERROR.TYPE	返回与错误值对应的数值
INFO	返回当前操作环境的信息
TYPE	返回输入在单元格内的数值类型
ISBLANK	判断测试对象是否为空单元格
ISLOGICAL	判断测试对象是否为逻辑值
ISNONTEXT	判断测试对象是否为文本
ISNUMBER	判断测试对象是否为数值
ISEVEN	判断测试对象是否为偶数
ISODD	判断测试对象是否为奇数
ISREF	判断测试对象是否是引用
ISFORMULA	判断测试对象是否存在包含公式的单元格引用
ISTEXT	判断测试对象是否是文本

续表

函数	作用
ISNA	判断测试对象是否是#N/A错误值
ISERR	判断测试对象是否是除#N/A以外的错误值
ISERROR	检测指定单元格是否为错误值
N	将参数中指定的值转换为数值形式
NA	返回错误值#N/A

(9)工程函数

函数	作用
BESSELI	返回修正BESSEL函数值，它与用纯虚数参数运算时的BESSEL函数值相等
BESSELJ	返回BESSEL函数值
BESSELK	返回修正BESSEL函数值，它与用纯虚数参数运算时的BESSEL函数值相等
BESSELY	返回BESSEL函数值，也称为WEBER函数或NEUMANN函数
BIN2DEC	将二进制数转换为十进制数
BIN2HEX	将二进制数转换为十六进制数
BIN2OCT	将二进制数转换为八进制数
BITAND	返回两个数的按位“与”
BITLSHIFT	返回向左移动指定位数后的数值
BITOR	返回两个数的按位“或”
BITRSHIFT	返回向右移动指定位数后的数值
BITXOR	返回两个数值的按位“异或”结果
COMPLEX	将实系数及虚系数转换为x+yi或x+yj形式的复数
CONVERT	将数字从一种度量系统转换为另一种度量系统
DEC2BIN	将十进制数转换为二进制数
DEC2HEX	将十进制数转换为十六进制数
DEC2OCT	将十进制数转换为八进制数
DELTA	检验两个值是否相等

续表

函数	作用
ERF	返回误差函数在上下限之间的积分
ERF.PRECISE	返回误差函数
ERFC	返回从x到无穷大积分的互补ERF函数
ERFC.PRECISE	返回从x到无穷大积分的互补ERF函数
GESTEP	测试某个数字是否大于阈值
HEX2BIN	将十六进制数转换为二进制数
HEX2DEC	将十六进制数转换为十进制数
HEX2OCT	将十六进制数转换为八进制数
IMABS	返回以x+yi或x+yj文本格式表示的复数的绝对值（模）
IMAGINARY	返回以x+yi或x+yj文本格式表示的复数的虚系数
IMARGUMENT	返回参数Theta(theta)，即以弧度表示的角
IMCONJUGATE	返回以x+yi或x+yj文本格式表示的复数的共轭复数
IMCOS	返回以x+yi或x+yj文本格式表示的复数的余弦
IMCOSH	返回以x+yi或x+yj文本格式表示的复数的双曲余弦值
IMCOT	返回以x+yi或x+yj文本格式表示的复数的余切值
IMCSC	返回以x+yi或x+yj文本格式表示的复数的余割值
IMCSCH	返回以x+yi或x+yj文本格式表示的复数的双曲余割值
IMDIV	返回以x+yi或x+yj文本格式表示的两个复数的商
IMEXP	返回以x+yi或x+yj文本格式表示的复数的指数
IMLN	返回以x+yi或x+yj文本格式表示的复数的自然对数
IMLOG10	返回以x+yi或x+yj文本格式表示的复数的常用对数（以10为底数）
IMLOG2	返回以x+yi或x+yj文本格式表示的复数的以2为底数的对数
IMPOWER	返回以x+yi或x+yj文本格式表示的复数的n次幂
IMPRODUCT	返回以x+yi或x+yj文本格式表示的1~255个复数的乘积
IMREAL	返回以x+yi或x+yj文本格式表示的复数的实系数
IMSEC	返回以x+yi或x+yj文本格式表示的复数的正割值

续表

函数	作用
IMSECH	返回以x+yi或x+yj文本格式表示的复数的双曲正割值
IMSIN	返回以x+yi或x+yj文本格式表示的复数的正弦值
IMSINH	返回以x+yi或x+yj文本格式表示的复数的双曲正弦值
IMSQRT	返回以x+yi或x+yj文本格式表示的复数的平方根
IMSUB	返回以x+yi或x+yj文本格式表示的两个复数的差
IMSUM	返回以x+yi或x+yj文本格式表示的两个或多个复数的和
IMTAN	返回以x+yi或x+yj文本格式表示的复数的正切值
OCT2BIN	将八进制数转换为二进制数
OCT2DEC	将八进制数转换为十进制数
OCT2HEX	将八进制数转换为十六进制数

（10）数据库函数

函数	作用
DAVERAGE	对列表或数据库中满足指定条件的记录字段（列）中的数值求平均值
DCOUNT	返回列表或数据库中满足指定条件的记录字段（列）中包含数字的单元格的个数
DCOUNTA	返回列表或数据库中满足指定条件的记录字段（列）中的非空单元格的个数
DGET	从列表或数据库的列中提取符合指定条件的单个值
DMAX	返回列表或数据库中满足指定条件的记录字段（列）中的最大数字
DMIN	返回列表或数据库中满足指定条件的记录字段（列）中的最小数字
DPRODUCT	返回列表或数据库中满足指定条件的记录字段（列）中的数值的乘积
DSTDEV	返回利用列表或数据库中满足指定条件的记录字段（列）中的数字作为一个样本估算出的总体标准偏差
DSTDEVP	返回利用列表或数据库中满足指定条件的记录字段（列）中的数字作为样本总体计算出的总体标准偏差
DSUM	对列表或数据库中符合条件的记录字段（列）中的数字求和

续表

函数	作用
DVAR	返回利用列表或数据库中满足指定条件的记录字段（列）中的数字作为一个样本估算出的总体方差
DVARP	通过使用列表或数据库中满足指定条件的记录字段（列）中的数字计算样本总体的样本总体方差